国家林业局普通高等教育"十三五"规划教

高等院校水土保持与荒漠化防治专业教

小城镇规划

（第 2 版）

主　编　陈丽华　　何　佳
副主编　李宏伟　李晓凤
　　　　及金楠　余　茵

中国林业出版社

内容提要

本书系统地阐述了小城镇规划的基本原理、规划设计的原则和方法。内容翔实,图文并茂,主要内容分9章,包括绪论,小城镇规划的原则、依据和工作内容,小城镇的性质和规模,小城镇总体布局,小城镇基础市政工程设施规划,小城镇生态环境建设规划,小城镇防灾工程规划,小城镇旅游及历史文化遗产保护规划,小城镇园林绿地系统规划,并附以小城镇规划实例作为参考。

本书可作为高等学校本科生及研究生小城镇规划课程教材,也可供相关专业及从事小城镇规划设计的工作人员参考。

图书在版编目(CIP)数据

小城镇规划/陈丽华,何佳主编.—2 版.—北京:中国林业出版社,2017.6(2025.4 重印)
国家林业局普通高等教育"十三五"规划教材 高等院校水土保持与荒漠化防治专业教材
ISBN 978-7-5038-9092-5

Ⅰ.①小… Ⅱ.①陈… ②何… Ⅲ.①小城镇 – 城市规划 – 高等学校 – 教材 Ⅳ.①TU984

中国版本图书馆 CIP 数据核字(2017)第 151686 号

中国林业出版社 · 教育出版分社

策划编辑 肖基浒　　　　　　　　　责任编辑 肖基浒 丰 帆
电　话 83143555　83143558　　　传　真 83143516

出版发行　中国林业出版社(100009　北京市西城区德内大街刘海胡同 7 号)
　　　　　E-mail:jiaocaipublic@163.com　电话:(010)83143500
　　　　　http://www.cfph.net
经　销　新华书店
印　刷　三河市祥达印刷包装有限公司
版　次　2009 年 8 月第 1 版
　　　　2017 年 9 月第 2 版
印　次　2025 年 4 月第 2 次印刷
开　本　850mm×1168mm　1/16
印　张　13.25
字　数　314 千字
定　价　40.00 元

《小城镇规划》（第2版）
编写人员

主　编：陈丽华　何　佳

副主编：李宏伟　李晓凤

　　　　及金楠　余　茵

编　委：（以姓氏笔画为序）

及金楠（北京林业大学）

王玉华（中国农业大学）

王宗侠（西北农林科技大学）

何　佳（北京林业大学）

李宏伟（河北农业大学）

李晓凤（北京林业大学）

余　茵（华夏幸福基业股份有限公司）

陈丽华（北京林业大学）

邬秀杰（浙江大学宁波理工学院）

和太平（广西大学）

郭建斌（北京林业大学）

前言
（第2版）

城镇化是经济社会发展的必然趋势，也是工业化、现代化的重要标志。发展小城镇，是带动农村经济和社会发展的一个大战略。作为具有战略意义的小城镇建设，目前已引起社会各方面的重视，各地的小城镇建设日渐升温，因此我国正处在城镇化发展的关键时期，而小城镇规划工作对于小城镇健康、有序地发展具有重要意义，将有助于大中小城市和小城镇的协调发展，提高城镇综合承载能力，按照循序渐进、节约土地、集约发展、合理布局的原则，积极稳妥地推进城镇化。

本书自2009年出版以来，经有关院校教学使用，反映较好。根据使用者的建议，并结合近年来小城镇规划和建设的发展，进行了本次修订。

第2版的修订继续秉承了第1版的理念，按照水土保持与荒漠化防治专业新的人才培养模式要求，参考国内外小城镇发展、规划的特点，编者结合自身从事城镇规划工作、教学、研究的多年实践，系统地阐述了小城镇规划的基本原理、规划设计的原则和方法。内容详实，图文并茂，并附有小城镇规划实例作为参考。

再版修订保留了大部分原有内容，对部分内容进行了更新，并对篇、章等进行了重新调整。全书主要内容分为9章，原第1版第5章小城镇详细规划修改为小城镇基础市政工程设施规划，原第5章5.2~5.4内容调整为第6章、第7章和第8章。删除了第1版第6章6.1~6.2，将6.3内容调整为第9章。附录中的规划案例也进行了调整。

本教材由北京林业大学为主编单位，参编单位有：河北农业大学、中国农业大学、西北农林科技大学、广西大学、浙江大学宁波理工学院以及华夏幸福基业股份有限公司。此次修订由北京林业大学陈丽华教授、何佳副教授担任主编，并由河北农业大学李宏伟副教授、北京林业大学李晓凤副教授、及金楠讲师以及华夏幸福基业股份有限公司高级城市设计师余茵担任副主编。各章的编写、修订、校审工作由以上人员分工完成。

在本书初版和再版修订过程中，均参阅了大量城镇规划文献和著作，并引用了某些教材、书籍的图表内容。在本书再版之际，谨向各参考文献、资料的作者和编者再次表示衷心的感谢。本次修订承蒙有关院校、单位以及中国林业出版社给予大力支持，谨此表示衷心感谢。

　　鉴于编写人员的水平和掌握的资料有限，编写过程的疏漏和不足在所难免，不当之处诚望读者批评指正。

陈丽华　何佳

2017 年 5 月于北京

前　言
（第 1 版）

城镇化是经济社会发展的必然趋势，也是工业化、现代化的重要标志。发展小城镇，是带动农村经济和社会发展的一个大战略。中国政府一直非常关注重视小城镇问题，20 世纪 50 年代对于小城镇的设立就有了明确规定，2006 年通过的《中共中央关于制定国民经济和社会发展第十一个五年规划的建议》要求促进城镇化健康发展。坚持大中小城市和小城镇协调发展，提高城镇综合承载能力，按照循序渐进、节约土地、集约发展、合理布局的原则，积极稳妥地推进城镇化建设。

我国正处在城镇化发展的关键时期，小城镇规划工作对于小城镇健康有序的发展具有重要的意义，编制《小城镇规划》对于进一步规范小城镇规划、管理有着积极的促进作用。本教材按照新的城镇规划人才培养模式的要求，参考国外小城镇发展、规划的特点，结合编者自身从事城镇规划工作、教学、研究的多年实践，系统地阐述了小城镇规划的基本原理、规划设计的原则和方法。内容翔实，图文并茂，主要内容分 6 章，并以小城镇规划实例作为参考。

本教材由北京林业大学为主编单位，参编单位有河北农业大学、中国农业大学、西北农林科技大学、广西大学、浙江大学宁波理工学院。由北京林业大学陈丽华教授担任主编，河北农业大学李宏伟副教授担任副主编。分 6 章叙述，包括绪论，小城镇规划的原则、依据和工作内容，小城镇的性质和规模，小城镇总体布局，小城镇专项规划，小城镇详细规划。编委具体分工如下：

第 1 章，陈丽华、李晓凤；第 2 章，郭建斌、王宗侠；第 3 章，王玉华；第 4 章，李宏伟；第 5 章，何佳；第 6 章，邬秀杰、和太平。全书由陈丽华负责定稿，并请苏新琴教授主审，李晓凤、研究生赵欣和李伟同学参与了统稿工作。

在本书编写过程中，参阅了大量城镇规划文献和著作，在本书出版之际，对上述参考文献的作者和编者表示衷心的感谢，对给予本书大力支持的北京林业大学水土保持学院表示衷心的感谢，对本书的主审苏新琴教授致以深切的谢意。

由于编写人员水平有限，所掌握的资料有限，书中问题、不足在所难免，望读者批评指正。

陈丽华

2008 年 9 月于北京

目　录

小城镇是中国城镇化体系中的一个节点，一个重要组成部分，是城之尾、乡之首。小城镇问题是费孝通先生于 20 世纪 80 年代初提出的，多年来小城镇的发展经历了一个曲折的过程，在新农村建设和统筹城乡一体化发展的伟大历史进程中，小城镇在其中扮演了重要的角色。

1.1　小城镇的形成

城镇并不是人类社会一开始就有的，城镇是社会发展到一定历史阶段的产物，它随着生产力和生产关系的社会分工而发展、变化。

1.1.1　聚落的形成

聚落，也称为居民点。它是人们定居的场所，是配置有各类建筑群、道路网、绿化系统、对外交通设施以及其他各种公用工程设施的综合基地。聚落是社会生产力发展到一定历史阶段的产物，它是人们按照生活与生产的需要而形成聚居的地方。在原始社会，人类过着完全依附于自然采集和猎取的生活，没有固定的住所。在与自然的长期斗争中，人类发现并发展了种植业，于是出现了人类社会第一次劳动大分工，即渔业、牧业同农业开始分工，从而在耕地附近出现了以农业生产为主的固定居民点（如西安半坡村等）。

1.1.2　居民点的分化与城镇的产生

随着人类对生产方式的改进，生产力不断提高，劳动产品有了剩余，产生了交换的条件，人们将剩余的劳动产品用来交换，进而出现了商品贸易，即商业、手工业与农业、牧业劳动开始分离，因此出现了人类社会第二次劳动大分工。这次劳动大分工使居民点开始分化，形成了以农业生产为主的居民点——乡村，以商业、手工业生产为主的居民点——城镇。

小城镇是在村落的基础上随着商品交换的出现而逐渐形成发展的。我国早在原始社会，就形成了最早的村落，由于生产水平不断改进，生产力不断发展，劳动产品有了剩余，出现了产品交换。尤其是到了周代，我国由奴隶社会开始进入封建社会，私有制进一步发展，随着商品交换的更为频繁，集市贸易应运而生。这些自发出现的较小的范围的物质交换中心，称为"有市之邑"。

南北朝时期，北方先进的生产工具和技术与南方优越的农业自然条件相结合，极大地促进了农业生产力的提高，加上河网密布的便利的水运条件，集市贸易扩大并且日趋活跃，开始出现规模稍大的农副产品和手工业产品的定期交换场地——草市。

唐中叶后，草市普遍发展，促进了集市贸易活动的普及推广。此时虽然集市还没有形成常住人口的聚集，但它作为基层经济中心的作用日趋明确，集期也以各地经济发展状况而定。到北宋时期，随着分工、分业的细化，集市贸易的兴旺，定期集更改为常日集，小城镇有了更大发展。由于集市贸易规模的不断扩大，人流不断聚集，统治者为了收税和防卫需要，在一些集市修筑围墙，派官吏监守市门，由知县管辖，于是市升级为镇。此时的镇已经成为一个颇具规模的地理实体和经济实体。据《元丰元域志》记载，当时已有小城镇 1 884 个，除此之外，尚有草市上万个，形成了全国性的集镇网络。

宋代以后，镇是指县以下的以商业、聚居为主的小都市，这个概念沿袭至今。所以，现代意义的城镇应该追溯到 10 世纪前后的宋代，是在唐末乡村出现大量居民聚居草市的基础上形成的日常生活、商业、社交的场所。

到了明清时期，社会经济进一步发展，各地陆续出现了新兴小城镇，发展较快，密度与规模都有所增加，尤其是在商品经济发达的地区，民族资本主义工商业和银行的出现，大大地促进了小城镇的繁荣，小城镇的发展进入了兴盛时期，出现了景德镇、佛山镇、朱仙镇等一批中外闻名的城镇。在江南更是每隔十里就有市，每隔二三十里就有镇。

除经济因素外，一部分城镇也由于政治或军事等因素得以建立和发展。例如，陕西的榆林镇，在明初修筑长城之前只是一个小村庄。由于军事防御的需要建立榆林塞，后改为榆林堡，又升为榆林卫，成为一个军事重镇。

1840 年由于鸦片战争的爆发，城市经济处于半殖民地化，小城镇的发展受到了阻碍，进入了停滞时期。

我国小城镇的形成与演变过程是在低级的草市、墟、场的基础上发展起来的，这是与我国手工业和产品交换的发展相适应的结果。但由于受到政治、宗教等因素的影响，我国小城镇还具有特殊的形成过程，存在众多其他来源的小城镇。例如，由宗教寺庙、交通枢纽等演变发展起来的小城镇。

1.2 小城镇的基本概念

1.2.1 小城镇的基本概念

小城镇即规模最小的城市聚落。它是指农村地区一定区域内工商业比较发达，具有一定市政设施和服务设施的政治、经济、科技和生活服务中心。目前，在中国小城镇已经是一个约定俗成的通用名词，即指一种正在从乡村性的社区变成多种产业并存的向着现代化城市转变中的过渡性社区。小城镇专指行政建制"镇"或"乡"的"镇区"部分，且"建制镇"应为行政建制"镇"的"镇区"部分的专称；小城镇的基本主体是建制镇（含县城镇），但其涵盖范围视不同地区、不同部门的事权需要，应允许上下适当延伸，不宜用行政办法全国"一刀切"地硬性规定小城镇的涵盖范围。

1.2.1.1　不同国家、地区对小城镇的界定

美国的"小城镇"有 2 种概念：一种叫小城市即"small city"；还有一种叫小城镇即"little town"。美国的小城镇往往是由居民住宅区演变而来的，一般 200 人的社区就可申请设"镇"，如有足够的税源，几千人的社区就可以申请设"市"。因此，美国的城市大多规模不大。

日本的地方行政管理分为都道府县和市町村两级，市町村的规模控制在 10 万人以下，相当于我国的小城镇。市、町、村在行政上是一个级别，互不隶属，所有的市町村又可以分为 4 个规模等级：3 万～10 万人、1 万～3 万人、0.5 万～1 万人和 0.5 万人以下。

前苏联的城市分为 8 级，其中人口规模在 10 万以下的有 4 级，小城市的人口规模为 2 万人以下；朝鲜的城市分为 6 级，其中小城市的人口规模为 5 万人以下。

由此可见，国外小城镇的规模一般不大，多数由居民点演化而来。到目前为止，世界各国也尚未有划分城市的统一标准。在 163 个国家和地区中，约有 2/5 的国家和地区没有明确规定设市标准，1/5 的国家和地区以行政中心作为划分城市的条件，2/5 的国家和地区以居民人口数量作为划分城市的依据。

1.2.1.2　不同学科的小城镇释义

（1）行政管理学

从行政管理角度看，在经济统计、财政税收、户籍管理等诸多方面，建制镇与非建制镇都有明显区别，因此小城镇通常只指包括建制镇这一地域行政范畴。

（2）社会学

从社会学角度看，小城镇是一种社会实体，是由非农人口为主组成的社区。1984 年费孝通在《小城镇、大问题》一文中，把"小城镇"定义为"一种比乡村社区更高一层次的社会实体"，这种社会实体是以一批并不从事农业生产劳动的人口为主体组成的社区。他们既具有与乡村相异的特点，又与周围的乡村保持着不可缺少的联系。我们把这样的社会实体用一个普通的名字加以概括，称之为"小城镇"。文中对小城镇性质的规定，做了严密的科学表述："小城镇"是新型的、正在从乡村性社区变成许多产业并存的、向着现代化城市转变中的过渡性社区。它基本脱离了乡村社区的性质，但仍未完成城市化的过程。

（3）地理学

将小城镇作为一个区域城镇体系的基础层次，或将小城镇作为乡村聚落中最高级别的聚落类型，认为小城镇包括建制镇和自然集镇。

（4）经济学

将小城镇作为一个区域城镇体系的基础层次，或将小城镇作为乡村经济与城市经济相互渗透的交汇点，具有独特的经济特征，是与生产力水平相适应的一个特殊的经济集

合体。

(5) 形态学

从形态学的角度看，小城镇一般泛指小的城市、建制镇和集镇。就城乡居民点的区别而言，小城镇介于城市和乡村之间，是城乡居民点的过渡与连接，兼具城乡居民点的某些特征。

1.2.1.3 区域理论、区域规划与小城镇规划

区域理论和区域规划是相互联系又相互区别的两个研究方向。区域理论是关于人类经济社会各项活动空间分布及其在区域中的相互作用关系的普遍规律的系统学说。区域理论研究多从一个假想的普适区域出发，通过对区域中活动要素的理论抽象，揭示某项或相互关联的几项活动的内在规律；而区域规划是在一定范围内对整个国民经济建设进行总体的战略部署。区域规划的任务就是在规划地区，从整体和长远利益出发，统筹兼顾，因地制宜，正确配置生产力和居民点，全面安排好地区经济和社会发展长期计划中有关生产性和非生产性建设，使其布局合理、比例协调，快速发展，为居民提供最优的生活环境、生产环境和生态环境。它是区域经济开发和布局的具体安排，其研究多立足于各个具体而真实的目标区域，综合考虑区域内的自然资源和社会经济基础等各个方面，最终提出区域社会经济开发和布局的具体安排和对策措施。由此可见，区域理论以其普适性、抽象性和单要素特征，与区域规划的地区性、应用性和综合性特征构成较为明显的差异。但是另一方面，区域理论和区域规划又是相互联系的，区域规划的制定必须遵循区域理论所解释的区域发展的基本规律，它是将多种区域理论结合具体区域特征的应用和发展，其科学性直接取决于所运用的区域理论的科学性。同时，区域规划的日益普及，也为区域理论的深入和完善提供了广泛的实证机会和持续的促进动力，极大地推动了区域理论向新的广度和深度发展。

小城镇规划是区域规划的一部分，是在一定时期内对小城镇各项建设的综合部署，也是建设与管理的依据。小城镇规划的任务是在调查了解小城镇所在地区的自然条件、历史演变、现状特点和建设条件的基础上，根据国民经济发展计划和区域规划以及国家对小城镇发展和建设的方针及各项技术经济政策，布置小城镇体系，合理地确定小城镇的性质和规模，确定小城镇在规划期内经济和社会发展的目标，统一规划与合理利用小城镇的土地；综合部署小城镇经济、文化、公用事业等各项建设，统筹解决各项建设之间的矛盾，相互配合，各得其所，以保证小城镇按规划有秩序、有步骤地协调发展。

1.2.2 小城镇的分类

由于自然、经济等条件的不同，各个小城镇表现为不同的特征类型。以下依据不同地区的特点，多层面、多视角地对小城镇进行类型划分。

1.2.2.1 按地理特征分类

①平原小城镇 平原大都是沉积或冲积地层，具有广阔平坦的地貌，便于城市建设与运营，因此平原小城镇数量众多。

②山地小城镇 这类小城镇多数布置在低山、丘陵地区,由于地形起伏较大,通常呈现出独特的布局效果。

③滨水小城镇 历史上最早的一批小城镇多数出现在河谷地带,此外滨水小城镇还包括滨海小城镇,这类型小城镇在城市布局、景观、产业发展等方面都体现着滨水的独特性。

1.2.2.2 按功能分类

按照小城镇比较突出的功能特征,可将小城镇划分为行政中心小城镇、工业型小城镇、农业型小城镇、渔业型小城镇、牧业型小城镇、林业型小城镇、工矿型小城镇、旅游型小城镇、交通型小城镇、流通型小城镇、口岸型小城镇、历史文化古镇12类(表1-1)。

表1-1 小城镇按功能分类表

类 型	特 征
行政中心小城镇	一定区域内的政治、经济、文化中心。包括县政府所在地的县城镇、镇政府所在地的建制镇、乡政府所在地的乡集镇(将来能升为建制镇)
工业型小城镇	产业结构以工业为主,在农村社会总产值中,工业产值占的比重大,从事工业生产的劳动力占劳动力总数的比重大
农业型小城镇	产业结构以第一产业为基础,多数是我国商品粮、经济作物、禽畜等生产基地,并有为其服务的产前、产中、产后的社会服务体系
渔业型小城镇	以捕捞、养殖、水产品加工、储藏等为主导产业
牧业型小城镇	以保护野生动物、饲养、放牧、畜产品加工为主导产业,主要分布在我国的草原地带和部分山区
林业型小城镇	以森林保护、培育、木材综合利用为主导产业,同时也是林区生产、生活、流通服务中心,主要分布在江河中上游的山区林带
工矿型小城镇	具有矿产资源的开采与加工能力,基础设施建设比较完善,商业、运输业、建筑业、服务业也比较发达
旅游型小城镇	具有名胜古迹或自然风景资源,城镇发展以名胜区为依托,通过旅游资源的开发及其配套设施的建设为旅游提供第三产业服务,形成旅游服务型小城镇
交通型小城镇	一般具有位置优势,多位于公路、铁路、水运、海运的交通枢纽或沿海、沿路等交通便利地区,形成一定区域内的客流、物流中心
流通型小城镇	以商品流通为主,运输业和服务业比较发达,多由传统的农副产品集散地发展而来,服务半径一般在15~20km,设有贸易市场或专业市场、转运站、客运站、仓库等
口岸型小城镇	位于沿江、沿海港口口岸的小城镇,以发展对外商品流通为主,也包括那些与邻国有互贸资源和互贸条件的边境口岸的城镇,这些小城镇多以陆路或界河的水上交通为主
历史文化古镇	历史悠久,具有一些有代表性的、典型民族风格或鲜明地域特点的建筑群,以及有历史价值、艺术价值和科学价值的文物

1.2.2.3 按空间形态分类

从空间形态上划分,我国小城镇整体上可分为2大类:一类是城乡一体、以连片发展的"城镇密集区"形态存在;一类是城乡界限分明,以完整独立形态存在。

以连片发展的"城镇密集区"形态存在的小城镇,城与乡、镇域与镇区已经没有明显界限，城镇村庄首尾相接、密集连片。这类小城镇多具有明显的交通与区位优势，以公路为轴沿路发展，目前主要存在于我国沿海经济发达省份的局部地区。

以完整独立形态存在的小城镇大致可分为：

①城市周边地区的小城镇　包括大中城市周边的小城镇和小城市及县城周边的小城镇，这类小城镇的发展与中心城市紧密相关。

②经济发达、城镇具有带状发展趋势地区的小城镇　这类小城镇主要沿交通轴线分布，具有明显的交通与区位优势，最具有经济发展的潜能，即有可能发展形成城镇带。

③远离城市独立发展的小城镇　这类小城镇远离城市，目前和将来都相对比较独立，除少部分实力相对较强，有一定发展潜力外，大部分的经济实力较弱，以为本地农村服务为主。

1.2.2.4　按发展模式分类

按发展模式分类，小城镇包括地方驱动型、城市辐射型、外贸推动型、外资促进型、科技带动型、交通推动型和产业聚集型。

1.2.3　小城镇的基本特点

(1)城之尾，乡之首

小城镇被称为"城之尾，乡之首"，是城乡结合的社会综合体，是镇域经济、政治和文化中心。因而它应该具有上接城市、下引乡村、促进区域经济和社会全面进步的综合功能。从城镇体系看，小城镇是城镇体系和城市居民点中的最低层次；从乡村地域体系看，小城镇又是乡村地域体系的最高层次。目前大多数小城镇为乡镇行政机构驻地，也是乡镇企业的基地及城乡物资交流的集散点，一般都安排有商业与服务业网点、文教卫生及公用设施等。因此小城镇既不同于乡村又不同于城市。在经济发展与信息传递等方面，小城镇都起着城市与乡村之间的纽带作用。

(2)数量大、分布广

我国小城镇数量大，分布广。《中国城市发展报告2012》显示，截至2012年年底，全国共有建制镇19 881个，与1978年的2 176个建制镇相比，增长了9倍。由于接近农村，其服务对象除镇区居民外，还包含了周围的村庄。我国的小城镇不但类型多，内涵广，而且作为区域城镇体系的基础层次，数量众多，分布面广。江苏、山东、湖南、广东和四川等省的建制镇数量都已经超过1 000。

(3)区域性差异明显

由于我国长期以来经济发展不平衡，经济实力东强西弱，乡村产业化进程和乡村市场经济发展东快西慢，乡镇企业东多西少。小城镇的发展存在明显的空间差异，从东到西小城镇建设水平和经济实力逐步递减。

(4)人口结构复杂

小城镇人口结构复杂。在以矿业为主的小城镇中，非农业人口占城镇人口的大多数，但在大多数建制镇中，亦工亦农与农业人口却占有较大的比重。城镇流动人口多，瞬时高峰集散人口多，是其重要特点，因而增加了城镇建设和管理难度。

（5）基础设施不足、建筑质量较差

我国的小城镇普遍存在基础设施不足，交通组织简单，建筑质量差等问题，如：小城镇的交通特点是外部联系频繁而内部交通组织较为简单，道路系统分工不明确，路面质量较差。还有不少的小城镇沿公路两侧建设，拉得很长，影响交通。小城镇一般供水和排水设施差，供电、通信设施基础薄弱，公用工程设施标准较低，镇区内公共绿地少，环境保护问题尚未引起广泛的注意。小城镇原有建筑层数较低，以平房和低层建筑为主，有些旧区的居住建筑很有地方特色，但年久失修，缺乏维护和管理，建筑质量差。

1.2.4　小城镇体系

小城镇体系是指在一定地域内，由不同等级、不同规模、不同职能而彼此相互联系、相互依存、相互制约的小城镇组成的有机系统。目前，我国的小城镇体系是由县城镇、县城镇以外的建制镇和集镇构成，如图1-1所示。

图1-1　小城镇体系结构

1.2.4.1　县城镇

县城镇即县域中心城，是对所辖乡镇进行管理的行政单位，作为县人民政府所在地，聚集了县域各种要素。作为县域政治、经济、和文化中心，县城镇在发挥上联城市、下引乡村的社会和经济功能中起最重要的核心作用。

1.2.4.2　县城以外的建制镇

县城以外的建制镇是县域的次级小城镇，是本镇域的政治、经济和文化中心，对本镇的生活、生产起着领导和组织的作用。其又可分为中心镇和一般镇，一个县一般设1~2个中心镇。

1.2.4.3　集镇

集镇通常是乡镇府所在地或是乡村一定区域内政治、经济、文化和生活服务的中心。这类集镇在我国数量不少，随着农村产业结构得调整和剩余劳动力得转移，当经济效益和人口聚集到一定规模时，将晋升为建制镇。

1.3　当代中外小城镇的发展

1.3.1　新中国小城镇的发展

1.3.1.1　新中国成立初期

尽管我国城镇的发展具有上千年的历史，但一般来说，真正意义上镇的建制设置是从新中国成立后开始的，新中国成立以来我国小城镇建设城镇化的进程具有明显的波状起伏特点。

新中国成立之初，面对旧中国留下的满目疮痍，各项事业百废待兴，面临严峻的国际国内形势，我国选择了计划经济体制和城乡二元经济社会结构的道路，即以工业尤其是重工业建设为核心，以城市为重点进行经济建设。这种以大中城市为基地、以重工业为核心的工业化战略，忽视了农业和轻工业的发展。通过重工业自我循环，自我服务的封闭式发展来实现整个国家的工业化，其结果是为了保证重工业优先发展，不可避免地使除重工业以外的农业、轻工业和第三产业发展受到了严重的限制，进而造成人民生活水平长期得不到改善，国民难以享受到经济发展的成果，使城市和乡村差距不断扩大；阻碍了农村剩余劳动力的转移，抑制了农村经济有机体的正常发育，挡住了农村现代化的通道，二元经济社会结构的弊端日益呈现。中国2/3的人口为农村人口，这一特殊国情决定了没有农村的现代化就没有中国的现代化，要实现中国的现代化不能单纯依靠城市工业的发展，因此以城市为基础，重工业为核心的工业化战略及其配套政策措施不能从根本上解决中国的现代化问题。

1955年，国务院颁布《关于设置市、镇建制的规定》，根据这个规定撤销了一部分不够标准的建制，扩大了乡辖范围，乡镇管理趋于成熟。到1957年，城镇总人口已达9 949万人，城镇化水平为15.4%。到1965年，全国建制镇减少为2 905个。后来由于政治上的原因，城镇的发展又有所反复，城镇从总体上的发展受到抑制。

1.3.1.2　改革开放时期

改革开放以后，城镇化进程加快，小城镇发展进入了一个新的阶段。1980年之后乡镇企业的发展，使传统乡镇功能、镇区范围和产业结构都发生了根本性变化，非农就业人口相对集聚、工业小区的形成、镇区的扩大、商业服务业的繁荣及与之配套的各类基础设施的建设，从根本上打破了计划经济体制下形成的"农村农业、城市工业"发展模式，客观上导致了以现代工商业活动为中心的新型小城镇的发展。

随着乡镇企业的迅猛发展，小城镇的重要性也越来越突出。这是因为小城镇是"城市之末、农村之首"，与农村有着天然的千丝万缕的联系，也就使小城镇成为发展农村经济的重要推动器。首先，小城镇作为市场经济在农村的载体，成为连接城乡经济的桥梁；其次，小城镇改变农村原有人口的结构，吸纳了大量的农村人口；第三，小城镇的发展加速了农村劳动力向非农产业转移，促进生产要素的流动，优化了农村产业结构。小城镇作为乡镇企业的载体，解放了蕴藏在农村的巨大生产力，开辟了一条中国特色的农村城市化(城镇化)道路,加速了整个国家的现代化进程。

1982年,国家建委与国家农委发布《村镇规划原则》。1982年4月,党中央、国务院发出人民公社政社分开问题的通知,同年12月,新修订的宪法又明确规定镇为我国的基层政权。国务院1984年11月发出通知,同意民政部《关于调整建镇标准的报告》,提出撤乡建镇,实行镇管村的模式,也就是乡建制改镇的模式,从而使建制镇得到迅速发展。

1985年至今,小城镇的发展经历了数量增长期到健康发展期。1993年10月,召开了全国村镇建设工作会议,确定了以小城镇为重点的村镇建设工作方针,提出了到20世纪末中国小城镇建设发展目标。1995年全国开展了推进乡村城市化进程的"625试点工程",其中"5"是指500个小城镇建设试点。到1999年底,镇的总数达19 756个。

1.3.1.3 现阶段

21世纪初,国际上经济全球化、新科技革命和相应的经济结构调整,这三大基本趋势进一步加强,并对世界经济发展产生决定性影响。世界各国都在进行深刻的经济调整,其基本内容包括发展战略、经济结构、经济制度和国际协调等多个层面,核心是产业结构调整。在这样的国际背景下,2000年以来,根据中共中央、国务院《关于促进小城镇健康发展的若干意见》的具体要求,各地的小城镇建设不再单纯追求数量,采取了灵活多样的规划、建设、管理方式,使小城镇的质量、规模进一步提高。中国加入WTO,经济增长方式由长期以来主导经济发展的高投入、高消费、高污染、低技术、低质量为特征的粗放型经济增长方式向依靠科技进步的集约型经济增长方式转变,不仅为小城镇提供了良好的发展条件,同时使其面临严峻的考验。在如此复杂的背景下,如何进行小城镇建设,不仅关系到小城镇自身的发展,同时也关系到我国现代化建设大业的成败。

小城镇建设发展是一个漫长浩大渐进的社会系统工程,是从中国的国情出发,借鉴国外城市化发展趋势做出的战略选择。发展小城镇,对带动农村经济,推动社会进步,促进城乡与大中小城镇协调发展都具有重要的现实意义和深远的历史意义。以产业发展带动城镇建设,靠城镇建设推进农业产业化进程,致力可持续发展,最终达到乡村都市化,城乡一体化,实现人与自然的和谐发展。

1.3.2 国外小城镇的发展

1.3.2.1 国外小城镇发展概述

当今世界上大多数国家都在努力实现或者已经实现工业化和城市化,但重视广大农村地区,特别是小城镇的发展仍然是发达国家或发展中国家的普遍国策。由于社会生产力和产业结构的不同,各国在小城镇的发展道路上有着各自的特点。

发达国家把提高小城镇生活质量作为一种新的社会价值观念,由于大城市的恶性膨胀,发达国家在城市化初、中期产生了许多难以解决的经济和社会矛盾。随着认识的不断深化、技术的不断发展、政策的不断完善,发达国家农村和小城镇的发展日益得到重视，出现了"逆城市化"的现象。20 世纪 70 年代以来，发达国家的城市化趋势是人口向郊区转移。因此，发达国家把提高小城镇的生活质量，作为一种新的价值观念的体现。

发展中国家把发展小城镇建设作为稳定乡村人口的战略措施。同发达国家相比发展中国家的小城镇建设表现为城市化起步较晚、水平低、受殖民主义影响较大，加之经济的整体推动力薄弱，导致大城市膨胀，广大中小城镇和农村地区发展缓慢。于是，发展中国家普遍认识到，没有乡村经济的同步发展，势必造成城乡对立的扩大和加深。因此，许多发展中国家积极推行综合发展战略，把建设重点转向农村。一些国际组织也呼吁，发展中国家要改变自己的地位，必须从自己的实际出发，编制综合发展规划，在促进农村地区非农业性生产活动繁荣的基础上，开发和建设小城镇，促进城市化正常和健康的发展。

综上所述，无论发达国家还是发展中国家，重视中小城镇的建设已成为保证城市化健康发展的共同经验和认识。1984 年联合国城镇发展中心曾召开十国会议，会议指出：

①小城镇的发展是国家建设和全面发展的先决条件；

②发展中国家只有通过发展小城镇才能为绝大部分本国人民服务；

③小城镇可以作为政府行政管理系统上的一个层次来制定规划、组织实施，调配资源；

④从国家经济发展的战略意义上看，应选择某些重点城镇作为优先发展的目标。

1.3.2.2 国外小城镇规划的主要理论及规划建设思想

小城镇规划理论的发展是建立在有关学科研究基础之上的，并从不同学科的研究成果中吸取营养。有关城市与乡村的研究、有关经济和社会发展的研究、有关城市规划理论的研究等，都是小城镇规划理论的基石。

对小城镇规划影响较大的理论有区域整合思想(Regional Integration)、中心地理论(Central Place Theory)、城乡融合论、可持续发展论等，其中尤以中心地理论影响较大。

中心地理论是德国地理学家华尔特·克里斯塔勒(Walter·Christaller)于 1933 年在他的《德国南部的中心地》一书中首次提出的。这一学说将各级城镇看作是由合理的供应、行政管理和交通关系构成的多层次的中心，是相互有机联系的居民点的网络，经过几十年的发展、修正和补充，已经成为不少国家特别是发达国家指导区域发展规划的重要原理。中心地理论最初是以平原地区农业地带的"均质"条件作为建立理论模型出发点的。现在出现了与城市规模分布理论、增长极理论等其他理论相互结合的趋势。在具体应用时，根据当地条件加以修正，并在总结过去经验教训的基础上，提出了新的设想：

①小城镇规划建设必须与区域发展紧密联系起来；

②应当力求使小城镇成为当地的交通枢纽，并与其他公共设施结合，形成多功能的综合体；

③努力探索小城镇规划新思路、新方法，采取更加灵活的市镇结构，以适应现代生活的变化；

④规划方案应强调战略性，对未来发展应避免过分具体化，应允许地方根据当时的实际情况加以调整；

⑤小城镇应具有多种功能，这是增强小城镇吸引力的决定因素，也是推动小城镇发展的有效途径。

1.3.3 国外小城镇建设的经验及理念

(1)重视规划的权威性和按规划实施建设

世界上大多数国家都十分重视小城镇的规划工作，因为小城镇规划不仅是一种科学活动，而且也是一种政策性活动，设计并指导小城镇和谐发展。因此，要求小城镇规划不但具有综合性、科学性、超前性、务实性，而且还要具有权威性，规划一旦得到批准，就必须按规划实施，不能随意更改。

(2)重视基础设施和社会服务设施的建设

衡量小城镇建设的质量和水平，并不仅仅在于房屋建筑面积的多少，更在于方便、舒适、优美的环境。许多国家始终把创造一个比城市更优美舒适的小城镇生活居住环境放在首位，十分注重改善小城镇的交通设施、通信设施、能源供给设施以及社会服务设施等，努力为居民创造一个良好的生活与工作环境。

(3)重视人文环境的继承和生态环境的保护

许多国家在小城镇规划和建设中，强调保持小城镇原有特色，尊重历史。特殊的人文环境和生态景观是历史传承和大自然赐予的宝贵遗产，也是人类赖以生存的基础，应该珍惜爱护。且保护好人文环境和生态景观，也可以突出小城镇的主要特色。

(4)政府鼓励公众参与小城镇建设

鼓励公众参与不但使小城镇建设的整个过程都能充分反映民意，同时在参与过程中也促进了公众对小城镇建设的理解和支持，既加深了公众的归属感，又可以防止腐败现象发生，也保护了地方的人文环境和生态环境。

(5)大力发展经济，有效推动城镇化进程

城镇化进程是社会经济发展的一种体现，是社会生产力发展的一种客观进程。无论国外国内，经济发展是推动城市化进程的根本动力，随着经济的发展，乡村城市化水平的日益提高是一个总的趋势。因此，发展经济，以此来促进城镇化，是各国普遍采取的战略。

(6)运用区域整体论

小城镇建设不能就小城镇论小城镇，而是必须从更广阔的区域角度出发，在整个区域协调发展的大背景下进行统一规划，合理确定小城镇的职能和分工，使区域城镇群协调发展，以免造成城镇与城镇之间，城镇与中心城市之间产业结构、生产力布局等存在严重雷同，造成资源和基础设施的浪费。

(7)可持续发展

我国小城镇的发展在为农村创造大量就业机会的同时也造成了严重的环境污染，致使小城镇成为重要的环境污染源。因此，我们必须摒弃只注重经济增长，忽视生态环境问题的发展模式，在小城镇规划建设中坚持可持续发展，在保护环境的前提下，实现经济、社会、环境统一协调发展。

（8）城乡一体化

必须以城乡一体化为理念，充分发挥小城镇的桥梁作用，实现小城镇和大城市的优势互补，缩小城乡差距。

本章小结

本章对国内外小城镇的产生与发展作了介绍，并从多个角度对小城镇的概念做了分析，最终提出了小城镇的基本概念，详细阐述了小城镇的基本特点和小城镇体系。这为深入研究小城镇及其规划奠定了良好的基础。

思 考 题

1. 城镇规划概念中的核心理念是什么？
2. 区域规划、小城镇规划与小流域规划的区别是什么？
3. 城镇的基本特点是什么？

推荐阅读书目

1. 城市规划原理．李德华．建筑工业出版社，2001.
2. 小城镇总体规划．王雨村，杨新海．东南大学出版社，2002.
3. 小城镇规划建设管理．金英红．东南大学出版社，2002.

第 2 章

小城镇规划的原则、依据和工作内容

小城镇规划是城镇建设的宏伟蓝图，是城镇未来经济社会发展目标以及实现该目标而采取的行动步骤和具体措施。因此，小城镇的规划设计必须继承过去、尊重现实、预测未来，以政策、法规和法令为保障，为城镇创造良好的经济发展环境，促进城镇发展，改善居民生活。

小城镇规划的任务是从城镇现状出发，充分考虑当地的经济、资源和发展的方向，制订经济和社会发展计划，再根据一定时期内城镇的经济社会发展目标，确定城镇的性质、规模和发展方向，合理利用城镇资源，协调空间功能布局，统筹安排土地征用、基础设施和公用服务设施及其他各项建设。

2.1 小城镇规划的目标

城镇是社会生产力发展到一定历史阶段的产物。城镇在发展初期，在聚落选址布局等方面实际上已考虑到了生态平衡的问题。然而随着工业化、城市化、城镇化进程的加快，城镇发生了根本性的变化。大量人口向城镇加速集中，使城镇在原有基础上迅速增长、摊大饼式发展、盲目蔓延，市(镇)中心远离自然，这必然使城镇失去生态平衡，再加上工业本身的污染等，随之而来的是环境质量逐渐下降，空气污染、水污染，热岛效应等，导致居住在城市中的居民生存与环境恶化的矛盾就更加尖锐，城市变成了人与自然矛盾最突出的地方。因此，人们一直在探索理想的城市环境模式，近年来提出的"生态城市"理论正是为谋求人类文明与自然环境和谐发展应运而生的理论。一般认为，"生态城市"是指那些生态环境良好，资源利用合理；环保、法律、法规、制度能有效贯彻执行；循环经济迅速发展；人与自然和谐共生；生态文明风尚形成；环境整洁、优美，人民生活水平逐步提高的城市。因此，小城镇也应该朝着这个目标进行规划与建设，以使达到城乡一体化的良性建设和发展。

2.1.1 生态城市的概念、特点

2.1.1.1 生态城市的概念

生态城市英文为 ecological city，这一概念是在 20 世纪 70 年代联合国教科文组织发起的"人与生物圈(Man and Biosphere, MAB)"计划研究过程中提出的，这个城市概念和发展模式一提出，就得到全球的广泛关注。但是，关于生态城市的概念从不同角度有着

不同的解释，至今还没有公认的确切的定义。苏联生态学家 O. Yanitsky（1987）认为生态城市是一种理想城市模式，其中技术与自然充分融合，人为创造力和生产力得到最大限度的发挥，居民的身心健康和环境质量得到最大限度的保护，物质、能量、信息高效利用，生态良性循环的人类居住地。美国生态学家 Richard Register（1987）则认为，生态城市即生态健全的城市，是低污染、节能、紧凑、充满活力并与自然和谐共生的聚居地。中国学者黄光宇教授（1989）撰文《田园城市·绿心城市·生态城市》，认为生态城市是根据生态学原理，综合研究城市生态系统中人与"住所"的关系，并应用生态工程、环境工程、系统工程等现代科学与技术手段协调现代城市经济系统与生物的关系，保护与合理利用一切自然资源与能源，提高资源的再生和综合利用水平，提高人类对城市生态系统的自我调节、修复、维持和发展的能力，使人与自然、环境融为一体，互惠共生。

再来看人们从不同的学科角度对生态城市的诠释。从哲学角度看，生态城市实质是实现人与自然的和谐；从经济学角度看，生态城市的经济增长方式是一种循环经济，即依据生态学原理合理利用自然资源和环境容量，将清洁生产和废物利用融为一体，实行废物减量化、资源化和无害化的循环经济模式；从社会学角度看，生态城市的教育、科技、文化、道德、法律、制度等都将"生态化"；从城市学角度看，生态城市形成社会—经济—自然一体的复合生态系统结构合理、功能稳定，达到动态平衡状态。总之，从不同角度研究生态城市，它会有不同的解释，但是我们可以看出，以上所说并不是独立的，它们之间是互相联系和交叉的，只不过从不同的侧面反映了生态城市的含义。

综上所述不难看出，生态城市已不是单纯追求自然环境的优美、简单地增加绿地，也不是仅仅出于保护环境、防止污染的目的，更重要的是其社会—经济—自然复合系统的全面持续发展。总之，生态城市包含以下几方面内容：社会生态化、经济生态化和自然生态化，社会—经济—自然复合生态化。自然生态化是基础，经济生态化是条件，社会生态化是目的，复合生态化是前提。

从以上对生态城市的解释来看，生态城市不是能用一句话就可以概括的，它涵盖了很多方面。在目前对"生态城市"的定义比较权威并被普遍认同的是：按生态学原理建立起来的社会、经济、自然协调发展，物质、能量、信息高效利用，生态良性循环的人类聚居地。它是以城市空间地域为核心，以农业地区、自然景观和卫星城镇为外围地域组成的，工作和生活居住相平衡，各类设施完善，具有生态效应的地域单位。它一般由社会、经济、自然 3 个系统构成，复合存在。

"生态城市"是城市发展的最新模式，它的内涵将随着社会进步和科技的发展，不断得到充实和完善。到现在，生态城市的概念已经融合了社会、文化、历史、经济等诸多因素，向更加全面的方向拓展，体现的是一种广义的生态观。一些提法，例如："绿色城市""园林城市""环保城市""健康城市""山水城市"等，虽然从某一方面反映了生态城市的观念与内容，但远未涵盖生态城市的广义生态观。可以说，生态城市表达了当今城市可持续发展的最高境界。

2.1.1.2　生态城市的特点

生态城市与传统城市相比有本质的不同，主要有以下几个特点。

（1）生态城市的和谐性

生态城市的和谐性，不仅反映在人与自然的关系上，自然与人类共生，人回归自然、贴近自然，自然融于城市，更重要的是在人与人的关系上。现代社会的发展过程中，过度运用高科技征服自然，破坏了人类自身赖以生存的环境，最后不仅危及自身的生存，又打破了整个社会系统大的生态平衡。生态城市就是要营造能够满足人类自身需求的聚居环境，人文气息浓厚，形成人与人之间互帮互助的群体，富有生机与活力，达到人类、自然、环境、社会协调共生。

（2）生态城市的高效性

生态城市不是现代城市"高能耗""非循环"的运行机制，而是要提高一切资源的利用效率，物尽其用，地尽其力，人尽其才，各施其能，各得其所，物的能量得到多层次分级利用，废弃物循环再生，各行业各部门之间的共生关系协调。

（3）生态城市的持续性

生态城市是以可持续发展的思想作指导，对不同的时间、空间的资源进行合理配置，满足现代与后代在发展和环境方面的需要，从而保证其健康、持续、协调发展。

（4）生态城市的整体性

生态城市不是单纯的环境优美或自身的繁荣，而是兼顾社会、经济和环境三者的整体性效益，不仅重视经济发展和生态环境协调，更注重对人类生活质量提高，是在整体协调的新秩序下寻求发展。

（5）生态城市的区域性

生态城市作为城乡一体，其本身即为一区域概念，是建立在区域平衡基础之上的，而且城市之间是相互联系、相互制约的，只有平衡协调的区域才有平衡协调的生态城市，是以人与自然和谐为价值取向的。因此，要实现这个目标，全球必须加强合作，共享技术与资源，形成互惠共生的网络系统，建立全球生态平衡。

2.1.2 国外对发展生态型城市的标准和要求

联合国关于生态城市的标准：

①有战略规划和生态学理论作指导；

②工业产品是绿色产品，提倡封闭式循环工艺系统；

③走有机农业的道路；

④居住区标准以提高人的寿命为原则；

⑤文化历史古迹要保护好，自然资源不能破坏，处理好保护与发展的关系；

⑥把自然引入城市。

美国、澳大利亚、德国和日本等国家对生态型城市建设计划，提出了基本的要求和具体标准。澳大利亚从1994年开始，在阿德莱德城中发起了一个生态城市计划，其要求有12条：

①恢复退化的土地；

②建设工程适合于当地生物群落的特点；

③开发强度与土地生态容量相协调，并保护开发地的生态条件；

④按生态条件有效限制城市的过度扩展；

⑤优化能源利用结构，减少能源消耗，使用可更新能源、资源，促进资源再利用；

⑥维持一个适当的经济发展水平；

⑦提供健康与安全的生活条件；

⑧提供多样的社会和社区服务活动；

⑨保证社会发展公平性；

⑩尊重过去的发展与建设历史，保护自然景观和人文景观；

⑪倡导生态文化建设，提高居民生态意识；

⑫改善自然生态系统状况（包括大气、水、土壤、能量，生物量、食物、生物多样性、生态敏感地、废水循环再生等）。

2.2　小城镇规划的理论基础与依据

2.2.1　小城镇规划的理论基础

小城镇规划是对城镇从宏观到微观、从地上到地下进行全方位系统的规划，需要综合考虑城镇的各项建设，包括小城镇的工业、农业、交通运输、生活居住、市政设施、公用设施、文教卫生、商业服务、园林绿化等各个方面，必然要涉及城镇社会学、经济学、社会心理与行为科学、地理学、生态学、城镇行政管理学等领域的知识，因此，小城镇规划要不断从与其相关的这些学科中吸取相关的内容，并充实到城镇规划的理论和实践中，以便完善小城镇的规划。

2.2.2　小城镇规划的依据

小城镇规划是对城镇各项建设进行部署，涉及国家社会、经济、环境、文化等众多部门，因此在小城镇规划之前，必须学习和了解国家及地方相关的政策性文件，如国家小城镇战略及社会经济发展计划对小城镇规划建设的宏观指导和相关要求；当地对小城镇发展的战略要求以及国民经济和社会发展计划；上级政府及相关职能部门对小城镇建设发展的指导思想和具体意见等。

小城镇规划也要根据地方特点，尊重现实，因地制宜地编制，因此要很好地了解以前小城镇规划的资料以及上一级规划对该城镇的战略要求，如城镇体系规划、城镇专项规划、镇域土地利用总体规划、小城镇总体规划、小城镇规划指标体系等。

另外，还要遵循国家及地方有关小城镇规划的规范、标准及办法，如《中华人民共和国城乡规划法》《中华人民共和国土地管理法》《中华人民共和国环境保护法》《城市规划编制办法》《城市规划编制办法实施细则》《城镇体系规划编制审批办法》《村镇规划编制标准》《村镇规划标准》；各省（自治区、直辖市）、地（市、自治州）、县（市、旗）村镇规划技术规定、建设管理规定、编制办法等。

由此可见，小城镇规划必须遵循以上几方面的依据进行，这些依据是搞好小城镇规划的前提和基础。

2.3 小城镇规划的基本原则

编制小城镇规划应贯彻下列原则:

(1)坚持城乡协调发展的原则

在区域经济社会发展战略指导下,做到产业发展分布均衡、人口分布均匀合理、土地利用高效率、生态环境达到综合平衡的城乡有机整合,促进城乡经济、社会、文化相互渗透、相互融合,达到城市与乡村一体化、区域整体经济等协调发展。

(2)坚持人文主义原则

充分发掘当地的乡土特色和地域特点,强调人文关怀,因地制宜地创造舒适的人居环境。尤其在全球趋同化的今天,发掘当地的传统和具有特色的建筑,街道街区的格局和风貌,见证历史事件和人物的场所、建筑和其他物体(例如,树木、巨石、各种具有鲜明特色的风土人情的载体等),这样才能体现小城镇的特色。即使是基本上新建的小城镇,也应该尽可能地根据当地的风土人情和小城镇的风貌定位,增加文化含量,保持和历史文脉相通的地方文化。

(3)坚持开发节约并重、科学合理规划的原则

合理地利用城镇土地,节约用地,充分发掘城镇用地的潜力和内涵,严格控制城镇用地的外延和无限制地扩张,同时进行科学合理地规划,节约能源、节约用水、节约材料,加强资源综合利用,指导小城镇健康有序地发展。

(4)坚持城镇建设标准适当的原则

充分利用城镇现有设施进行改造和扩建或提高,制订适合本城镇发展的建设标准。

(5)坚持近远期相结合的原则

以近期为主,注意近期建设的完整性和远期发展的适应性和协调性。

(6)坚持生态平衡的原则

保护城镇原有的生态、古迹等风貌,尊重历史、尊重现状,注重生态环境的保护。

2.4 小城镇规划基础资料的收集

对小城镇进行规划,其目的是指导小城镇的建设和发展,这就要求规划的方案必须符合城镇发展和建设的客观规律,符合实际情况。因此在进行小城镇规划之前,必须对城镇的现状、周围的环境进行深入地分析研究,掌握一定的基础资料,才能预测小城镇的发展方向,提出规划原则,科学合理地编制小城镇规划,使小城镇的规划更加合理和切合实际。

2.4.1 小城镇规划所需的基础资料

2.4.1.1 自然条件和历史资料

(1)自然条件

小城镇的镇域区位图表示小城镇的地理位置,与周围城镇的关系,也可以与地形图

合二为一。它是进行镇域体系规划的依据。

①地形　在进行规划之前必须了解小城镇的地形特点，才能保证规划布局、道路走向和线形、各项基础设施布置的合理，解决好建筑群体的布置、城镇的风貌、城镇形态等问题。因此，在规划之前必须有一张对现状测量的地形图，以便能更好地根据地形特点进行城镇用地选择。

②地质　包括地基的承载力大小及分布状况，以及地震、滑坡、冲沟、沼泽、盐碱地、岩溶、采空区、沉陷性黄土的分布范围等。根据这些资料对小城镇的用地进行分析评价，并对用地进行分类，画出用地评定图。这些资料可以在当地的地质部门收集。

③水文和水文地质　了解当地的江、河、湖、海的最高、最低和平均水位以及最大、最小和平均流量；最大洪水位、历年的洪水频率、洪水淹没的范围、面积以及淹没情况。地下水的水位、流向、流量、储量、含水层厚度、水质情况；通航能力及养殖情况等。

④气象　气象对小城镇的规划与建设影响较大，它包括风向、日照、气温、降水量等。

风是由风向与风速来表示的。为了减少大气污染，保护环境卫生和居民的身心健康，必须对当地的风向、风速的变化特点进行分析、研究，使城镇布局更加合理。

风向：表示风向最基本的一个特征指标是风向频率，即某一风向发生次数与风向频率的百分比值。把一定时期内对风向频率的观测结果，用图案的形式表达出来就是风向玫瑰图。它可以使人一目了然地看清楚该地某一时期不同的风向频率的大小，是小城镇规划布局的依据。风向玫瑰图是经过实测绘制，一般可以由当地的气象部门提供。

风速：就是空气流动的速度。风速的快慢决定了风力的大小，风速越快，风力就越大，反之亦然。规划工作中使用的风速是平均风速。把各个方向的风的平均风速用图案的方式表达出来，这就是风速玫瑰图。它也是通过实测绘制而成的，一般与风向玫瑰图绘制在一起，可以由当地的气象部门提供。

污染系数：了解风向和风速，一个重要的目的就是了解对环境污染的影响。某一方位风向频率越大，其下风位受污染的机会越多，即污染程度与风向频率成正比关系。某一方位的风速越大，上风地区的烟尘浓度降低，对下风位的污染程度就较轻，即污染程度与风速成反比关系。污染系数就是表示某一方位上风向频率和平均风速对其下风地区污染程度的一个数值。污染系数由下式表示：

$$污染系数 = \frac{风向频率}{平均风速}$$

污染系数只是一个数值，没有单位，式中所用的风向频率和平均风速的数值应该是同一时期，如同一个月、同一个季度等。同样，污染系数也可以用图案的方式表达出来，这就是污染系数玫瑰图。它也是通过实测绘制而成，一般与风向频率玫瑰图、平均风速玫瑰图绘制在一起，可以由当地的气象部门提供。

根据这些分析在进行城镇功能分区时，尽可能将对居住区有影响的区域放在城镇的下风位或下风侧；在道路走向选择及街坊布置等应尽可能与夏季主导风向一致，起到导风的作用。同时对防风林的布置也有一定的指导作用。

日照：日照与人们的生活关系紧密。在小城镇规划时，确定城镇道路的方位、宽度，建筑物的朝向、间距以及建筑群的布局，日照标准，卫生标准、建筑的遮阳设施以及各项工程的热工设计等，都要考虑日照条件。

气温：不同地区、不同海拔、不同季节、不同时间，气温都不相同，所以要收集当地历年的气温变化情况，作为确定城镇的用地选择、绿地规划、建筑布置、采暖规划、工程施工等的参考依据。

降水量：包括平均降水量、最高降水量、最低降水量、降雨强度等，是城镇排水、江河湖海地区的城镇的防洪、江河治理等的依据。

(2)历史条件

小城镇的历史成因及年代；各历史阶段的人口规模；标志小城镇历史文化特征的名胜、古迹、古建筑遗址及其位置与简况；当地的民族风俗、风土人情等。掌握这些资料，可以从小城镇在历史上的地位和作用来分析城镇未来的发展趋势，有助于确定城镇的性质和发展方向，更有利于突出小城镇的地方风格和民族特色，这是形成小城镇特色的主要依据。

2.4.1.2　技术经济资料

(1)自然资源资料

小城镇所在区域的矿藏资源的种类、储量、开采价值、开采年限及运输条件；当地建筑材料的种类、储量、开采条件，以及林业、渔业、畜产、水利资源的运输情况。

(2)小城镇分布与人口资料

小城镇分布资料包括城镇的发展概况、城镇分布状况、建设区用地数量、使用情况、城镇周围有无发展余地、存在什么问题等。

小城镇的人口资料包括总人口数、总户数、人口构成、人口年龄构成等；人口自然增长率、人口机械增长率、劳动力情况以及从业率等。

(3)小城镇土地利用资料

小城镇土地利用的情况，各种建设用地及各项公用设施用地所占用的面积及比重，荒地、水域所占的面积及比重。

(4)交通运输业资料

小城镇现有交通情况，与周围城镇之间的交通运输量及流向，主要运输方式及数量，交通设施场地及建设状况等。

(5)文化、教育、卫生事业的资料

文化、教育、卫生事业的资料包括各种文化、教育、卫生事业设施的分布情况、规模、从业人数等，存在的问题及今后发展计划。

(6)商业、服务业资料

商业、服务业资料包括现有商业、服务业的项目分布和规模及今后的发展计划。

(7)公用工程设施资料

公用工程设施资料包括各项公用工程设施的分布情况、使用状况、存在问题、改建或扩建的情况以及以后发展的方向。

（8）住宅建筑方面的资料

住宅建筑方面的资料包括住宅建筑的质量、居住水平、平均每户居住建筑面积、建筑形式，当前存在的问题以及今后的住宅建设计划等。

（9）小城镇居民生活水平及购买力方面的资料

小城镇居民生活水平及购买力方面的资料包括了解居民平均每人收入和生活基本支出情况、购买力情况及对商品的需求动向等。

2.4.1.3　小城镇环境资料

小城镇环境资料包括：

①了解各工业企业的废水、废渣、废气的排放量、危害程度、污染范围与发展趋势；

②易燃、易爆、噪声等分布状况、数量及危害程度等；

③有害工业的污染废弃物的处理、采取的防治措施和综合利用的途径，生活垃圾目前的处理方式等；

④小城镇园林绿化的数量、质量，存在的问题及今后的发展计划等。

2.4.2　资料的收集及表现形式

2.4.2.1　资料收集的方法

小城镇的基础资料量大面广，涉及很多部门和单位，如何将这些分散的资料收集起来，必须有一个切实可行的方法。

（1）拟定调研提纲

在调研之前，必须把所需的资料内容及其在小城镇规划中的作用和用途了解清楚，明确目的。在调研之前，要列出调研的重点，还要了解已掌握的资料中有什么、缺什么，使调研有针对性，避免重复和遗漏。另外，要注意对一些不容易收集又是规划不可缺少的资料必须收集到，以使规划工作能够顺利进行。

（2）召开各种形式的调查会

小城镇规划所需要的各种基础资料，一般都要涉及相关部门，如上级机关、计委、统计部门、农业部门、公交、财政、公安、文教、商业、卫生、气象、水利、房管、电业部门等，因此必须争取这些部门的配合。可以分别发送已准备好的各种表格的形式到这些部门（必须明确填表要求），然后再分头下到各部门，共同解决填表中遇到的具体问题。有些部门没有现成的资料，则应采取开专题调查会的方法，同相关人员进行座谈，或者进行补充调查。

（3）现场调查研究

任何规划设计都要进行现场踏勘和调研，小城镇的规划也不例外。在规划设计之前，规划人员必须亲临规划现场，掌握第一手资料，分析其现状和发展方向，只有如此才能做出正确的决策。当然对一些重大问题的解决，除进行深入细致地调研外，还要与相关部门进行协调共同处理。

（4）文献查阅

文献查阅有 2 种方法：一种方法是利用图书资料查询，在当地的图书馆以及相关部门的资料储存中查询相关资料；另一种方法就是利用现在便利的网络，上网查询相关资料。

总之，在调研中一定要坚持群众路线，积极动员群众参与到规划中来，认真听取群众对现状以及对未来规划建设的意见和建议，将这些意见和建议纳入规划设计中来，鼓励群众参与规划、监督实施规划，以使规划更能体现人性化、符合实际要求。

2.4.2.2 资料的表现形式

基础资料的表现形式是多种多样的，可以是图表，也可以是文字，也可以图表和文字并举；有的还需要绘成图纸，如工程地质图、水文地质图、矿产资源图、村镇现状图、表示气象资料的风向玫瑰图等。究竟如何表现，以能说明情况和问题为准，因地制宜，不求一律。这里仅举一些主要项目所采用的表格为例（表 2-1 至表 2-17），供参考。实际工作中，应根据不同情况进行增、删或修改。

表 2-1 人口、户型调查表

户 型	居民户（户）	合 计（户）	比 例（%）	人 数（人）	备 注
一口户					
二口户					
三口户					
四口户					
五口户					
六口户					
七口户					
八口户					
合 计					

注：①表 2-1 至表 2-13 均引自《小城镇规划与设计》（王宁，2001）；
　　②比例系指与全城镇总户数之比。

表 2-2 人口、年龄构成调查表

年 龄	人 数（人）	占全城镇人口的比例（%）	其中：（人）		备 注
			男	女	
出生~3					
4~6					
7~12					
13~15					
16~18					
19~30					

（续）

年　龄	人　数 （人）	占全城镇人口的比例 （%）	其中：（人）		备　注
			男	女	
男 31~60					
女 31~55					
男 61 以上					
女 56 以上					
合　计					

表 2-3　历年人口增减情况统计表

年限 （年）	出　生 （人）	死　亡 （人）	迁　入 （人）	迁　出 （人）	年终总人数 （人）

表 2-4　职业构成表

职业类别	人　数			占全城镇人口 比例（%）	备　注
	男	女	小计		
农业劳动					
工　业					
手 工 业					
基　建					
行政管理					
商业服务					
交通、运输					
邮　电					
农田水利					
公用事业					
文教卫生					
金融财政					
其　他					
合　计					

表2-5 文化水平统计表

年 龄	7~20 岁				21~50 岁					51 岁以上					合 计					
文化程度	文盲	小学	初中	高中	小计	文盲	小学	初中	高中	大专	小计	文盲	小学	初中	高中	大专	小计	文盲	小学	初中
人 数（人）																				
百分比（%）																				

说明：应注明1~6岁的幼儿人数等。

表2-6 住宅建筑调查表

户主姓名			人口组成	
家庭人口数（人）			住宅建造时间	
住 宅	层 数		平面类型	
	建筑面积（m²）		每人平均建筑面积（m²）	
	居住面积（m²）		房间间数	
	主要结构类型		简图	
	给排水状况			
	建筑质量综合评价			
主要附属建筑	厨房	建筑面积	结构类型	
		建筑质量		
	仓库	建筑面积	结构类型	
		建筑质量		
宅基地	房屋基底面积（m²）		住户主要意见	
	院落形式			
	院落面积（m²）			

注：① 注明是传统建筑或新建住宅；
② 独立于住宅之外的附属建筑称主要附属建筑，表中面积单位为 m²。

表2-7 城镇住宅建筑调查汇总表

城镇名称	总户数（户）	人口数（人）	平均每户人口（人）	住宅类别	层数	户数	平均每户建筑面积（m²）	平均每户居住面积（m²）	质量综合评价			存在主要问题	备注
									好（%）	中（%）	差（%）		
				传统住宅									
				近几年新建的住宅									

注：① 本表根据《住宅建筑调查表》经分析计算后填写；
② 住宅建筑质量综合评价标准根据当地具体情况确定，并计算好、中、差所占比例（%）。

表 2-8　城镇公共建筑项目调查表

项目 名称	隶属单位	建造 年月	建筑面积 （m²）	占地面积 （m²）	服务范围		职工人 数（人）	使用 情况	存在主 要问题	备注
					半径	人口数				

表 2-9　教育系统建筑统计表

项　目	托　幼	小　学	初　中	高　中	职业学校
占地面积					
建筑面积					
教学班数					
教工人数					
男生人数					
女生人数					

表 2-10　城镇各类建筑统计表

建筑类别		住宅建筑		公共建筑	生产建筑
		公　建	私　建		
占地面积（m²）					
建筑面积（m²）					
建筑密度（%）					
危房	建筑面积（m²）				
	比　例（%）				

注：建筑密度 = 建筑底面积/用地面积。

表 2-11　城镇现状用地分配表

用地 项目	建　设　用　地										非　建　设　用　地							总 计
	居住	工业	副业	公建	道路	广场	绿化	饲养	晒场	其他	小计	路渠	农田	菜地	果园	苗圃	其他	小计
面积 （hm²）																		
%																		

注：% 是指各项用地与建设用地之比。

表 2-12 城镇土地使用情况统计表

项　目	占地面积（hm²）	用　途	使用情况	调整计划	备　注
集　镇					
村　庄					
公　路					国家级、乡镇级均包括在内
农　田					
菜　地					
果　园					
林　场					
工　业					
饲养场					
养鱼池					
水　库					
河　湖					
（水　面）					
特殊用地					如军事用地等列入此项
破碎地					
合　计					

表 2-13 城镇经济情况统计表

年　份	年度总产值（万元）	工副业产值（万元）	工副业产值（%）	农业产值（万元）	农业产值（%）	年终可分配金额（万元）	平均每户分配数（元）	人均分配数（元）	银行储蓄款（万元）	公共积累（万元）	备注

表 2-14 城镇非地方行政机关经济机构调查表

机关名称	所属单位	地址	职工人数	办公用房 占地面积（m²）	办公用房 建筑面积（m²）	办公用房 层数（层）	食堂（m²）	车库（m²）	其他	生活居住 占地面积（m²）	生活居住 建筑面积（m²）	生活居住 层数（层）	居住户数（户）	居住面积（m²）	备注

注：表 2-14 至表 2-17 引自《村镇规划》（金兆森，1999）。

表 2-15　城镇道路广场调查表

项目 道路 名称	起点	讫点	长度 (m)	道路性质	最小平曲线半径(m)	最小视距(m)	交叉口间距(m)	宽度(m)			面积(m²)			路面结构	桥梁结构型式	荷载标准	广场用地(m²)	备注
								红线之间	车行道	人行道	分隔带(绿地)	车行道	人行道	分隔带(绿地)					

表 2-16　城镇给水工程调查表

给水管理单位名称			用水人口(万人)	
水厂位置			水厂占地面积(hm²)	
供水能力(t/d)			平均日出水量(t/d)	
管线长度 (m)	干管(>100)		水厂所属单位	
	支管(<100)		水厂职工人数(人)	
全年供水量 (×10⁴t)	工业用水		制水成本(元/t)	
	生活用水		水源类别	
	其他用水		供水工艺	
	合　计		泵房面积(m²)	
水处理 构筑物	处理能力(t/d)		水泵型号	
	构筑物简况		水泵台数	
高地水池(或水塔)容积(m³)				
高地水池(或水塔)座数				

表 2-17　城镇排水工程调查表

排水管理单位名称			职工人数(人)	
排水体制			工业污水量(t/d)	
干管长度(m)			生活污水量(t/d)	
排水沟管长度 (m)	土明沟		分散的污水 处理(座)	化粪池
	石明沟			其他
	混凝土管		集中的污水处理 构筑物(座)	处理厂
	其他沟管			其他

2.5　小城镇规划资料的整理与分析

2.5.1　资料的整理

　　收集到的基础资料要进行整理和分析,去伪存真,为规划提供科学依据。整理分析的方法很多,在小城镇规划中采用较多的有典型剖析法、随机变量的均值计算法、回归分析法、"德尔菲"法(Delphi method)等。资料整理的成果可用图表、统计表、平衡表及文字说明等来反映。

2.5.2 自然条件资料的综合分析

小城镇的规划与建设所包含的自然条件因素很多，有物理的、化学的、生物的等，而组成自然环境的要素也是多种多样的，有地质的、水文的、气候的、土壤的、地貌的等。它们以不同的方式、不同的程度，在不同的范围内对城镇产生着影响。因此，必须将收集到的小城镇范围内的资料按照规划与建设的需要和要求，进行深入细致地分析，为小城镇规划的编制提供有力依据。

对自然条件的分析应主要抓住地质、水文、气候和地形等几个方面。

2.5.2.1 地形条件

小城镇的各项工程建设总是要体现在用地上。不同的地形条件，对规划布局、平面结构、空间布置、道路走向、线形、各种工程的建设以及建筑的群体组合布置、城镇的轮廓、形态、天际轮廓线、某些工程设施的规划布置等都有一定的影响。但是经过规划与建设，也对自然地貌进行一定程度的塑造，而呈现出新的地表形态。

2.5.2.2 地质条件

（1）建筑地基

城市各项工程建设都要由地基来承载。不同的土层和地质构造，对建筑物的承载力是不相同的。了解建设用地范围内不同的地基的承载力，对城镇用地选择和建设项目的合理布局以及工程建设的经济性是非常重要的。

（2）滑坡和崩塌

滑坡是斜坡在风化作用、地表水或地下水、人为等因素，特别是在重力的作用下，使得斜坡上的土、石向下滑动。对丘陵或山区的城镇进行规划时，要对河道、路堤周围的地形特征、地质构造、水文、气候以及土或岩体的物理力学性质进行综合分析，才能确定建设用地。

崩塌主要是岩层或土层的层面对山坡稳定造成的影响。在进行规划建设时，对坡体不要进行过分开挖，同时注意坡面的节理，以使坡体达到稳定，避免崩塌现象的发生。

（3）冲沟

冲沟是由间断流水在地表冲刷形成的沟槽。冲沟切割用地，使用地不完整，对土地利用不利，同时对各项工程建设也不经济。因此对有冲沟发生的城镇在规划时，应分析冲沟的分布、坡度、活动与否，以及冲沟的发育条件，采取一定的措施（如加强绿化、修筑护坡等），防止冲沟的发生。

（4）地震

地震在城镇规划中是必须考虑的问题之一，尤其对可能发生强地震的地区。它对城镇用地选择、规划布局、建筑的具体布置，以及各项工程的抗震设防等方面都有一定的影响。

（5）矿藏

矿藏是地质条件之一，也是一种资源。但是它的分布与开采对城镇用地的选择和布局形态有很大的影响。

2.5.2.3　气候条件

气候条件包括太阳辐射、风向、温度、湿度、降水量等。太阳辐射影响房屋的日照间距、朝向、日照标准、卫生标准、建筑布局、通风、各种工程设施的热工设计等。根据风向绘制的风玫瑰图是功能分区的重要依据之一，有害或有污染的工业企业一般安排在主导风向的下风位或下风侧，对位于沿海的小城镇还要考虑建筑物的抗风、防风设计。温度为各类建筑物的采暖通风设计等提供依据，同时反映城镇在特殊气候条件下的热岛效应、逆温现象。了解城镇温度情况，在进行规划布局、建筑物布局等时，就应考虑通风、保温、防寒等措施；降水量直接影响到地表径流、城镇水源、防洪和排水设施，城镇的给水规划、排水规划、道路规划和防洪规划，均应考虑城镇降水规律。

2.5.2.4　水文条件

一个城镇的水文状况直接对城镇的水源、路面排水等都有一定的影响，尤其对位于河湖水网地区的城镇，需了解水文资料进行城镇的防洪排水等规划设计，同时在建筑的规划布置时要考虑河流的流向，即将有污染的建筑布置在河流的下游。地下水是城镇的主要水源，其水质、水量等直接影响城镇的发展规模和工业部门的选择。

除以上这些自然条件外，还要注意小城镇历史特色与风貌，它们主要表现在：自然环境的特色（如地形、地貌、河道等）；文物古迹的特色（如历史遗址等）；城镇格局的特色（如北京市，构图方正，轴线分明等）；城镇轮廓景观，主要建筑物和绿化空间的特色；建筑风格；物质和精神方面的特色（如土特产、工艺美术，民俗、风情等）等方面。在全球趋同化的今天，发掘小城镇地方特色就显得尤为重要，必须对它们进行综合分析论证，来体现不同城镇的不同的特色。

2.5.3　城镇建设条件资料的综合分析

城镇建设条件可分为社会技术经济条件与现状条件 2 个方面。

2.5.3.1　社会技术经济条件的分析

社会技术经济条件是小城镇形成和发展的经济基础。一般要通过分析城镇本身的技术经济条件以及与周围地区的辐射带动关系，确定城镇的性质、规模、发展方向，综合分析城镇在区域经济体系中的地位和作用。

小城镇所处的地理位置是小城镇发展的重要经济条件，必须深入进行研究，才能揭示小城镇形成、发展的特性。小城镇周围的资源条件，与其他城镇尤其是区域中心城镇在社会、经济及空间上的关系，与辖区内城镇发展的协调程度；小城镇的发展方向、性质和规模；城镇对外交通运输、用水、供电、用地条件对城镇发展的支撑程度等；小城镇居民的收支情况等都直接关系到小城镇规划建设的可行性。

2.5.3.2 现状条件分析

城镇的现状条件是指城镇各项物质要素的现有状况及它们的服务水平与质量,是城镇进一步发展的基础。除了新建城镇之外,大多数的城镇都是在原有基础上改建或扩建,因此在城镇规划与设计时,必须对现状资料进行综合分析,找出现状存在的主要问题和矛盾以及受限制的因素,为城镇的用地选择与规划布局提供依据。现状条件包括城镇总体布局结构,现状设施的质量、数量、容量及改造利用的潜力,城镇规模、人口结构和分布密度,城镇交通设施的分布及容量,居民的生活水平及对各项工程设施的利用和适应性。通过对这些条件的分析,发现问题、解决问题,规划建设一个健康舒适的小城镇。

2.6 小城镇规划的成果

2.6.1 规划成果

小城镇规划分为总体规划和详细规划 2 个阶段。规划成果包括镇域体系规划、小城镇总体规划、控制性详细规划、修建性详细规划。对于新建城镇来说,还应该包括小城镇规划纲要。

2.6.1.1 镇域体系规划的成果

镇域体系规划是在全局范围内分析城镇在区域中的经济地位和社会关系,发展方向及布局,是对城镇及城镇周边自然资源条件、地理交通条件、人口条件、技术条件的利用及可能带来的影响的分析,从而确定城镇的性质和发展规模及方向。

(1)镇域体系规划的主要内容

①对镇域自然条件、历史沿革、经济基础等进行综合分析和评价;

②预测镇域发展方向及人口情况,确定城镇化目标;

③确定镇域体系空间布局及镇域企业的发展与布局、规模结构和产业功能分工;

④确定镇域村镇发展战略;

⑤确定镇域基础设施建设;

⑥确定保护镇域耕地、生态环境、自然和人文景观以及历史文化遗产的要求和措施;

⑦提出重点发展镇区和中心村的规划建议和实施规划的政策措施。

(2)镇域体系规划的成果

镇域体系规划成果包括规划文件和规划图纸。规划文件包括规划文本和附件,附件包括规划说明书和基础资料汇编。镇域现状分析图(比例尺 1:10 000,根据规模大小可在 1:5 000~1:25 000 之间选择),主要规划图纸包括:

①镇域地理位置图 包括镇域在市(县)域范围内的地理位置和周围环境。比例尺一般为 1:50 000~1:100 000。

②镇域现状图 包括行政区和建成区界线，各类建设用地的规模和布局；各类建筑物的分布；道路走向、宽度，对外交通以及客货站、码头等位置；电力、电信及其他基础设施；主要公共建筑物的位置及规模；固体废弃物、污水处理设施的位置占地范围；水厂、给排水系统，水源地位置及保护范围；其他对建设规划影响的，需要在图纸上表示的内容。

③镇域土地利用规划图 包括镇域范围内即占地面积大的用地单位的土地权属界限、各种土地利用区及界限、重要的线状地物或明显地物点、丘陵、山区的主要等高线等。

④镇域规划总图 可分为镇域工农业规划布局图、村镇体系规划布局图、社会服务设施规划布局图等。

⑤镇域基础设施配套规划图 包括道路网络、供电、电信、河网水系、供排水网络、防灾系统等。

2.6.1.2 小城镇总体规划的成果

小城镇总体规划是从城镇统一整体的高度，研究城镇的发展目标、性质、规模、容量和总体布局形态、制定出战略性、能指导与控制城镇发展和建设的蓝图。

(1)小城镇总体规划的内容

①确定小城镇的性质和人口及用地发展规模；

②合理确定城镇建设用地空间布局、用地组织及镇区中心；

③确定小城镇内外交通系统及主要交通设施的规模、位置，镇内道路的走向、断面、交叉口等形式，以及镇内主要广场、停车场的位置和容量等；

④综合协调小城镇供水、排水、供电、通信、环卫、燃气、供热等工程设施的发展目标和总体布局规划；

⑤确定小城镇绿地系统、生态建设和环境保护目标；

⑥对历史城镇和位于风景名胜区的城镇，需要确定保护的风景名胜区、传统街区、文物古迹等保护和控制范围，提出保护措施；

⑦对旧城镇的规划改造，应确定旧城镇改造的原则、方法和步骤；

⑧提出规划实施的步骤、措施和方法及建议；

⑨编制近期建设规划，确定近期建设目标、内容和实施部署。

小城镇的总体规划是编制城镇各专项工程规划和详细规划的基础和依据。总体规划的成果包括规划文件和规划图纸两部分，规划文件包括规划文本和附件，附件包括规划说明书及基础资料汇编。总体规划图纸的比例一般为 1:2 000～1:5 000。

(2)小城镇总体规划的主要规划图纸

①城镇现状图；

②城镇用地评价图；

③城镇总体规划图；

④市(镇)域体系规划图；

⑤城镇各项工程规划图。

上述各项均包括道路交通规划图、公共设施用地规划图、绿地系统及景观规划图、各专项工程规划图(包括给水、排水、电力、电信、供热、燃气规划等)、防灾规划图、近期建设规划图等。

规划图纸根据不同城镇的不同情况可以增减。

2.6.1.3 控制性详细规划的成果

控制性详细规划的具体工作是确定各项用地的使用强度,人口密度,确定建筑物的建造量、高度,确定地块的最小规模,确定道路框架,城镇绿化环境要求等,保证城镇有良好的环境卫生条件。

(1)小城镇控制性详细规划的内容

①详细规定规划范围内各类不同使用性质用地的界限和适用范围,规定各地块建筑高度、建筑密度、容积率、绿地率等控制指标;规定各类用地内适建、不适建或者有条件允许建设的建筑类型;

②规定交通出入口方位、停车泊位、建筑后退红线距离、建筑间距等要求;

③确定规划范围内的路网系统及其与外围道路的联系,提出道路红线位置、控制点坐标和标高;

④提出各地块的建筑体量、体型、色彩以及大型建筑后退红线的要求等;

⑤根据规划容量,确定工程管线的走向、管径、控制点坐标和标高以及工程设施的用地界限;

⑥制定相应的土地使用与建筑管理规定;

⑦制定相应的规划实施细则。

控制性详细规划的成果包括规划文件和规划图纸两部分。规划文件包括规划文本和附件,附件包括规划说明书和基础资料汇编。图纸比例一般为1:1 000~1:2 000。

(2)小城镇控制性详细规划的主要规划图纸

①位置图 标明城镇控制性详细规划的范围及相邻区的位置关系;

②用地现状图 标明各类用地的范围,注明建筑物的现状、人口分布现状以及各类工程设施的现状;

③土地利用规划图 现状土地的使用性质、规模和用地范围等;

④地块划分编号图 标明地块划分界限及编号;

⑤各地块控制性详细规划图 标明各地块的用地界限、用地性质、用地面积、公共设施位置、主要控制点的标高等。

2.6.1.4 修建性详细规划的成果

修建性详细规划是控制性详细规划的进一步深化和具体化。它是对城镇建设范围内的建筑、各专项工程、公共设施、绿地系统等做出具体布置,并对城镇的建筑空间和艺术处理提出一定要求,为各项工程设计提供依据。

(1)小城镇修建性详细规划的内容

①建设条件分析及综合经济论证,找出现状存在的问题及规划应注意解决的主要问

题和措施；

②做出建筑、道路和绿地的空间布局和景观规划设计，布置总平面图；

③道路交通规划设计；

④绿地系统规划设计；

⑤工程管线规划设计；

⑥竖向规划设计；

⑦估算工程量、拆迁量和总造价，分析投资效益。

修建性详细规划成果包括规划设计说明书和规划设计图纸。图纸比例一般为1∶500～1∶2 000。

（2）小城镇修建性详细规划的主要规划图纸

①规划地段位置图　标明规划地段在城镇中的位置以及与周围城镇的关系。

②规划地段现状图　标明规划地段内的地形地貌、道路、绿化、工程管线及各类用地的范围等。

③规划总平面图　标明规划范围内的建筑、道路广场、绿地、河湖水面的位置及范围。

④道路交通规划图　标明道路红线、交叉口、停车场的位置及用地界限等。

⑤竖向规划图　标明道路交叉点、变坡点的控制高程，室外地坪的规划标高。

⑥工程管网规划图　标明各类工程管线的走向、管径、主要控制标高以及相关设施的位置。

⑦表达规划设计意图的透视图或模型。

2.6.2　规划制图的要求

小城镇规划图是完成城镇规划编制任务的主要成果之一。规划图纸在表达规划意图、反映城镇分布、用地布局、建筑及各项设施的布置等方面，比文字说明更为简练、形象、准确和直观。所以规划图纸的绘制，是完成规划编制工作的一项重要标志。为规范城镇规划的制图，提高城镇规划制图的质量，正确表达城镇规划图的信息，应对规划图纸上所要表达的信息的位置进行统一协调，使规划图纸完整、准确、清晰、美观。一般应包括图题、指北针、风向玫瑰图、图例、比例、比例尺、规划期限、署名、编绘日期、图框等。

（1）图题

图题应是各类城镇规划图的标题。城镇规划图纸应书写图题，有图标的城镇规划图，应填写图标内的图名并应书写图题。图题的内容应包括：项目名称（主题）、图名（副题）。副题的字号宜小于主题的字号。图题宜横写，不应遮盖图纸中现状与规划的实质内容。位置应选在图纸的上方正中、图纸的左上侧或右上侧，不应放在图纸内容的中间或图纸内容的下方。

（2）图标

图标一般在图纸的右下方，表示图纸名称、编绘单位、绘制时间等。图标中的字号应小于图名。

（3）指北针与风向玫瑰图

指北针与风向玫瑰图可一起标绘，指北针也可单独标绘。风向频率玫瑰图以细实线绘制，以细虚线绘制污染系数玫瑰图，风向频率玫瑰图和污染系数玫瑰图可重叠绘制在一起。指北针与风向玫瑰图的位置应在图幅图区内的上方左侧或右侧。

（4）图例

图例由图形（线条或色块）与文字组成，文字是对图形的注释。城镇规划用地图例，单色图例应使用线条、图形和文字；多色图例应使用色块、图形和文字。图例应绘在图纸的下方或下方的一侧。

（5）比例及比例尺

城镇规划图上标注的比例应是图纸上单位长度与地形实际单位长度的比例关系。必须在图上标绘出表示图纸上单位长度与地形实际单位长度比例关系的比例与比例尺。规划图比例尺的标绘位置可在风向玫瑰图的下方或图例下方。

（6）规划期限

城镇规划图应标注规划期限。规划图上标注的期限应与规划文本中的期限一致。规划期限标注在副题的右侧或下方。规划期限应标注规划期起始年份至规划期末年份并应用公元表示。现状的图纸只标注现状年份，不标注规划期。现状年份应标注在副题的右侧或下方。

（7）署名

规划图与现状图上必须署城镇规划编制单位的正式名称，并可加绘编制单位的徽记。有图标的规划图，在图标内署名；没有图标的城市规划图，在规划图纸的右下方署名。

（8）编绘日期

城镇规划图应注明编绘日期。编绘日期是指全套成果图完成的日期。有图标的规划图，在图标内标注编绘日期；没有图标的规划图，应布局于图纸的正下方或右下方，署名位置的右侧标注编绘日期。

（9）图框

在图纸绘制完成后，一般都要加上图框，起到装饰美化作用。图框可采用单线或双线。单线采用粗实线表示；双线内框线用细实线，外框线用粗实线表示，两条线之间的间距按图幅尺寸大小而定。

2.6.3 规划图例

在绘制城镇规划图时，规划人员把规划的内容所包括的各种项目（如住宅建筑、公共建筑、生产建筑、绿化等用地，道路、车站、码头等位置，以及供水、排水、电力、电讯等工程管线）用简单、明显的黑白或彩色符号把它们表现在图纸上，所采用的这些符号就称作规划图例。图例的作用不但是绘图的基本依据，而且是帮助人们认读和使用图纸的工具。它在图纸上起着语言和文字的作用。每一种图例都赋有特定的表达内容。

2.6.3.1 规划图例分类

（1）按照规划图纸表达的内容分类

按照规划图纸表达的内容可分为用地图例、建筑图例、工程设施图例和地域图例4类。

①用地图例　是表示各项用地性质和范围的图例，如住宅建筑用地、公共建筑用地、生产建筑及设施用地、道路交通及广场用地、绿化用地等。

②建筑图例　是表示各类建筑物的功能、层数、质量等状况的图例，如住宅建筑、公共建筑、生产建筑和仓库建筑等。

③工程设施图例　是表示各种工程管线，设施及其构筑物的图例，如工程设施及地上、地下的各种管道、线路等。

④地域图例　是表示区域或乡（镇）域范围界限，居民点的分布、层次、类型、规模，农、林、牧、副、渔业场地，工矿区、动力设施及交通运输设施的图例。

（2）按照城镇现状及将来规划设计意图分类

按照城镇现状及将来规划设计意图，可分为现状图例和规划图例两类。

①现状图例　表示城镇范围内现存的各项建设用地、各类建筑和工程设施的图例，主要为绘制现状图提供方便。

②规划图例　表示规划范围内规划安排的各项用地、各类建筑及工程设施的图例，供表达规划意图（绘规划图）使用。

（3）按照表现的方法和绘制特点分类

按照表现的方法和绘制特点，可分为单色图例和彩色图例。

①单色图例　又称黑白图例，主要是用符号和线条的粗细、虚实、黑白、疏密、方向的不同变化构成图例。

②彩色图例　绘制彩色图纸使用的图例。主要利用各种颜色的深浅、浓淡、色相绘出各种不同的色块、宽窄线条和彩色符号，来分别表达图纸上不同的内容。

彩色用地图例常用色如下：

淡米黄色——表示居住建筑用地；

红　　色——表示公共建筑用地；

淡　褐　色——表示工业、生产建筑用地；

淡　紫　色——表示仓储用地；

淡　蓝　色——表示河、湖、水库、渠道等；

绿　　色——表示各种绿地、绿带、农田、果园、菜地、林地、苗圃等；

白　　色——表示道路、广场；

黑　　色——表示铁路线、铁路站场；

灰　　色——表示飞机场、停车场等交通运输设施用地。

彩色建筑图例常用色：

米黄色——表示住宅建筑；

红　色——表示公共建筑；

褐　色——表示工业、生产建筑；

紫　色——表示仓储建筑。

彩色工程设施及其构筑物图例一般常用色：

黑　色——表示道路、铁路、桥梁、涵洞、护坡、路堤等；

蓝　色——表示水源地、水塔、水闸、泵站等水工构筑物。

工程管线图例的常用色：

蓝　色——表示给水管线；

褐　色——表示雨水、污水管线；

绿　色——表示电讯管线；

红　色——表示电力管线；

黄　色——表示燃气管道。

彩色地域图例常用色：

红　色——表示国界、省（自治区、直辖市）界、市（州、盟）界、县（市、旗）界、乡镇界、村界，各级城乡居民点；

绿　色——表示各类农业种植地、林区、牧场；

蓝　色——表示水产养殖、水域；

褐　色——表示采掘场、露天矿；

灰　色——表示航空港、机场。

2.6.3.2　绘制图例的一般要求

为了掌握图例绘制的特点，现将不同类型的图例在绘制上的要求，简要说明如下。

（1）线条图例

图例依靠线条表现时，线的粗细（宽窄）、间距（疏密）大小和虚实必须适度。同一个图例，在同一张或不同的图面上，线条必须粗细匀称，间距（疏密）虚实线的长短应一致。颜色线条，更应注意在同一图例中颜色的深浅、浓淡、色相要一致。

（2）形象图例

如亭、养鱼池、拖拉机站、畜禽场等，应尽可能地临摹实物轮廓外形，做到比例适当，形象简单易懂。

（3）符号图例

运用规则的圆圈、圆点或其他符号排列组合成一定图形（如森林、果园、苗圃、墓地等）时，应注意符号的排列整齐、疏密恰当和表现形式的统一。

（4）色块图例

彩色图例通常是由成片的颜色块平涂形成。要求邻近色块颜色的深浅、浓淡、明暗的对比要适当，它影响图面整体的色彩效果。在一个色块内的颜色要求色度稳定，色彩要适当，以使整个图面色调协调，对比适度。

2.6.3.3　应用标准图例应注意的问题

准确地选择和使用标准图例，目的是更确切地在规划图纸上表达规划意图的内容，确保规划图纸图面的整体协调、美观。因此，在使用标准图例时，应注意以下几点：

①线条图例中的线条的粗细、图案符号的大小应与图纸的比例协调。同一张图纸相同图例的线条粗细、疏密及线条的方向，必须保持一致，以免混淆和影响美观。

②不同图纸上内容相同的项目，必须采用相同的图例表示，达到统一，便于识别与比较。

③符号图案应运用绘图工具绘制，以保证图面规整、整洁、美观、统一。

④使用地图例表示用地范围，一律以边框线外缘为准，以保证图纸的精确度。

2.7　小城镇规划的编制管理与审批

小城镇规划的编制分为总体规划和详细规划 2 个阶段。市域、县域城镇体系规划指导小城镇总体规划的编制，小城镇总体规划指导小城镇详细规划的编制。小城镇规划编制管理是为保证高质量、高标准和科学合理编制小城镇规划，依据有关的法律、法规和方针政策，明确小城镇规划组织的主体，规定编制的内容要求，设定小城镇规划编制程度和上报程度，也是县、镇人民政府、城乡规划行政管理部门、管理机构对小城镇规划编制全过程进行政府行为的行政管理过程。

小城镇规划的编制，县(市)域城镇体系规划，由县(市)或自治县、旗、自治旗人民政府组织编制；市域城镇体系规划，由城市人民政府或地区行署、自治州、盟人民政府组织编制；跨行政区域的城镇体系规划，由有关地区的共同上一级人民政府城市规划行政主管部门组织编制；建制镇的总体规划和详细规划，由镇人民政府负责组织编制；村庄、集镇总体规划和建设规划由镇乡人民政府负责组织编制。

2.7.1　小城镇规划编制资格管理

小城镇规划编制单位的资格管理直接关系到小城镇编制的水平和质量，关系到我国小城镇规划、建设、管理的良性循环，它也是小城镇编制管理工作的重要组成部分。因此承担编制小城镇规划任务的规划设计单位，应当符合国家关于规划设计资格的规定。国家对规划设计单位资质与承担任务范围有一定的规定，一般为：

①甲级规划设计单位承担任务不受任何限制。

②乙级规划设计单位承担本省本市委托的本省或本市规划设计任务不受限制；20 万人口以下的城市总体规划和各种专项规划的编制(含修改和调整)；各种详细规划；研究拟定大型工程项目选址意见书。

③丙级规划设计单位承担当地及建制镇总体规划编制、修订；中小城市各种详细规划；当地各种专项规划；中小型工程项目选址的可行性研究。

④丁级规划设计单位可以承担小城市及建制镇的各种详细规划；当地各种小型专项规划设计；小型工程项目选址可行性研究。

2.7.2　小城镇规划的审批主体

根据城乡规划法和城市规划编制办法等规定，小城镇规划编制完成后，由小城镇规划组织编制单位按照法定程序，向法定的规划审批机关提出规划报批申请，法定审批机关按照法定程序审核批准小城镇规划。小城镇的规划实行分级审批。

直辖市的城市总体规划由直辖市人民政府报国务院审批。省、自治区人民政府所在地的城市以及国务院确定的城市的总体规划，由省、自治区人民政府审查同意后，报国务院审批。其他城市的总体规划，由城市人民政府报省、自治区人民政府审批。

县人民政府组织编制县人民政府所在地镇的总体规划，报上一级人民政府审批。其他镇的总体规划由镇人民政府组织编制，报上一级人民政府审批。

省、自治区人民政府组织编制的省域城镇体系规划，市、县人民政府组织编制的总体规划，在报上一级人民政府审批前，应当先经本级人民代表大会常务委员会审议，常务委员会组成人员的审议意见交由本级人民政府研究处理。

镇人民政府组织编制的镇总体规划，在报上一级人民政府审批前，应当先经镇人民代表大会审议，代表的审议意见交由本级人民政府研究处理。

本章小结

小城镇规划是城镇发展建设的蓝图，对小城镇健康发展起正确指导和引导性的作用，因此规划必须收集大量的基础资料，进行综合分析论证和预测，并遵循小城镇规划的各项原则，这样才能编制出符合实际、合理科学的小城镇规划。

思 考 题

1. 小城镇的发展目标是什么？
2. 生态城市的概念和特点是什么？
3. 小城镇规划要遵循哪些依据？
4. 编制小城镇规划为什么要搜集基础资料？
5. 编制小城镇规划需要搜集哪些资料，它们的作用是什么？
6. 搜集和整理基础资料应注意哪些问题？为什么要特别注意对资料的综合分析？
7. 小城镇规划标准图例的作用是什么？图例分哪几类？应用时应注意什么问题？
8. 小城镇规划分为几个阶段，各阶段的主要内容和成果包括哪些？

推荐阅读书目

1. 城市规划资料集第三分册：小城镇规划. 中国城市规划设计研究院，建设部城乡规划司. 中国建筑工业出版社，2006.
2. 城镇规划建设与管理. 冷御寒. 中国建筑工业出版社，2005.
3. 城镇规划原理. 陈丽华、苏新琴. 中国环境科学出版社，2007.
4. 中华人民共和国城乡规划法(2007 年 10 月 28 日第十届全国人民代表大会常务委员会第三十次会议通过).

第 3 章

小城镇的性质和规模

确定小城镇的性质和规模是小城镇规划的主要内容之一，是小城镇规划与经济社会发展目标相协调的重要组成部分。小城镇的性质与规模是小城镇建设、规划的基础与支撑。小城镇的城镇性质决定了小城镇建设的发展方向和用地构成，而小城镇的城镇规模决定着小城镇发展过程中的城镇用地和布局形态。小城镇的城镇规模包括了人口规模和用地规模，由于城镇的用地规模随着人口规模而变，因此通常情况下，城镇规模以城镇的人口规模来表示，即城镇人口的总数。人口规模确定的合理与否，对小城镇建设影响很大。

3.1 小城镇的性质

小城镇的性质是指在一定的区域范围内，小城镇在政治、经济、文化生活中所处的地位、作用和发展方向。正确拟定城镇性质，对城镇规划和建设非常重要。小城镇的性质决定了该城镇的主要经济职能，明确了小城镇的主导产业和辅助产业，决定了城镇用地结构，对城镇空间形态的拓展也起着先导作用，从而最终影响城镇经济和社会的发展。小城镇性质也表明了小城镇在该区域中所承担的角色，因此它是编制城镇总体规划、制定城镇发展战略的基础性工作，具有重大的实践意义和指导作用。小城镇性质确定正确，则城镇规划方向明确，建设依据充足，功能结构比较合理；反之则发展方向不明，规划建设被动，规模也难于估计，造成建设和小城镇布局的紊乱。

小城镇性质和小城镇职能是既有联系又有区别的 2 个概念。联系在于它们都是反映城镇为外部服务的作用，在国家或区域中的分工，确定城镇性质一定要先进行城镇职能分析。区别在于城镇性质不等于城镇职能，城镇职能可能有好几个，职能强度和影响的范围各不相同，城镇性质是城镇主要职能的概括，关注的是最本质的职能。城镇职能一般指现状，城镇职能分析一般利用城镇的现状资料，得到的是现状职能，而城镇性质一般指规划，表示城镇规划期内希望达到的目标或方向；城镇职能是客观存在，可能合理也可能不合理，城镇性质是在认识客观存在的前提下加进了主观意念，可能正确也可能不正确。

3.1.1 小城镇职能分类

小城镇职能分类是确定小城镇性质的基础性工作。从不同的角度出发，依据不同的参考指标，可以把小城镇职能划分成不同类型。按照职能的遍在性特征，小城镇职能可以分成"一般职能"和"特殊职能"。一般职能是指集聚于城镇中的生产、流通、分配、文化、教育、社会、政治等项活动中每个城镇都必备的那一部分职能。特殊职能是指那些不可能为每个城镇都必备的职能,如采矿业、加工工业、旅游观光业以及各种门类的科学研究活动。

从城镇与区域的关系以及城镇体系中城镇之间的分工入手,可以把小城镇职能划分成基本部分和非基本部分。基本部分是为本地居民正常的生产和生活服务的职能,而非基本部分是为本城镇以外的需要服务的职能,具有超越本地的区域意义。

最为普遍的分类是从城镇现状的主导行业或产业出发,把小城镇职能划分成:

(1)行政中心

这类小城镇(建制镇)都是一定行政区的政治中心,为县、镇政府所在地。镇内除配置比较齐全的行政机构和文化设施外,也兴办一定的第三产业和加工制造修理业。

(2)基础农业型

这类小城镇主要在平原地区或小城镇远郊地区,产业发展主要以农业为基础,也兴办一定的农产品加工和贸易业。

(3)工业主导型

这类小城镇的产业结构以工业为主,乡镇工业有一定规模,生产设备和生产技术有一定的水平,产品质量较高,产品品种能够占领一定的市场,而且全镇工业产值比重大,从事工业生产的劳动力占劳动力总数的比重也大。

(4)商业贸易型

这类小城镇有自己的特色商品资源,以商品流通为主,其运输业和服务业比较发达,设有贸易市场或专业市场、转运站、客栈、仓库等,并配备相应的金融、公安、税务、工商等机构。

(5)旅游开发型

有名胜古迹、历史文化遗产或靠山靠海的小城镇,以发展旅游业及为其服务的第三产业或无污染的第二产业为主,形成休闲、度假、观光、购物等功能,这类小城镇的交通运输、旅馆服务、饮食业等都比较发达。

(6)交通枢纽型

这类小城镇具有交通区位优势,多处于公路、铁路、水运、海运的联结点,能形成一定区域内的客流、物流中心,可凭借运输方便、信息快捷、流动人口多的优势,建设产品集散基地或运输量大的工商企业。

(7)资源采掘型

有矿藏资源的小城镇,由于矿产资源开采与加工而形成,基础设施建设比较完善,为矿区服务的商业、运输业、建筑业和服务业也比较发达。以采掘为龙头,带动相关运输、加工工业的发展。

(8)口岸镇

这类小城镇以发展对外贸易为主,大多位于沿海、沿江河的港口口岸,或与邻国有边境贸易,一般都设有海关、动植物检疫站和货物储运站等。

(9)历史文化名城

这类小城镇具有一些有代表性、典型民族风格或鲜明地域特色的建筑群,拥有历史价值、艺术价值和科学价值。

（10）综合型城镇

这类小城镇包括具备多种上述职能的城镇以及一定区域的政治中心城镇。

3.1.2　小城镇性质的确定依据

对小城镇性质的确定既不能空穴来风，又不能照搬现状，必须遵循一定的基本原则。总的来说，确定小城镇性质主要参考以下一些依据：

①小城镇性质的确定要符合党和国家的方针、政策以及国家经济发展计划对该小城镇建设的要求。如重大建设项目（如大、中型工矿企业，铁路、高速路、国道等）的建设，将对所穿越的小城镇性质起到决定性作用，直接影响到小城镇发展的规模和速度。在确定这些小城镇性质的时候就必须把这些更高层次的宏观因素考虑在内。

②我国地域辽阔，区际差异显著，不同地区的小城镇在自然条件、地理位置、经济基础、社会文化状况等方面存在着极大的差别，因而在小城镇的规划和建设过程中应依据各区域自身特点，结合未来发展趋势和发展目标，进行合理规划，合理配置。即使在经济发展水平和区位条件相近的地区，小城镇的性质和职能定位也应突出各自的特色，遵循因地制宜的原则，充分发挥小城镇传统的文化特色、民族特色和地方特色，力求多样化，避免千篇一律。

③小城镇发展过程有其自身的客观规律，不是靠人的主观意志支配的。在确定小城镇性质职能时必须遵守这一客观规律，不要完全脱离现状职能，理想化地确定城镇性质。超前和贪大求全思想也容易使小城镇的发展偏离正常的渠道。要深入分析城镇职能，继承和发展其中合理的部分，抛弃其中不合理的部分。

④小城镇性质的确定还要看小城镇所处的区域位置和在城镇体系中所承担的角色。小城镇不是孤立存在的，它通过交通、通信等网络，与其他小城镇及周围农村不断进行着物质、能量、人员、信息、资金等方面的交换，构成相互联系、具有特定结构和功能的有机整体。区域经济是小城镇不断发展的物质基础，小城镇往往在县、市域城镇体系中承担一定的职能。因此在分析确定小城镇性质时，除了应该对小城镇镇域范围内的条件加以论述外，还必须对外部环境，对"面"上作出阐述或引证。应着眼于整个区域内城镇之间的相互联系，把整个区域看作一个地域系统来理解和思考。往往在城镇体系规划中已经明确每个小城镇的主要职能，以便确定各类小城镇合理的发展规模和发展方向，所以小城镇性质的确定要认清其空间层次特征，参考上一级的区域规划或区域城镇体系规划。

⑤与大中城市不同，小城镇规模小，经济职能简单，产业结构的调整相对容易，能够快速、灵活地适应新的经济形势，因此其性质职能有很强的不确定性。我们在确定小城镇性质时，不能仅着眼于现状的产业结构，要综合分析当前的经济形势以及小城镇本身的发展潜力和趋势，充分估计小城镇在发展的过程中城镇性质和职能的可变性，在确定小城镇性质职能上留有一定"弹性"，一方面使得在小城镇各组成要素的协调作用下，小城镇规划能适应发展变化的要求，并在不确定性产生的情况下仍能使规划的性质目标实现；另一方面在各种干扰因素的作用下，小城镇性质本身仍能保持其完整的科学性与

合理性。

3.1.3 小城镇性质的确定方法

正确拟定小城镇的性质，是小城镇规划的首要工作。一般来说，确定小城镇性质有2种主要的思路和方法。一种是通过分析现实中存在的现象，定性分析小城镇在该区域内政治、经济、文化等方面的地位与作用，根据经验分析进行归纳得出，属于归纳思维型。目前对小城镇的性质确定大多采用这种思维方式，比如旅游型小城镇、工业型小城镇、贸易型小城镇等。这种分析方法虽然能给人以感性的认识，但致命的缺点是任意性和主观性较大。小城镇性质的确定完全取决于研究者对每个小城镇性质职能特点的了解和认识深度，不同研究者确定的小城镇性质职能互相之间缺乏可比性，无法揭示职能特点较为复杂的小城镇形成的区域基础和发展轨迹。

另一种更为科学的思路是在定性分析的基础上，通过对城镇产业部门的一些数据指标(例如主要生产部门的产值、产量、职工人数、用地规模等)的分析，定量刻画小城镇职能的3个要素：城镇为区外服务的专业化部门、城镇工业的专门化指数或职能强度、城镇对外服务绝对规模的大小或职能规模，以确定小城镇的主要职能和性质。后一种思路又有着多种具体的实现形式和途径。具体来说，可以分成5种主要的定量方法。

(1)统计描述方法

统计描述方法对小城镇职能分类采用事先确定好的数量标准。这种方法以(C. D. Harris)的分类标准最为出名。他采用的指标包括两部分，一部分是主导职能行业的职工比重应该达到的最低临界值；另一部分是主导职能行业的职工比重与其他行业相比所具有的某种程度的优势。这种分类方法的缺陷在于定量指标是凭经验作出的主观决策，不容易被他人所理解和接受。

(2)统计分析方法

这种方法与统计描述方法较为相似，只是分类数量标准的确定更为科学和客观。例如纳尔逊(H. J. Nelson)利用各城镇中每种经济活动的职工百分比的算术平均值加一个标准差作为城镇主导职能的标准，以高于平均值以上几个标准差来表示城镇主导职能的强度。不同地区的城镇职能分类可能采用不同的数量标准。

(3)城镇经济基础研究方法

与前两种方法在小城镇所有活动基础上进行分析不同，这种方法在城镇基本活动部分的基础上进行性质职能分类。其工作步骤如下：首先确定小城镇职能部门的基本部分。采用厄尔曼(E. L. Ullman)和达西(M. F. Dacey)或摩尔(C. L. Moore)的最小需要量法将小城镇职能的基本部分分离。然后用各部门的实际比重减去同部门的最小需要量，得到该部门的基本部分的比重。最后以分离出来的职能部门基本部分为基础，对由各小城镇为样本，各职能部门的构成比重为变量的数据矩阵进行多变量聚类，将具有相同或相似基本活动的城镇划为一类，从而将小城镇划分为不同的职能类型。

(4)聚类分析法

随着统计资料的丰富和计算机技术的发展，一些大数据量的分类方法(如聚类分析法)应运而出。这类方法首先借助于一定的聚类分析技术(例如沃德误差法 Ward's Method)取得科学、客观的分类结果，然后再借助纳尔逊统计分析方法对分类结果进行特征概括和类别命名。

　　（5）主成分分析法

　　这种方法主要适用于存在反映小城镇部门比重的多变量大样本数据基础之上。多变量大样本无疑会为小城镇职能分类提供丰富的信息，但是许多变量之间可能存在相关性会增加职能分类的复杂性。主成分分析能够把衡量小城镇各部门比重的众多变量组合成少数几个具有综合性质的"因子"，每个因子有不同的载荷量，载荷量大的前几个因子为主因子。每个小城镇样本对于各个主因子都有一系列因子得分。这套因子得分等于把每个小城镇放入一个多维的分类空间中。通过适当的归并技术（判别分析）就可以把小城镇划分为若干个组别。

3.1.4　小城镇性质的表述方法

　　小城镇的性质一般可以从 3 个方面来认识和表述：一是小城镇的宏观影响范围；二是小城镇的主导产业结构；三是小城镇的其他主要职能。

　　首先，小城镇的宏观影响范围是一个相对稳定的、综合的区域，是小城镇区域功能作用的一种标志。这种宏观影响范围是和小城镇的宏观和中观区位相联系的。在表述小城镇性质时应充分考虑其经济区位特征，使小城镇作用"区域"范围具体化，这样有助于明确小城镇的未来发展方向和建设的重点。

　　其次，小城镇性质的传统表述方法是以其主导产业结构为重点内容，它强调通过对主要部门经济结构的系统分析，拟定具体的发展部门和行业方向。

　　再次，小城镇的各个职能按照其对国家和区域作用的强弱和其服务空间的大小以及对小城镇发展的影响力可以按重要性程度来排序。小城镇性质对不同重要程度的职能的概括随着使用场合和针对问题的不同而有所差异。

　　一个小城镇性质的表述往往可以分为上述对应的 3 个层面。总的来说，小城镇性质的表述，绝不是一个纯技术性或"咬文嚼字"的问题，而是一个如何确切地反映小城镇的主要职能，据以作为小城镇建设发展的主要方向、目标并为之奋斗实现的问题。

　　小城镇职能的着眼点是小城镇的基本活动部分，是从整体上看一个小城镇的作用和特点，指的是小城镇和区域的关系，属于城镇体系的研究范畴。而小城镇性质所要反映的是小城镇的本质职能，都是相对于区域内的其他小城镇而言的。因此，小城镇性质的确定在其自身条件的基础上更离不开区域分析的方法，分析该小城镇在国家或区域中的独特作用和所承担的角色，使小城镇性质与区域发展条件相适应。

　　小城镇性质是对城镇主要职能的概括和总结，其表述上需要避免几个主要倾向：

　　①要避免把现状城镇职能原封不动地照搬到规划的城镇性质上。

　　②要实事求是地客观分析，切忌主观想象，脱离现状城镇职能完全理想化地确定城镇性质。

　　③城镇性质对主要职能的概括深度要根据使用场合的不同而区别对待，表达不宜过泛，对小城镇主要职能的概括深度要得当，要语言精练，定位准确，以便于指导实践。

　　④城镇性质的确定不能就城镇而论城镇，必须从其所在的区域角度进行综合分析、

比对。

【案例】

北京大学《长兴县城镇体系规划》报告

浙江省长兴县城镇现状职能类型为：

Ⅰ. 县城

雉城镇：以耐火材料、水泥制造、轻纺为主导产业，商贸业发达的全县行政、经济、文化、交通中心。

Ⅱ. 重点镇

煤山镇：建材、采掘业发达的县域西北部的工业中心。

泗安镇：以轻纺、农机、建材为主导行业，商贸业发达的县域西南部农副产品集散中心和重要交通枢纽。

和平镇：以采掘业为支柱，商贸业发达的县域东南部专业批发中心。

Ⅲ. 一般镇

李家巷镇：建材、轻纺、耐火材料制造业突出的工业重镇。

夹浦镇：轻纺、耐火材料制造业突出，商贸业发达的工业重镇。

洪桥镇：以耐火材料制造为支柱行业的小城镇。

林城镇：电炉制造、轻纺、服装加工业突出的小城镇。

小浦镇：化工、制陶、建材业突出的全县水陆转运枢纽。

虹星桥镇：以轻纺、耐火材料为主导行业的小城镇。

Ⅳ. 各乡驻地

以建材、耐火材料制造为主：吕山乡、槐坎乡、水口乡、吴山乡、长桥乡、白岘乡、二界岭乡、长潮乡。

以农副产品加工为主：新塘乡、太傅乡。

3.2 小城镇人口规模

小城镇人口规模是小城镇规划的重要组成部分，它决定了城镇用地规模和基础设施建设规模。如果城镇人口规模把握不准，预测规模偏低，就会造成城镇用地紧张，基础设施严重欠账，影响城镇正常有序地发展。但如果城镇人口规模预测值偏高，片面追求人口多、楼层高、贪大求洋的倾向，就会浪费宝贵的土地资源，使部分基础设施闲置或利用率很低，造成极大的浪费。此外，城镇人口规模分析和预测还关系到公共绿地面积、道路铺装率、电话、自来水普及率、小学、幼托、文化站、福利院等公共服务设施发展水平等社会层面。而且，城镇人口规模的预测还与环境有密切联系。城镇人口的过度膨胀，会造成交通拥挤、生态失衡、环境恶化、居住质量下降等问题；而城镇人口规模过少，又使得基础设施和公共服务设施难以形成规模效益。所以适度的人口规模是经济、社会、资源和环境保护协调发展的强有力保证。

3.2.1　小城镇人口分类

小城镇是农村商品流通和城乡交换的集散中心，作为城市和乡村联系的桥梁和纽带，它的人口构成与现代城市和传统农村相比，有着明显的不同。在我国传统的农村，由于单纯的生产形式和生活方式，导致人口构成单一化，主要表现为农业人口占绝对优势。现代城市作为工业化和技术革命的产物，人口密度较大，并大部分从事非农业劳动。小城镇人口构成既不同于农村，又不同于城市。计划经济下，由于我国以"户籍、吃粮、就业、社会福利"为特征的人口管理模式所树立的城乡壁垒，小城镇人口构成还比较均质化。改革开放以后，特别是 1984 年以来，随着农村改革的深入，户口登记制度也开始发生变化，小城镇中出现了自带口粮进镇务工经商的人口。加上乡镇企业的飞速发展和小城镇建设的快速繁荣，使得农村劳动力在空间转移形式上呈现多层次地域特征：如有乡村就地转移(离土不离乡)；有乡村劳力向小城镇永久性转移(指实现了向城镇固定职工转变的转移)；有乡村劳力向小城镇摆动式转移(指工作在小城镇，居住在农村的转移)；有区域性转移(指吸引欠发达省市劳动力到小城镇就业的转移)。这些多样的空间转移形式导致小城镇的人口构成发生了新的变化。

(1) 职业分类

以职业构成为依据，小城镇人口可以分成农业人口和非农业人口。小城镇农业人口是指小城镇中依靠农业生产维持生活的全部人口，而非农业人口是依靠非农产业维持生活的全部人口。

(2) 劳动构成分类

按照居民参加工作与否，小城镇人口可以分为劳动人口与被抚养人口。其中劳动人口按工作性质和服务对象，分成基本人口和服务人口。

小城镇基本人口指在工业、交通运输以及其他不属于小城镇的行政、财经、文教等单位中工作的人员。

小城镇服务人口指在当地服务的企业、行政机关、文化、商业服务机构中工作的人员。

小城镇被抚养人口指小城镇中未成年的、没有劳动能力的以及没有参加劳动的人员。

(3) 户口分类

按照户口所在地和实际居住的关系来分，小城镇人口分为常住人口、暂住人口和流动人口。

①常住人口　常住人口是小城镇的原住居民，他们有城镇户口并长期工作和生活在小城镇，其数量原本较少，但随着国家对"农转非"政策的适度放宽，乡镇干部、农办教师以及他们的子女办理"农转非"，乡镇企业吸收了部分大学生以及因国家建设用地需要，按规定办理农转非的农村人口等种种因素使小城镇具有城镇户口的居民数量增长较快。

②暂住人口　暂住人口是在常住地以外的城镇临时居住 3 日以上的人口，按来源地又可以分为无城镇户口的乡镇企业职工和外来民工。一方面，小城镇的市政设施和其他

便利条件，吸引了周围乡镇企业在小城镇内选址建厂，而从业人员大部分来自农村，于是产生了工作在小城镇，居住在农村的"钟摆式"人口。这类人口中，有些已经在小城镇建房购房，成为小城镇的常住人口。另一方面，小城镇的发展对外来劳动力的需求和吸引力也有所增强。这些外来民工有些已通过与乡镇企业签订劳动合同而成为企业的一员，拥有比较固定的工作；有些则是在小城镇经商做生意，自谋生路。

③流动人口 流动人口是在常住地以外的市、镇停留3日以内的人。小城镇作为一定区域的政治、经济、文化和科技信息中心，有着与之相适应的流通渠道和贸易市场，吸引着四乡八村及外地的人们，因而流动人口数量特别大。这类人一般没有固定工作和固定的住处，是小城镇的过客，但是他们的存在对小城镇的建设和发展也会带来重要的影响。

3.2.2 小城镇人口规模界定

小城镇的人口状态是在不断变化的。对于小城镇人口规模的界定，可以在界定其空间范围的基础上，通过对一定时期小城镇人口的各种现象，如年龄、寿命、性别、家庭、婚姻、劳动、职业、文化程度、健康状况等方面的构成情况加以分析，反映其特征。在小城镇规划中，一般主要研究的有年龄、性别、家庭、劳动、职业等构成情况。

（1）空间界定

要确定小城镇的人口规模，首先必须对小城镇的地域范围进行界定。目前对"小城镇"地域范围的认识还众说纷纭。一种认识是按照国家建制镇区划的设置标准来界定。我国小城镇界定的标准经历过多次变动。1955年，国务院规定常住人口2 000人以上、居民50%以上为非农业人口的居民区算作小城镇。工矿企业、铁路站、工商业中心、交通要口、中等以上学校、科学研究机关的所在地和职工住宅区，常住人口虽然不足2 000人，但在1 000人以上，非农业人口超过75%的地区；以及具有疗养条件、每年来疗养和休息的人数超过当地常住人口50%的疗养区也算作小城镇。1963年，小城镇的界定标准变成居住人口3 000人以上、非农业人口70%以上或居住人口2 500～3 000人、非农业人口75%以上的地区。1984年，小城镇的界定标准变成至少有2 000人以上的非农业人口和自理口粮常住人口聚居地。另一种认识是按照小城镇的实体地域范围来界定。小城镇的实体地域是由密集人口、各种人工建筑物、构筑物和设施组成的建成区。一般而言，城镇建成区人口密度要高于农村村落，因此，小城镇的建成区范围一般小于其行政辖区范围。

由于城乡划分标准的变动，我国小城镇人口规模的界定指标也不断变化。1955年公布的我国第一个城乡划分标准规定小城镇人口指建制镇的总人口，包括镇辖区范围内的农业人口和非农业人口。1964年到1980年间，小城镇的人口规模被定义为建制镇的非农业人口，不包括镇辖区内的农业人口。1982年的第三次人口普查重新采用1955年的标准，把小城镇人口定义为建制镇的总人口。1990年第四次人口普查又采用新的界定标准，规定小城镇人口指建成区的市或县所辖的居民委员会人口。2000年的第五次人口普查与1990年基本相同，只是引入了"建成区延伸"的概念，把建制镇建成区对外延伸所涉及的其他村委会人口包括在内。

（2）年龄构成

年龄构成指小城镇人口各年龄组的人数占总人数的比例。一般将年龄分成 6 组：托儿组（0~3 岁）、幼儿组（4~6 岁）、小学组（7~11 岁或 7~12 岁）、中学组（12~16 岁或 13~18 岁）、成年组（男：17 或 19~60 岁，女：17 或 19~55 岁）和老年组（男：61 岁以上，女：56 岁以上）。为了便于研究，常根据年龄统计作出百岁图和年龄构成图。

了解年龄构成的意义在于：比较成年组人口与就业人数（职工人数）可以看出就业情况和劳动力潜力；掌握劳动后备军的数量和被抚养人口比例，对于估算人口发展规模有重要作用；掌握学龄前儿童和学龄儿童的数字和趋向是制定托、幼及中小学等规划指标的依据；分析年龄结构，可以判断小城镇的人口自然增长变化趋势；分析育龄妇女人口的年龄数量是推算人口自然增长的重要依据。

（3）性别构成

性别构成反映男女之间的数量和比例关系，它直接影响小城镇人口的结婚率、育龄妇女，生育率和就业结构。在小城镇规划工作中，必须考虑男女性别比例的基本平衡。一般说来，在地方中心城市，如小城镇和县城，男性多于女性，因为男职工家属一部分在附近农村。在矿区和重工业城镇，男职工占职工总数中的大部分；而在纺织和一些其他轻工业城镇，女职工可能占职工总数中的大部分。

（4）家庭构成

家庭构成反映小城镇的家庭人口数量、性别和辈分组合等情况。它对于小城镇住宅类型的选择，小城镇生活和文化设施的配置，小城镇生活居住区的组织等有密切关系。家庭构成的变化对城市社会生活方式、行为、心理诸方面带来直接影响，从而对城市物质要素的需求也有变化。我国小城镇家庭存在由传统的复合大家庭向简单的小家庭发展的趋向。

（5）劳动构成

劳动构成也称小城镇人口构成，指人口按分类在小城镇总人口中的比例。劳动构成分析，主要用于"劳动平衡法"的人口规模计算中。调查和分析现状劳动构成是估算小城镇人口发展规模的重要依据之一。但在实际应用中存在着三类人口的划分口径与我国现状小城镇人口统计分类不一致，因此这种方法在实际中只有参考价值。

（6）职业构成

职业构成指小城镇人口中社会劳动者按其从事劳动的行业（即职业类型）划分，各占总人数的比例。按国家统计局现行统计职业的类型包括 3 大产业和 13 类行业。产业结构与职业构成的分析可以反映小城镇性质、经济结构、现代化水平、小城镇设施社会化程度、社会结构的合理协调程度，是制定小城镇发展政策与调整规划定额指标的重要依据。在小城镇规划中，应提出合理的职业构成与产业结构建议，协调小城镇各项事业的发展，达到生产与生活设施配套建设，提高小城镇的综合效益。

3.2.3　小城镇人口的调查与分析

小城镇人口的调查与分析是获取第一手人口数据，进行小城镇发展趋势预测和基础设施建设规划的前提和基础。

（1）目前我国小城镇人口的调查分析主要的渠道和途径

①公安部门对小城镇户籍人口的登记和调查。一般是通过公安部门的经常性统计月报或年报取得。这项小城镇人口的统计只关注户籍人口。某人不管其是否外出，也不管其外出时间长短，只要在某地注册有常住户口，就成为该地区的户籍人口。在观察某小城镇人口的历史沿革及变动过程时，通常采用这类数据。但是改革开放后，随着户籍管理制度的松动和人口空间流动性的增强，很容易出现具有某地常住户口，但离开常住户口登记地到其他地区长期居住的"人户分离"现象。在这种情况下，户籍人口很难真正反映一个小城镇的人口规模。

②国家统计局对小城镇常住和暂住人口的普查是关于小城镇人口规模最为详尽和准确的统计数据。自新中国成立以来，共在 1953 年、1964 年、1982 年、1990 年、2000年、2010 年开展过六次人口普查。人口普查涉及每一小城镇的所有人口，但由于人口普查只在特定时间段进行，因此不利于用来对小城镇人口开展长时间的追踪分析。

③国家和地方的统计部门会根据研究问题的需要在被研究地人口中抽取一部分单位作为样本进行调查，并根据调查所得资料，推断全部人口相应各项指标值。例如，国家统计局开展的 1% 人口抽样调查主要调查"在被抽中调查小区居住的人"和"户口在、人已外出的人"，并汇总出当地的常住人口、户籍人口、外来人口和外出人口，以应对人户分离严重和人口流动量大的情况，获得各类人口的准确数据。

在进行人口规模分析时，还应当注意到城镇人口规模的确定，不能就城镇本身来论城镇，而是应该通过上一级规划，尤其是县域规划和镇域规划来确定。

（2）进行人口规模确定过程中需要注意的问题

①城镇规模结构　确定人口规模时，应进行县域城镇体系的合理性分析，着重分析在各自的条件、职能、分工的基础上形成的城镇规模结构。在县域城镇体系的分析中，要分析城镇体系与资源储量及其合理分布相适应，与县域工农业生产和人口分布相适应，以取得最佳的城镇体系规模结构，带动区域经济的发展。

②剩余劳动力转化　在确定小城镇人口规模过程中，需要进行农村剩余劳动力转化的分析。由于农村经济体制改革，大量农村剩余劳动力从农业中解放出来并转入非农产业，城镇人口的机械增长成为集镇人口增长的主要来源。因此，要分析镇域的行政范围内农业发展情况，预测农业用地和所需劳动力的数量，计算农村剩余劳动力的规模。此外，还要根据县域城镇体系的分析，合理分配农村剩余劳动力的人口数，明确重点发展的城镇，确定城镇规模。

③城镇建设门槛　由于城镇建设条件的不同，不同城镇建设过程中需要注重建设条件的"门槛"分析。在一定的经济技术条件下，集镇不可能无限制地发展，在集镇的发展中会受到某些因素的制约，如水源条件、用地条件、环境容量限制等，即集镇发展的门槛，跨越这种发展的门槛将会一次性增加集镇发展的投资成本。急增人口规模的确定应尽量避免跨越这种门槛。

3.2.4　小城镇人口发展规模预测

人口规模是小城镇规划中一项重要的控制性指标。准确地预测未来人口的发展趋势，制定合理的人口规划和人口布局方案具有重大的理论意义和现实意义。人口规模预测是指以规划区域或单位现有人口现状为基础，并对未来人口的发展趋势提出合理的控制要求和假定条件即参数条件，来获得对未来人口数据提出预报的技术或方法。一般需要充分采集资料、确定预测参数，通过建立预测模型来进行。小城镇人口发展规模预测的方法有很多，主要包括：平均增长率法、剩余劳动力转化法、带眷系数法、线性回归预测法、马尔萨斯人口增长模型、Logistic 人口增长模型预测法、资源环境承载力预测法等。

（1）平均增长率法

平均增长率法是对小城镇人口规模进行预测的常见方法之一。其应用应认真分析近年来小城镇人口的变化情况，合理确定每年的人口增长率。其人口规模预测公式如下：

$$P = P_0(1 + K_1 + K_2)n \tag{3-1}$$

式中　P——规划期末小城镇人口规模（人）；

　　　P_0——小城镇现状人口规模（人）；

　　　K_1——小城镇年平均自然增长率（%）；

　　　K_2——小城镇年平均机械增长率（%）；

　　　n——规划年限（a）。

这种方法适合经济发展初步稳定、人口增长率变化不大的小城镇。

（2）剩余劳动力转化法

随着农村经济的发展，机械化程度和劳动生产效率的不断提高，出现了大量的农村剩余劳动力。这些向外转移的农村剩余劳动力成为小城镇人口增长的重要组成部分，因此对小城镇人口规模预测应该考虑由于耕地面积减少或人均劳动生产率上升所产生的剩余劳动力。具体预测公式为：

$$P = P_0(1 + K_1)^n + Z[f \times P_1(1 + K_2)^n - (C/A)] \tag{3-2}$$

式中　P——规划期末城镇人口规模（人）；

　　　P_0——现状城镇人口规模（人）；

　　　K_1——城镇人口的综合增长率（%）；

　　　Z——农村剩余劳动力进镇比例；

　　　f——农业劳动力占周围农村总人口的比例；

　　　P_1——城镇周围农村现状人口总数（人）；

　　　K_2——城镇周围农村的自然增长率（%）；

　　　C——城镇周围农村的耕地面积（hm^2）；

　　　A——每个劳动力额定担负的耕地面积（hm^2）；

　　　n——规划年限（a）。

（3）带眷系数法

这种方法适用于在人口机械增长稳定的情况下，估算新建小城镇的人口规模。计算时应分析从业人员的来源、婚育、落户等状况，以及城镇的生活环境和建设条件等因素，确定增加的从业人员及其带眷系数，其具体预测公式为：

$$P = P_1(1 + \alpha) + P_2 + P_3 \tag{3-3}$$

式中 P——规划期末小城镇人口数(人);

    P_1——带眷职工人数(人);

    α——带眷系数(人),指每个带眷职工所带眷属的平均人数;

    P_2——单身职工人数(人);

    P_3——规划期末小城镇其他人口数(人)。

我国村镇规划建设条例中,对职工带眷系数的指标给出了具体规定(表 3-1)。

表 3-1 职工带眷有关指标

类 别	占职工总数比重	备 注
1. 单身职工	40%~60%	
2. 带眷职工	40%~60%	带眷职工比要根据具体情况而定。独立工业城镇采用上限,靠近旧城采用下限;迁厂采用上限,新厂采用下限;建设初期采用下限,建成后采用上限。单身职工比相应而变化
3. 带眷系数	3~4,1~3	带眷系数已考虑了双职工因素。双职工比例高的采用下限,比例低的采用上限
4. 非生产性职工	10%~20%	

注:引自《小城镇规划与设计》(王宁,2001)。

(4)线性回归预测法

回归分析预测是人口预测中常用的方法之一,是将已知的小城镇人口规模的统计数据作为变量抽样的观察结果,通过考察这些数据之间存在的数量关系,设想出表达这种关系的方程式,然后通过最小二乘法来估计方程中的参数,由此确定变量之间的数学模型。采用线性回归分析模型预测人口变化趋势,其公式为:

$$Y = aX + b \tag{3-4}$$

式中 Y——总人口数(人);

    X——预测年份与初始年份的差值(人);

    a,b——待定系数。

一元回归模型在实践操作中更为直观,而且简便易行,在短时期内精度最好,但对于中长期外推预测,由于置信区间在扩大,误差较大,尤其在转折时期函数形式发生变化,误差更大。

(5)马尔萨斯人口增长模型预测法

马尔萨斯人口增长模型假定城镇人口规模呈指数级增长,其方程式为:

$$P_t = P_{t_0} e^{r(t-t_0)} \tag{3-5}$$

式中 P_t——t 年预测人口数(人);

    P_{t_0}——基期年人口数(人);

    r——人口年增长率(%)。

这种模型适合于人口基数较低、流动人口增长迅速的小城镇,不适合发展成熟、人口基数大的小城镇。

(6)Logistic 人口增长模型预测法

该模型认为人口不可能无限期地按指数级增长。它认为随着人口总量的增长,人口增长率往往会逐渐下降。因此，通过在人口指数模型的基础上增加一个与人口总量相关的衰减项，并进行微分方程求解，得到人口增长模型为：

$$P_t = P_m(1 + e^{(a+b_t)})$$ (3-6)

式中　P_t——第 t 年的人口规模（人）；

　　　P_m——人口极限规模（人）；

　　　a，b——计算系数。

这一曲线被称为罗吉斯蒂（logistic）曲线。

（7）灰色系统 $GM(1，1)$ 模型预测法

灰色系统 $GM(1，1)$ 模型要求的数据占有量不是很大，不追求大量的历史数据，也不苛求它的典型分布。而是对已掌握的部分信息进行合理的技术处理。通过建立模型，在更高的层次上，对系统动态过程进行科学地描述。与其他预测方法相比，对人口变动无规律可循或资料不全的情况下运用该方法具有较高的精度。该方法的使用步骤如下：首先把已有的过往小城镇人口统计数据在不加筛选的情况下作为一个独立的时间数据列 X，得到等距连续时间列值，然后通过建立 $GM(1，1)$ 微分方程：

$$dX(t)^{(1)}/dt + a X(t)^{(1)} = u$$ (3-7)

解微分方程求得参数 a 和 u 的值，最后根据所建 $GM(1，1)$ 模型：

$$X^{(0)}(K+1) = -a(X^{(0)} - u/a)e^{-ak}$$ (3-8)

就可以预测规划期末的小城镇人口规模。

（8）资源环境承载力预测法

这种方法主要利用小城镇的资源环境容量和承载力来预测人口规模。具体来说，包括土地承载力预测法、水资源承载力预测法、生态环境容量预测法等。

土地是小城镇空间扩展的根本载体。小城镇可供建设用地的总量是确定城镇人口规模的前提和基础。该方法的基本步骤为：首先根据城镇自身建设用地发展的现状规模，通过对小城镇用地潜力分析，确定规划期内小城镇可供利用的建设用地总量。然后再根据国家的《城市用地分类与规划建设用地标准》（GB 50137—2011）或本城镇指定的人均建设用地标准来确定小城镇人口的合理容量。其计算公式如下：

$$P = L/I$$ (3-9)

式中　P——预测的人口规模（人）；

　　　L——预测的城镇建设用地规模（hm^2）；

　　　I——人均建设用地标准（hm^2）。

与土地资源类似，可供水资源量是小城镇发展的重要生命线，水资源承载力的大小一定程度上决定了其人口规模的多少。城镇水资源承载力是在特定的历史发展阶段，以可持续发展为原则，以维护生态良性发展为条件，以可预见的技术、经济和社会发展水平为依据，在水资源得到适度开发并经优化配置的前提下，城镇水资源系统对小城镇人口和社会经济发展规模的最大容量。据此对人口规模的预测方法如下：首先对小城镇水资源进行预测，分析所有可能的水资源潜力，得到规划期内的可利用水资源总量，然后根据工业用水量、农业用水量和生活用水量等，预测人均综合用水量，两者相除即得规划期年人口规模。计算公式：

$$P = W/I \tag{3-10}$$

式中　P——预测人口规模(人)；

　　　W——规划期年可供水量(m^3)；

　　　I——规划期人均用水量(m^3)。

　　与前两者一样，生态环境的人口容量是相对的、有限的。通过计算小城镇生态足迹与小城镇生态承载力可定量反映城镇人类活动对自然生态环境产生的压力和影响程度，进一步推算适宜的人口规模。其中通过绿地计算城镇生态环境的人口容量是现今较常用的方法之一。该方法根据规划期小城镇公共绿地面积以及人均公共绿地面积预测人口规模，具体公式如下：

$$P = L/I \tag{3-11}$$

式中　P——规划期人口规模(人)；

　　　L——规划期公共绿地面积(hm^2)；

　　　I——人均公共绿地(hm^2)。

　　此外，还有根据小城镇道路、能源等基础设施的支持能力估算小城镇极限人口的方法。总的说来，人口增长受多种因素的影响，任何一种模型都不能完整地预测其发展情况。上述各种预测小城镇人口的方法都具有自身的优点和适用范围。但是每一种方法都有自身的适用范围，具体采用何种模型，应该按照实际情况结合所预测城镇的特点、占有数据量的多少、预测时段的长短来选择最合适的方法，以求人口规模预测的准确性和实用性。

3.3　小城镇用地规模

　　城镇合理用地规模研究，是每个城镇社会经济发展战略的基础研究之一。它既要受到城镇社会经济发展、人口增长的影响，反过来，城镇合理用地规模目标的确定，对城镇未来人口规模、城镇发展规模、产业布局、经济发展及生产力和消费力规模都有着密切的联系。城镇合理用地规模的分析和预测，对编制土地利用总体规划方案，确定未来的用地总目标，实现土地利用的宏观控制，协调各产业间土地利用的矛盾，都有重大的意义。

3.3.1　小城镇用地概念

　　小城镇用地是小城镇规划区范围内赋以一定用途与功能的土地的统称，是用于城镇建设和满足城镇机能运转所需要的土地。它们既指已经建设利用的土地，也包括已列入小城镇规划区范围内尚待开发使用的土地。小城镇用地概念有 2 个层面的含义：一个是行政管辖区划层面，对应的小城镇用地称为镇域或建成区；另一个是规划建设层面，对应的小城镇用地称为小城镇规划区，包括建成区用地以及因发展需要实行规划控制的区域，包括规划确定的预留发展、交通运输、工程设施等用地，以及水源保护区、文物保护区、风景名胜区、自然保护区等。

　　在实际规划过程中，为了增强城镇规划及城镇用地工作的系统性与科学性，城镇现状与规划用地通常按统一的规划范围进行。在实际的规划过程中，通常通过城镇土地利用的规划图纸表示，将规划范围明确用边界线表示出来。

3.3.2 小城镇用地构成

小城镇用地构成是指小城镇总用地面积中不同性质用地所占的比重。按照国家标准《城市用地分类与规划建设用地标准》（GB 50137—2011），小城镇用地构成可分为 10 大类、46 中类和 73 小类。小城镇 10 大类用地分别是：

①居住用地（R） 按市政设施配套程度、布局完整程度、环境质量、住宅状况分成 4 个中类，每个中类下又分成住宅、公共、道路、绿化 4 个小类。

②公共设施用地（C） 分成 8 个中类（居住区级和居住区级以上的公共设施用地分为行政办公、商业金融、文化娱乐、体育、医疗卫生、教育科研、文物古迹和其他），此外，另设综合用地 1 个中类。

③工业用地（M） 按照对居住和公共设施等环境影响程度，分为 3 个中类。

④仓储用地（W） 分成普通、危险品、堆场 3 个中类。

⑤对外交通用地（T） 分铁路、公路、管道运输、港口、机场 5 个中类。

⑥道路广场用地（S） 是指市级、区级、居住区级道路广场用地，下分道路、广场、社会停车场库 3 个中类。

⑦市政公用设施用地（U） 指居住区级以上、不包括小区级的市政公用设施用地，下分供应设施、交通设施、邮电设施、环境卫生设施、施工与维修设施、殡葬设施和其他市政公用设施 7 个中类。

⑧绿地（G） 指居住区级以上不包括小区级的绿地，下分公共绿地和生产防护绿地 2 个中类。

⑨特殊用地（D） 分为军事、外事、保安 3 个中类。

⑩水域和其他用地（E） 下分水域、耕地、园地、林地和村镇建设用地 5 个中类。

其中前 9 类构成小城镇建设用地。一般来说，要使得小城镇成为适合居民生产、生活的场所，不同类型的用地占建设用地的比例应该在一定范围之内。表 3-2 中列出了职能影响范围不同的小城镇的用地构成比例。

表 3-2 规划建设用地构成比例

类别名称	占建设用地比例（%）	类别名称	占建设用地比例（%）
居住用地	25.0~40.0	道路与交通设施用地	10.0~30.0
公共管理与公共服务设施用地	5.0~8.0	绿地与广场用地	10.0~15.0
工业用地	15.0~30.0		

小城镇建设用地构成不是一成不变的，主要受到小城镇的城镇性质、经济结构、人口规模、自然地理条件与城镇空间布局特征等多种因素影响。通常而言，城镇用地构成中一种因素发生变化后，将可能导致城镇整体用地结构的调整。因此，在实际的分析中需要综合考虑各类影响因素的作用与城镇系统的反馈过程。

3.3.3 小城镇用地条件评定

小城镇用地条件评定是确定小城镇用地规模的基础性工作，它的主要内容是在调查研究自然环境条件的基础上，按照小城镇规划与建设的需要，进行土地使用的功能和工程的适宜程度，以及小城镇建设的经济性和可行性的评估，为正确选择和合理组织小城镇用地提供依据。

城镇土地利用系统是典型的自然、社会、经济复合系统，该系统涉及资源、环境、生态、社会、经济等指标。因此，影响小城镇用地条件的因素不仅有土地的自然环境条件，而且包括土地的社会经济属性、区位属性等。对小城镇用地条件的评定主要体现在3个方面：自然条件的评价、建设条件的评价和用地的经济性评价。

3.3.3.1 小城镇用地条件评定的内容

首先，自然环境条件与小城镇的形成和发展关系十分密切，对小城镇布局结构形式和城镇职能的充分发挥有很大的影响。小城镇用地的自然条件评价涉及坡度、地基承载力、工程地质灾害、地下水埋深、洪水淹没状况、地面排水情况、气象条件、植被覆盖度、生态敏感度、近水距离等因子。

其次，小城镇用地的建设条件是指组成小城镇各项物质要素的现有状况与它们在近期内建设或改进的可能，以及它们的服务水平与质量。与小城镇用地的自然条件评价相比，用地的建设条件评价更强调人为因素所造成的影响。因为绝大多数小城镇都是在一定的现状基础上发展与建设的，不可能脱离小城镇现有的基础，所以必须对小城镇用地的建设条件进行全面评价，对不利的因素加以改造，更好地利用小城镇原有基础，充分发挥小城镇现有的潜力。对小城镇用地建设条件的评价主要涉及小城镇用地布局结构、小城镇市政设施和公共服务设施以及小城镇社会经济需求的空间满足程度。

小城镇用地布局结构评价主要考虑小城镇用地布局结构是否合理、能否适应未来发展需要、对生态环境是否有影响、是否与内外交通系统相协调、是否体现出小城镇性质的要求等；小城镇市政设施和公共服务设施的评价主要考虑现有设施的质量、数量、容量与改造利用的潜力等；小城镇社会经济需求的空间满足程度主要衡量小城镇各项用地与居民需求在空间上的匹配和适应。

最后，小城镇用地的经济性评价是指根据小城镇土地的经济和自然两方面的属性及其在小城镇社会经济活动中所产生的作用，综合评价土地质量优劣差异，为土地使用提供依据。在小城镇中，由于不同地段所处区位的自然经济条件和人为投入物化劳动的不同，土地质量和土地收益也不同。因此，通过分析土地的区位、投资于土地上的资本、自然条件、经济活动状况等条件，可以揭示土地质量和土地收益的差异。这样就可以在小城镇规划中做到好地优用，劣地巧用，合理确定不同条件土地的使用性质和使用强度，为用经济手段调节土地使用，提高土地的使用效益打下重要基础。对小城镇用地的经济性评价主要考虑各项用地的交通区位和经济区位，包括土地与就业中心、交通线路、基础设施等社会经济要素的相对位置。

3.3.3.2　选择小城镇用地条件评定指标的原则

由于不同城镇的情况千差万别，各评价因素、因子所起作用也不同，因而在用地条件评定时不可能、也没有必要对众多的指标全都进行计算分析，而应有所选择。在选择评价指标时，应考虑以下原则：

（1）主导因素原则

影响城镇用地条件的因素很多，而且影响程度的差异性很大，因此城镇用地条件评价应抓住对评价起决定性的主导因素来反映土地利用条件的差别。鉴别和选择主导因素的方法有三：首先，可以分析因素、因子的层次关系，一般来说，层次越高，因素的地位越重要，且具有不可代替性；其次，将预选的因素、因子提交专家评议，进行多次筛选，舍弃次要因素、因子；最后，可根据小城镇的性质来分析影响土地的主导因素。例如风景旅游型小城镇，环境质量是影响土地利用的主导因素；而工业型小城镇中，交通道路、能源、水源等基础设施对土地具有重要影响等。

（2）普适性原则

用地条件评价的对象是整个小城镇，参评因素应对每个土地单元都有影响，否则各类用地之间就缺乏可比性。如基础设施和服务设施两类因素，前者既为生产服务，也为居民生活服务，它们的覆盖面遍及全镇；后者的服务对象偏重于小城镇的居民。中学、小学、医疗卫生、文化娱乐设施对生活居住用地颇为重要，但对于工业、商业、对外交通等用地类型影响甚微，覆盖面不如基础设施广泛。所以，对城镇土地进行评价时，选择的指标应该覆盖面广，适用于各类用地和整个城区。

（3）差异性原则

土地评价的实质是揭示土地质量的差异，如果所选因素不能满足这一要求，即使重要性再大，也会失去现实意义。

（4）综合性原则

土地质量是各种社会、经济和自然因素相互作用的结果，因此必须对土地质量评价的因素、因子进行综合性分析，使评价的因素、因子既能反映社会经济方面的差异，也能反映自然生态方面的差异。

（5）因地制宜原则

用地条件评定的因素、因子的选择要因地制宜。我国地域差异较大，适宜一个区域的因素、因子，在另一区域则有可能成为次要因素，甚至毫无意义。如位于山地丘陵的城镇，地形、坡度是影响土地利用的重要因素，然而在平原地区坡度因素就显得无足轻重；供暖条件是北方城镇的基础设施之一，对多雨的南方小城镇来说，在基础设施中更应考虑防雨和排水。

3.3.3.3　小城镇用地条件评定的方法

小城镇用地条件评定主要有分值权重累加法和层次分析法两种方法。分值权重累加法是对影响小城镇用地条件的各因素进行评分，然后进行加权求和得到评价值。这种方法对各因素权重值的确定较为主观、随意。相对而言，采用层次分析法可更为科学、客观的确定各因素对用地条件的影响权重。

层次分析法(简称 AHP 法)是美国运筹学家沙蒂(A. L. Saaty)于 20 世纪 70 年代提出的一种定性与定量相结合的多目标决策分析方法,它的特点就是能将决策者的经验判断给予量化,对目标因素复杂且缺少必要的数据的情况非常适用。层次分析法的步骤如下:

①建立层次结构模型 将确定的参评因子构造成一个多层次指标体系,由评价目标通过中间层到最低层排列;

②构造判断矩阵 将某一因素的下一层所有与之有联系的因子两两进行重要性比较,请专家各自填写,一般采用 1~9 及其倒数的相对重要性标度方法;

③层次单排序 根据专家填写的判断矩阵,求解判断矩阵的特征根的解,将其归一化后即为某一层次因素对于上一层次因素相对重要性的排序权值;

④一致性检验 计算一致性指标 CI,当随机一致性指率 CR = CI/RI < 0.10 时,认为层次单排序的结果有满意的一致性,否则需要调整判断矩阵的元素取值。RI 为平均随机一致性指标;

⑤层次总排序 计算同一层次所有因素对于最高层相对重要性的排序权值;

⑥层次总排序的一致性检验 层次总排序是从上而下逐层进行,其结果需进行一致性检验。

3.3.4 小城镇建设用地规模分析

小城镇建设用地规模是指小城镇规划区内各项用地的总面积。小城镇合理建设用地规模的分析研究,是每个小城镇社会经济发展战略的基础研究之一。它既要受到小城镇社会经济发展、人口增长的影响,反过来,小城镇合理用地规模目标的确定,对小城镇未来人口规模、小城镇发展规模、产业布局、经济发展及生产力和消费力规模都有着密切的联系。开展小城镇建设用地合理规模的研究,对编制小城镇土地利用规划方案、确定未来的用地总目标,实现土地利用的宏观控制,协调各产业间土地利用的矛盾,都有重大的意义。

3.3.4.1 小城镇建设用地规模影响因素

首先,小城镇建设用地规模受其经济发展水平的影响。经济增长通过对土地、非农产业劳动力的需求,促进了小城镇用地规模的增长。经济发展水平高的地区,小城镇的规模就可能膨大,建设用地量就会增加。

其次,人口规模的大小对小城镇用地规模起着决定性的影响。小城镇人口的活动总是要占用一定的地表空间,小城镇人口数量越多,小城镇用地规模就越大。人口增长越快,小城镇发展越迅速,用地规模也越大。

3.3.4.2 小城镇建设用地的预测方法

(1)人均建设用地指标计算法

这种方法首先预测出规划期末的小城镇人口规模数,再根据《城市用地分类与规划建设用地标准》(GB 50137—2011)中的城镇人均建设用地指标, 即可得出规划期末城镇建设用地面积。具体公式如下:

$$U = P \times A / 10\ 000 \tag{3-12}$$

式中 U——规划期末城镇建设用地面积(hm^2);

P——规划期末城镇人口(人);

A——规划期末城镇人均建设用地指标(m^2/人)。

这种方法是预测现行城镇建设用地时常常采用的一种简单、易操作的办法, 但是它也有一定的缺陷。这种方法在预测规划期小城镇建设用地规模时, 只考虑城镇人口增长这一因素, 并把它作为唯一的影响变量。但实际上, 影响小城镇建设用地需求的因素绝不是单一的, 而是众多因素共同作用的结果, 包括社会经济发展情况、国内生产总值、固定资产投资、政策因素等。

(2)固定资产投资用地预测法

该方法首先以小城镇历年的固定资产投资额(X_i)和新增建设用地面积(Y_i)为原始数据, 找到最佳拟合曲线: $Y = f(X)$, 然后对规划期内固定资产投资(x)进行预测, 从而求出相应的建设用地增加量。

(3)多元回归预测法

该方法的原理是根据历年小城镇建设用地面积(Y_i)、国内生产总值(X_{1i})、人口(X_{2i})、固定资产投资(X_{3i})的实际数值, 建立多元回归方程: $Y = b_0 + b_1 X_1 + b_2 X_2 + b_3 X_3$, 然后把 X_{1i}、X_{2i}、X_{3i} 的预测值代入上述方程, 即可得到建设用地 Y 的预测值。这种方法对数据样本要求较高, 在实际应用中很难得到满足。

本章小结

小城镇的城镇性质与人口规模的确定是小城镇规划中的基本目标。本章详细阐述了小城镇的性质和规模, 介绍了小城镇性质职能分类、性质确定依据、确定方法和表述方法。正确确定小城镇性质为进行合理规划明确了方向; 小城镇人口规模的预测是城镇用地规模和基础设施建设规模的基础, 因此小城镇性质和规模的预测为小城镇总体空间布局和制定具体技术标准提供了有利依据, 对小城镇规划的科学性、合理性具有很大的影响。

思 考 题

1. 小城镇的性质与职能概念有何异同?
2. 小城镇性质确定的基本依据是什么?
3. 小城镇职能通常通过什么方法来确定?
4. 小城镇人口规模预测的基本方法有?
5. 小城镇用地构成如何分类?
6. 小城镇用地规模判定的基本依据?

推荐阅读书目

1. 城市地理学. 许学强，周一星，宁越敏. 高等教育出版社，1997.
2. 城市总体规划. 宋家泰，等. 商务印书馆，1985.
3. 层次分析法. 赵焕臣，许树柏，和金生. 科学出版社，1986.
4. 中国城市地理. 顾朝林，柴彦威，蔡建明，等. 商务印书馆，1999.

第 4 章

小城镇总体布局

4.1 小城镇镇域村镇体系规划

小城镇镇域村镇体系规划是在乡（镇）域范围内，解决村庄和集镇的合理布点问题。其主要内容包括：村镇体系的结构层次和各个具体村镇的数量、性质、规模及其具体位置，确定哪些村庄要发展，哪些要适当合并，哪些要逐步淘汰等。

4.1.1 镇域村镇体系的概念

镇域村镇体系是指在镇域范围内，由不同层次的村庄与村庄、村庄与集镇之间的相互影响，相互作用和彼此联系而构成的相对完整的系统。集镇和规模大小不等的村庄，从表面看起来是分散、独立的个体，但实际上是在一定区域内，以集镇为中心，吸引附近的大小村庄组成了一个群体网络组织。它们之间既有明确的分工，又在生产和生活上保持了密切的内在联系。客观地构成了一个相互联系、相互依存的有机整体。主要表现在生活联系、生产联系、行政组织联系、农村经济发展关系等方面。

4.1.2 镇域村镇体系的结构层次

村镇体系由基层村、中心村、乡镇 3 个层次组成。

（1）基层村

基层村一般是村民小组所在地，设有仅为本村服务的简单的生活服务设施。

（2）中心村

中心村一般是村民委员会所在地，设有为本村和附近基层村服务的基本的生活服务设施。

（3）乡镇

乡镇是县辖的一个基层政权组织（乡或镇）所辖地域的经济、文化和服务中心。一般集镇具有组织本乡（镇）生产、流通和生活的综合职能，设有比较齐全的服务设施；中心集镇除具有一般集镇的职能外，还具有推动附近乡（镇）经济和社会发展的作用，设有配套的服务设施。

这种多层次的村镇体系，是为了便于生产管理和经营，这主要是由于农业生产水平所决定的，也决定于我国乡村居民点的人口规模较小，布局分散的特点。这一特点将在一定的时期内继续存在，只是基层村、中心村和乡镇的规模和数量随农村经济的发展会逐步地有所调整。基层村的规模或数量会适当减少，集镇的规模或数量会适当增加。这是随着农村商品经济发展而带有普遍性的发展趋势。

4.1.3 小城镇镇域村镇体系规划的原则

（1）工农业生产

村镇的布点要同乡（镇）域的各专项规划同时考虑，使之相互协调。布点应尽可能使之位于所经营土地的中心，以便于相互间的联系和组织管理；还要考虑村镇工业的布局，使之有利于工业生产的发展。对于广大村庄，尤其应考虑耕作的方便，一般以耕作距离作为衡量村庄与耕地之间是否适应的一项数据指标。耕作距离也称耕作半径，是指从村镇到耕作地尽头的距离。其数值同村镇规模和人均耕地有关，村镇规模大或人少地多，人均耕地多的地区，耕作半径就大；反之，耕作半径就小。耕作半径的大小要适当，半径太大，农民下地往返消耗时间较多，对生产不利；半径过小，不仅影响农业机械化的发展，而且会使村庄规模相应地变小，布局分散，不宜配置生活福利设施，影响村民生活。随着生产和交通工具的发展，耕作半径的概念将会发生变化，它不应仅指空间距离，而主要应以时间来衡量，即农民下地需花多少时间。如果在人少地多的地区，农民下地以自行车、摩托车甚至汽车为主要交通工具时，耕作的空间距离就可大大增加，与此相适应，村镇的规模也可增大。在做远景发展规划时，应该考虑这一因素。

（2）交通条件

交通条件对村镇的发展前景至关重要。有了方便的运输条件，才能有利于村镇之间、城乡之间的物资交流，促进其生产的发展。靠近公路干线、河流、车站、码头的村镇，一般都有发展前途，布点时其规模可以大些；在公路旁或河流交汇处的村镇，可作为集镇或中心集镇来考虑；而对一些交通闭塞的村镇，切不可任意扩大其规模，或者维持现状，或者逐步淘汰。考虑交通条件时，当然应考虑远景，虽然目前交通不便，若干年后会有交通干线通过的村镇仍可发展，但更重要的还是立足现状，尽可能利用现有的公路、铁路、河流、码头，这样更现实，也有利于节约农村的工程投资。具体布局时，应注意避免铁路或过境公路穿越村镇内部。

（3）建设条件

在进行村镇位置的定点时，要认真地进行用地选择，考虑是否具备有利的建设条件。除了要有足够的同村镇人口规模相适应的用地面积以外，还要考虑地势、地形、土壤承载力等方面是否适宜于建筑房屋。在山区或丘陵地带，要考虑滑坡、断层、山洪冲沟等对建设用地的影响，并尽量利用背风向阳坡地作为村址。在平原地区受地形约束要少些，但应注意不占良田，少占耕地，并应考虑水源条件。只有接近和具有充足的水源，才能建设村镇。此外，如果条件具备，村镇用地尽可能在依山傍水，自然环境优美的地区，为居民创造出适宜的生活环境。总之，要尽量利用自然条件，采取科学的态度来选址。

（4）生活的需求

规划和建设一个村庄，要有适当的规模，便于合理地配置一些生活服务设施。随着农民物质文化生活水平日益提高，对这方面的需要就显得更加迫切了。但是，由于村庄过于分散，规模很小，不可能在每个村庄上都设置比较齐全的生活服务设施，这不仅在当前经济条件还不富裕的情况下做不到，就是将来经济情况好一些的时候，也没有必要在每个村庄上都配置同样数量的生活服务设施，还要按照村庄的类型和规模大小，分别配置不同数量和规模的生活服务设施。因此，在确定村庄的规模时，在可能的条件下，使村庄的规模大一些，尽量满足农民在物质生活和文化生活方面的需要。

(5)村镇布点的合理性

村镇布点应根据不同地区的具体情况进行安排，比如南方和北方，平原区和山区的布点形式显然不会一样。就是在同一地区，以农业为主的布局和农牧结合的布局也不同。以农业为主的布局主要以耕作半径来考虑村庄布点；农牧结合的布局除耕作半径外，还要考虑放牧半径。在小城镇郊区的村镇规模又同距小城镇的远近有关，特别是城镇近郊，在村镇布点、公共建筑布置、设施建设等方面都受城镇影响。城镇近郊应以生产供应城镇所需要的新鲜蔬菜为主，其半径还要符合运送蔬菜的"日距离"，并尽可能接近进城的公路。这样根据不同的情况因地制宜做出的规划才是符合实际的，才能达到"有利生产，方便生活"的目的。即力求各级村镇之间的距离尽量均衡，使不同等级村镇各带一片。如果分布不均衡，过近将会导致中心作用削弱，过远则又受不到经济辐射的吸引，使经济发展受到影响。

(6)迁村并点的问题

迁村并点，指村镇的迁移与合并，是村镇总体规划中考虑村镇合理分布时，必然遇到的一个重要问题。我国的村庄，多数是在小农经济基础上形成和发展起来的，总的看来比较分散、零乱。为了适应乡村生产发展和生活不断提高的需要，必须对原有自然村庄的分布进行合理调整，对某些村庄进行迁并。这样做不仅有利于农田基本建设，还可节省村镇建设用地，扩大耕地面积，推动农业生产的进一步发展。迁村并点是件大事，应持慎重态度，绝不可草率从事，必须根据当地的自然条件、村镇分布现状、经济条件和群众的意愿等，本着有利生产、方便生活的原则，对村镇分布的现状进行综合分析，区分哪些村镇有发展前途应予以保留，哪些需要选址新建，哪些需要适当合并，哪些不适于发展应淘汰等。

4.1.4　小城镇镇域村镇体系规划的内容、方法和步骤

4.1.4.1　镇域村镇体系规划的主要内容

镇域村镇体系规划应依据县(市)域城镇体系规划中确定的中心镇、一般镇的性质、职能和发展规模进行制定。

①调查镇区和村庄的现状，分析其资源和环境等发展条件，预测一、二、三产业的发展前景以及劳力和人口的流向趋势。

②落实镇区规划人口规模，划定镇区用地规划发展的控制范围。

③根据产业发展和生活提高的要求，确定中心村和基层村，结合村民意愿，提出村庄的建设调整设想。

④确定镇域内主要道路交通，公用工程设施、公共服务设施以及生态环境、历史文化保护、防灾减灾防疫系统。

4.1.4.2 村镇体系规划的方法和步骤

（1）搜集资料

搜集所在县的县域规划、农业区划和土地利用总体规划等资料，分析当前村镇分布现状和存在问题，为拟定村镇体系规划提供依据。

（2）确定村镇居民点分级

在规划区域内，根据实际情况，确定村镇分布形式，是三级（集镇、中心村、基层村）还是二级（集镇、中心村）布置等。

（3）拟定村镇体系规划方案

在当地农业现代化远景规划指导下，结合自然资源分布情况，村镇道路网分布现状，当地土地利用规划，以及乡镇工业、牧业、副业等，进行各级村镇的分布规划，确定村镇性质、规模和发展方向，并在地形图上确定各村镇的具体方位。该项工作通常结合农田基本建设规划同时完成，做到山、水、田、路、电、村镇通盘考虑，全面规划，综合治理。

4.2 小城镇总体布局形态

4.2.1 小城镇总体布局形态概念

小城镇总体布局形态是对特定小城镇未来形态结构的研究、预测，直至最终确定。

小城镇总体布局的任务是结合实地情况，参照有关小城镇结构的理论与规律，将城镇构成要素具体落实在特定的地理空间中。

4.2.2 影响小城镇总体布局形态的主要因素

小城镇总体布局形态一方面受到来自小城镇外部因素的影响和制约，另一方面必须满足小城镇内部各小城镇功能的要求。这种来自于小城镇内外的诸因素相互影响、制约与平衡的结果，以及小城镇规划对小城镇未来布局的构思、选择和引导最终形成城镇总体布局形态的格局。影响小城镇总体布局形态的因素众多，一般可以分成以下几个方面：

（1）自然环境条件

小城镇所处地区的自然条件，包括地形地貌、地质条件、矿产分布、局部气候等对小城镇总体布局有着较强的影响。

通常，地处山区、丘陵地区的小城镇以及濒临江河湖海的小城镇，由于地形地貌的制约，在小城镇发展过程中往往很难获得完整的较为平坦的用地，小城镇用地常常被自然山体、河流等所分割，形成多个大小不等、相对独立的组团或片区。小城镇总体布局往往呈相对分散的形态。

虽然这种状况给城镇建设带来一定的难度，但如果有意识地加以利用，扬长避短，则有可能起到意想不到的作用，形成独具特色的城镇形态和景观风貌。

除地形地貌外，小城镇所在地区的地质条件(例如地质断裂带)、矿产埋藏、采掘的分布(例如地下采空区)等均为制约小城镇形态结构的因素。此外，地形等自然条件对小城镇内部的功能组织也有一定的影响。

(2) 区域条件

区域因素作为影响小城镇总体布局形态的条件之一，主要表现在以下 2 个方面。

①区域城镇体系与城镇布局　城镇存在于区域之中，与其周围地区或其他城镇存在着某种必然的联系。城镇在区域中的地位更多地体现为其在区域产业结构中的地位，或者说其在区域城镇群中的地位。这种地位影响到城镇的规模、功能等，从而形成城镇形态布局的外部条件。

②区域交通设施与城镇布局　对城镇布局产生较大影响的一个区域因素是铁路、高速公路等区域交通设施以及运河等区域基础设施。区域交通设施对城镇布局的影响主要体现在 2 个方面：一是其对城镇用地扩展的限制，形成城镇用地发展中的"门槛"；另一个是其对城镇用地发展的吸引作用。现实中往往这 2 种作用交织在一起，在城镇发展的不同阶段体现为不同的侧重方面。

(3) 产业发展对小城镇功能布局的影响

与城镇外部影响因素相对应的另一个影响城镇总体布局的因素是来自城镇内部功能的需求。城镇规划按照不同城镇功能的需求(经济、社会、环境)以及与其他城镇功能的关系，为其寻求最为适合的空间，做出城镇功能在空间分布上的取舍选择，进而形成城镇的总体布局。

在城镇功能中，城镇的生产功能是现代城镇存在与发展的根本原因和基础，占据着重要的地位。因此，产业发展对小城镇功能布局有着重要的影响作用。

(4) 城镇中心对城镇总体布局的影响

城镇中心的形态和布局与城镇的规模和性质相关。大量中小城镇中的城镇中心职能相对简单，规模较小，多呈集中布局的形态；而大城镇，尤其是特大城镇中的城镇中心往往功能齐全、复杂，具有一定的规模，形成"面"状的城镇中心区。城镇中心的布局与城镇总体布局呈现出互动的关系。一方面城镇中心的布局会影响城镇的总体布局，带动城镇的发展；另一方面，在城镇因地形等自然条件限制呈带状或组团式发展的城镇中，则趋于城镇中心——副中心等分散式布局。

(5) 交通体系与路网结构

①对外交通设施对城镇布局的影响　城镇的发展离不开与外部的交流。铁路、公路、水运、航空等对外交通设施，一方面作为城镇用地的一种，有其本身功能上的要求；另一方面，它们作为城镇设施，担负着与城镇外部的交流与沟通，与城镇中的其他功能之间有着密切的关系，并由此影响城镇的总体布局。

②城镇交通体系　不同的城镇的交通体系与出行方式，尤其是公共交通的类型在很大程度上影响到城镇总体布局。

4.2.3　小城镇总体布局形态类型

城镇中的各功能区并不是独立存在的，它们之间需要有便捷的通道来保障大量的人与物的交流。城镇中的干道系统在担负起这种通道功能的同时也构成了城镇的骨架。通常，一个城镇的整体形态在很大程度上取决于道路网的结构形式。常见的城镇道路网形态的类型有环形放射式、方格网式、混合式、自由式等。与此相对应，采用总平面图解式的形态分类方法，并将城镇的总体布局形态归纳为：①集中型；②带型；③放射型；④星座型；⑤组团型；⑥散点型。

对于城镇总体布局形态，应该是在一定时间内可能表现出来的结构形态，对于不同的城镇发展阶段，有可能归纳出不同的布局形态。

4.2.4　小城镇总体布局方案的比较与选择

城镇总体布局反映城镇各项用地之间的内在联系，是城镇总体规划的核心内容，也是城镇建设和发展的战略部署，关系到城镇各功能部分之间的合理组织、城镇建设投资的经济性及建设发展的可持续性，这就必然涉及许多复杂的问题。所以，城镇总体布局一般需做几个不同的方案进行比较，综合分析各个方案的优劣，集思广益地加以归纳优化，探求一个经济上合理、技术上先进、操作上可行的综合方案。综合比较是城镇规划设计的重要工作方法，在规划设计的各个阶段中都应进行多次反复的方案比较。考虑的范围和解决的问题可以由大到小、由粗到细，分层次、分系统、分步骤地逐个解决。有时为了对整个城镇用地布局作不同的方案比较，达到筛选优化的目的，需要对重点的单项工程，诸如城镇产业结构调整的方向、重要对外交通设施的选址、道路系统的组合、给排水系统方式的选择等进行深入的专题研究。总之，需要抓住城镇发展和建设的主要矛盾，提出不同的解决办法和措施。防止解决问题的片面性和简单化，才能得出符合客观实际，用以指导城镇建设的方案。

4.2.4.1　小城镇总体布局方案比较的意义和目的

城镇总体布局的多方案比较尤为重要，其主要意义和目的可以归纳为：

①从多角度探求城镇发展的可能性与合理性，做到集思广益；

②通过方案之间的比较、分析和取舍，消除总体布局中的"盲点"，降低发生严重错误的概率；

③通过对方案分析比较的过程，可以将复杂问题分解梳理，有助于客观地把握和规划城镇；

④为不同社会阶层与集团利益的主张提供相互交流与协调的平台。

在小城镇总体布局方案的比较与选择环节中，要从不同角度多做不同方案。对于一个比较复杂的规划设计任务，必须多做几个不同的方案，作为进行方案比较的基础。首先，要抓住问题的主要矛盾，善于分析不同方案的特点，一般是对足以影响规划布局起关键作用的问题，提出多种可行的解决措施和规划方案。在广开思路的基础上，对必须解决的问题要有一个明确的指导思想，使提出的方案具有明显的针对性和鲜明的特点。其次，必须从实际出发，设想的方案可以是多种多样的，但真正能够付诸实践、指导城镇建设的方案必须是结合实际，一切凭空的设想对于解决具体实际问题是无济于事的。此外，在编制各种方案时，既要广泛考虑面上的有关问题，又要对所要解决的问题有足够的深入了解，做到有粗有细、粗细结合。这样，经过反复推敲，逐步形成一个切合实际、行之有效的方案。

4.2.4.2　城镇总体布局方案比较的内容

不同方案的比较与选择过程中，通常考虑比较的内容有下列几项：

①地理位置及工程地质等条件　说明其区位优势、地形特点、地下水位、土壤耐压力等情况。

②占地、动迁情况　各方案用地范围和占用耕地情况，需要动迁的户数以及占地后对农村的影响，在用地布局上拟采取哪些补偿措施和费用。

③产业结构　工业用地的组织形式及其在城镇布局中的特点，重点工厂的位置，主要工业之间的原料、动力、交通运输、厂外工程、生活区等方面的协作条件。

④交通运输　可以从铁路、港口码头、航空港、公路及市内交通干道等方面分析比较。

a. 铁路：铁路走向与城镇用地布局的关系、旅客站与居住区的联系、货运站的设置及其与工业区的交通联系情况。

b. 港口码头：适合水运的航道和岸线使用情况、水陆联运条件、旅客站与市中心、主要居住区的联系、货运码头的设置及其与工业区的交通联系情况。

c. 航空港：航空港与城镇的交通联系情况，主要飞机跑道走向和净空等方面的技术要求。

d. 公路：过境交通对城镇用地布局的影响，长途汽车站、燃料库、加油站位置的选择及其与市内主要干道的交通衔接情况。

e. 城镇道路系统：城镇道路系统是否明确、完善，居住区、工业区、仓储区、市中心、车站、货场、港口码头、航空港以及建筑材料基地等之间的联系是否方便、安全。

⑤环境保护　工业"三废"及噪声等对城镇的污染程度、城镇用地布局与自然环境的结合情况。

⑥居住用地组织　居住用地的选择和位置恰当与否，用地范围与合理组织居住用地之间的关系以及主要公共建筑群的关系。

⑦防洪、防震、人防等工程设施　有无被洪水淹没的可能，防洪、防震、人防等工程方面所采取的措施以及所需的资金。

⑧市政工程及公用设施　给水、排水、电力、电讯、供热、煤气以及其他工程设施的布置是否经济合理。包括水源地和水厂位置的选择、给水和排水系统的布置、污水处理及排放方案、变电站的位置、高压线走廊等工程设施进行逐项比较。

⑨城镇总体布局　城镇用地选择与规划结构合理与否，城镇各项用地之间的关系是否协调，在处理市区与郊区、近期与远期、新建与改建、局部与整体、需要与可能等关

系中的优缺点。如在原有旧城附近发展新区，则需要比较与旧城关系问题。

⑩城镇造价　估算近期造价和总投资。

通过多方案的比较，从中选出最优方案，结合其他方案中的可以与最优方案相结合的因素，共同完成最终成果，以便于实施。

4.3　主要用地布局

4.3.1　居住建筑用地布局

小城镇是人类定居地之一，为居民创造良好的居住环境，是小城镇规划的主要目标之一，为此要选择合适的用地，并处理好居住建筑用地与其他用地的功能关系，确定居住建筑用地的组成结构，并相应地配置公共设施系统，特别要注意居住建筑用地的环境保护，做好绿化规划。

居住建筑的布置应根据气候、用地条件和使用要求，确定建筑的标准、类型、层数、朝向、间距、群体组合、绿地系统和空间环境，并应符合所在省、自治区、直辖市人民政府规定的镇区住宅用地面积标准和容积率指标。满足居住建筑的朝向和日照间距系数的要求。根据现行国家标准《建筑气候区划标准》（GB 50178—1993），居住建筑的朝向应满足夏季防热、冬季防寒和组织自然通风的要求。

4.3.1.1　居住建筑用地的内容组成

居住建筑用地在小城镇用地中占有较大的比重，是由几种不同类型住宅用地所构成，主要包括村民住宅用地、居民住宅用地与其他居住用地，并包含住宅及其间距和内部小路、场地、绿化等用地。这些用地按居住的需要和一定时期内小城镇建设的可能，各占一定比例，错综复杂地交织在一起，形成一个有机的整体，为居民服务。

4.3.1.2　居住建筑用地的分布

居住用地的分布与组织是小城镇规划工作的一部分。它是在总体规划所确定的原则基础上，按照其自身的特点与需要，及其与工业等小城镇组成要素内在的相互联系，和某些外界的影响条件，确定其在小城镇中的分布方式和形态。影响居住建筑用地分布的主要因素有：

（1）自然条件

自然条件主要是用地的地形、地貌和小城镇的气候特征。自然条件会影响居住建筑用地的布置。如在平原地区、河网地区、丘陵山地、寒冷地区、炎热地区等不同的自然环境条件下，其居住用地各具特点。因此，在居住用地的分布上不能强求统一，要充分考虑自然条件对居住用地的影响。

（2）交通运输条件

居住建筑用地与生产建筑用地之间的联系是否便捷，例如上、下班所需的交通时间，已成为确定用地之间关系及分布状况优劣的重要依据。

（3）工业的性质与规模及其在布置上的特殊要求

工业的集中或分散布置，尤其是小城镇若干重要工业的不同分布，往往对居住建筑用地的分布起决定性的作用。另外，不同的工业性质对于居住建筑用地，规定有不同的防护距离。

（4）小城镇建设的技术经济

一般情况下，小城镇的居住用地集中紧凑的分布比松散的分布更为经济合理。其原因是，居住用地集中紧凑，为其服务的基础设施和公共建筑服务设施的投资少且利用率高；而松散分布时，基础设施和公共建筑等服务设施的建设量增大而投资相对偏高且利用率较低。但如果小城镇的地形条件比较复杂，还一味强调分布的集中紧凑，其效果会适得其反。因此，不能从单一的因素去考虑居住用地分布的经济性，而要从多方面、多因素去分析居住用地分布的经济合理性。

4.3.1.3　居住建筑用地布置的形式

小城镇居住建筑用地布置有 2 种基本形式：

（1）集中布置

当小城镇有足够的用地，且在用地范围内无自然或人为障碍时，常把居住用地集中布置。用地的集中布置，可以缩短各类管线工程和道路工程的长度，减少基础设施的工程量，从而节约小城镇建设投资，还可以使镇区各部分在空间上联系密切，在交通、能耗、时耗等方面获得较好效果（图 4-1）。

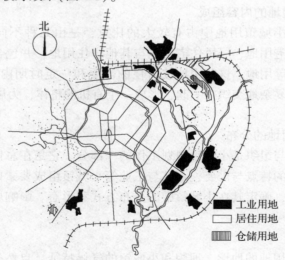

图 4-1　居住用地集中布置

（引自王宁《小城镇规划与设计》，2001）

（2）分散布置

当小城镇用地受到自然条件限制，如地下有矿藏或工业和交通设施等的分布需要，以及农业良田的保护需要等，需将用地采用分散布置的方式（图 4-2）。

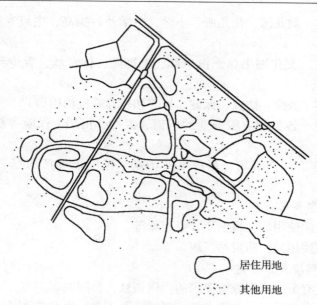

居住用地

其他用地

图4-2 居住用地分散布置

(引自王宁《小城镇规划与设计》，2001)

居住用地分散布置能较好地适应山地与丘陵地区的地貌特征，便于结合地形，有利于工业与居住成团布置，生产与居住就地平衡，使大多数居民上下班的距离缩短，村民临近农田，减少交通时耗。应注意的是：在可能条件下，几块分散布置的居住建筑用地不要离得太远，否则会给为全镇服务的大型公共建筑和基础设施的布置造成困难，使居民生活不便。

4.3.2 公共建筑用地的规划布置

公共建筑是为居民提供社会服务的各种行业机构和设施的总称。公共建筑用地一般包含有公共建筑及其附属设施、内部的道路、场地、绿化等用地。公共建筑与居民生活和工作有着多方面的密切联系，公共建筑网点的内容和规模在一定程度上反映小城镇的物质和文化生活水平，其布局是否合理，直接影响居民的使用，也影响着小城镇经济的繁荣和今后的合理发展。

4.3.2.1 公共建筑的分类

小城镇公共建筑种类繁多，管理体制也较复杂，大体上可以按以下几方面进行分类：

(1)按使用性质分类

依照国家《建制镇规划建设管理办法(2011年1月26日修正版)》规定，小城镇公共建筑分为6类：

①行政管理类　各级党政机关、社会团体、工商企业、事业管理、税务、银行、邮政等机构用房。

②教育机构类　幼儿园、托儿所、小学、中学及各类高、中级专业学校、成人学校等用房。

③文体科技类　文化图书馆、俱乐部、电影院、体育场、青少年活动中心和科技站、文物局等用房。

④医疗保健类　医疗、防疫、保健、休养和疗养等机构用房。

⑤商业金融类　各类商业服务业的店铺、银行、信用、保险等机构及其附属设施用房。

⑥集贸设施类　百货市场、畜禽水产市场、粮油土特产市场、蔬菜副食市场等用房。

（2）按居民使用频率分类

①居民日常生活使用的：粮油店、菜市场等。

②居民非经常使用的：防疫站、旅馆等。

（3）按与周围环境关系分类

①对周围环境有影响、但没有要求的：供销社，影剧院等。

②对周围环境有影响、也有要求的：医院、学校等，既要求周围环境保持宁静、清洁、不受污染，同时又避免对周围环境产生污染，如细菌、噪声等。

③对周围环境无影响、但有要求的：行政管理机构等用房。

这种分类方法对于合理地布置公共建筑的位置，研究公共建筑与总体布局、周围环境的协调等问题，有着重大意义。

4.3.2.2　公共建筑的指标

公共建筑指标的确定，是小城镇规划技术工作的内容之一。它不仅直接关系到居民的生活，同时对小城镇建设经济也有一定的影响。在小城镇规划中，为了给公共建筑项目的布置、建筑单体的设计、公共建筑总量计算及建设管理提供依据，就必须有各项公共建筑的用地指标和建筑指标。此外，有的公共建筑还有公共建筑设置的数量指标等。

（1）确定指标需考虑的因素

①使用上的要求　公共建筑既然是为小城镇居民服务，其指标应首先满足居民使用上的要求。它包括 2 个方面：一是指所需的公共建筑项目的多少；二是指对各项公共建筑使用功能上的要求。这 2 方面的要求是拟定指标的主要依据。

②各地生活习惯的要求　我国地域辽阔，自然地理条件各异，又是多民族国家，因而各地有着不同的生活习惯，反映在各地公共建筑的设施项目、规模及其指标的制订上就应有所不同。例如南方茶楼、摊床等户外项目居多，北方则多室内商店和市场，有的小城镇居民对体育运动特别爱好，体育设施较多，有的小城镇有较多的集市贸易设施。因此，有关设施的指标应因地制宜，有所不同。

③小城镇性质、规模及布局的特点　小城镇性质不同，公共建筑的内容及其指标应随之而异。如规模较大的小城镇，公共建筑项目比较齐全，规模相应也较大，因而指标就比较高；而规模较小的一些集镇，公共建筑项目较少、规模小，因而指标就相应比较低。

④经济条件和居民生活水平　公共建筑指标的拟定要从国家和所在地区的经济条件和居民生活实际需要出发，如果所定指标超越了现实或规划期内的经济条件和居民生活的需要，就会影响居民对公共建筑的实际使用，造成浪费。如果盲目降低应有的指标，就不能满足居民的正常生活需要。此外，还应充分估计到小城镇经济的迅速发展所带来居民生活水平提高而引起的变化。

⑤社会生活的组织方式　小城镇生活随着社会的发展，而不断充实和变化。一些新的设施项目的出现，以及原有设施内容和服务方式的改变，都将需要对有关指标进行适当调整或重新拟定。

总而言之，公共建筑指标的确定涉及社会、经济、自然、技术等各种因素，应该在充分调查研究的基础上，从实际的需要和可能出发，全面地、科学地、合理地予以制定。

（2）指标确定的方法

在确定小城镇公共建筑指标时，要从小城镇对公共建筑设置的目的、功能要求、分布特点，以及小城镇的经济条件和现状基础等多方面来进行分析研究，同时也要遵照当地省（自治区、直辖市）、市政府等有关的方针与政策的规定，综合地加以考虑。

具体指标的确定方法，根据不同的公共建筑物而异，一般有下面3种：

①按照人口增长情况，通过计算确定　这主要是指与人口有关的中、小学和幼儿园等设施，它可以从小城镇人口年龄构成的现状与发展的资料中，根据教育制度所规定的入学、入园年龄和学习年制，并按入学率和入园率（即入学、入园人数占适龄儿童人数的百分比），计算出规划期限内各级学校和幼儿园的入学、入园人数。通常是换算成"千人指标"，也就是以每1 000个居民所占若干名学生（或幼儿）人数来表示。然后再根据每名学生所需要的建筑面积和用地面积，计算出总的建筑面积与用地面积的需要量。之后，还可以按照学校的合理规模和规划设计的要求来确定各所学校的班级和所需要的面积数。

②根据各专业系统和有关部门规定来确定　如银行、邮电局等，由于它们本身业务的需要，都各自规定了一套具体的建筑与用地指标。这些指标是从其经营管理的经济与合理性来考虑的，这类公共建筑指标，可以参考专业部门的规定，结合具体情况来拟定。

③根据实际需要，通过现状调查、统计与分析，或参照其他小城镇的实践经验来确定　这类公共建筑多半是与居民生活密切相关的设施，如医院、电影院、理发店等，可以通过实际需要的调查，并分析小城镇生活的发展趋向，来确定它们的指标。一般也是以千人占有多少座位（或床位）来表示。

（3）公共建筑用地的面积标准

公共建筑的面积标准，应按各项公共建筑的建筑面积和用地面积两项指标加以规定。各类公共建筑的用地面积指标应符合表4-1规定。

4.3.2.3　公共建筑的规划布置

小城镇公共服务设施占地较大，而且由于它们的性质和服务对象的不同，其规划布

表 4-1　各类公共建筑人均用地面积指标

层次	分级	各类公共建筑人均用地面积指标(m²/人)				
		行政管理	教育机构	文体科技	医疗保健	商业金融
中心镇	大型	0.3~1.5	2.5~10.0	0.8~6.5	0.3~1.3	1.6~4.6
	中型	0.4~2.0	3.1~12.0	0.9~5.3	0.3~1.6	1.8~5.5
	小型	0.5~2.2	4.3~14.0	1.0~4.2	0.3~1.9	2.0~6.4
一般镇	大型	0.2~1.9	3.0~9.0	0.7~4.1	0.3~1.2	0.8~4.4
	中型	0.3~2.2	3.2~10.0	0.9~3.7	0.3~1.5	0.9~4.6
	小型	0.4~2.5	3.4~11.0	1.1~3.3	0.3~1.8	1.0~4.8
中心村	大型	0.1~0.4	1.5~5.0	0.3~1.6	0.1~0.3	0.2~0.6
	中型	0.12~0.5	2.6~6.0	0.3~2.0	0.1~0.3	0.2~0.6

注：集贸设施的用地面积应按规划上市人数或摊位数确定，可按每个上市人数 1 m²或每个摊位 3~5 m²计算。

置的要求也有所不同。公共建筑的分布不是孤立的，它们与居住用地和绿地的分布与组织紧密相关，因此，应通过规划进行有机地组织，使其成为小城镇整体的一部分。

（1）公共建筑规划布置的基本要求

①各类公共建筑要有合理的服务半径　根据服务半径确定其服务范围大小及服务人数的多少，以此推算出公共建筑的规模。服务半径的确定首先是从居民对设施使用的要求出发，同时也要考虑到公共建筑经营管理的经济性和合理性。不同的服务设施有不同的服务半径。某项公共建筑服务半径的大小，将随它们的使用频率、服务对象、地形条件、交通的便利程度以及人口密度的高低而有所不同。如小城镇公共建筑服务于镇区的一般为 800~1 000m，服务于广大农村的则以 5~6km 为宜。

②公共建筑的分布要结合小城镇交通组织来考虑　公共建筑是人流、车流集散的地方，其规划布置要从其使用性质和交通状况，结合小城镇道路系统一并安排。如幼儿园、小学等机构最好是与居住地区的步行道路系统组织在一起，避免交通车辆的干扰；而车站等交通量大的设施，则应与小城镇主干道相联系。

③根据公共建筑本身的特点及其对环境的要求进行布置　公共建筑本身既作为一个环境所形成的因素，同时它们的分布对周围环境也有所要求。例如，医院一般要求有一个清洁安静的环境；露天剧场或球场的布置，既要考虑它们自身发生的音响对周围环境的影响，同时也要防止外界噪声对表演和竞技的妨碍；学校、图书馆等单位不宜与影剧院、集贸市场紧邻，以免相互之间干扰。

④公共建筑布置要考虑小城镇景观组织的要求　公共建筑种类很多，而且建筑的形体和立面也比较丰富多彩。因此，可以通过不同的公共建筑和其他建筑的协调处理与布置，利用地形等其他条件，组织街景与景点，以创造具有地方风貌的小城镇景观。

⑤公共建筑的布置要充分利用小城镇原有基础　旧镇的公共建筑一般布点不均匀，门类余缺不一，用地与建筑缺乏规划，同时建筑质量也较差。具体可以结合小城镇的改建、扩建规划，通过留、并、造、转、补等措施进行调整与充实。

（2）小城镇主要公共建筑的规划布置

①商业、服务业和文化娱乐性的公共建筑大多为整个小城镇服务，要相对集中布

置，使其能形成一个较繁华的公共活动中心，并体现小城镇的风貌特色。

②小城镇行政办公机构一般不宜与商业、服务业混在一起，而宜布置在小城镇中心区边缘，且比较独立、安静、交通方便的地段。

③学校的规划布置应有一定的合理规模和服务半径。小学的规模一般以6～12个班为宜，服务半径一般可为0.5～1km。学生上学不宜穿越铁路干线和小城镇主干道以及小城镇中心人多车杂的地段。中学的规模以12～18个班为宜，为整个镇域服务。运动场地的设置符合国家教育部门要求，也可以与小城镇的体育用地结合布置。此外，学校本身也应注意避免对周围居民的干扰，应与住宅保持一定的距离。

学校、幼儿园、托儿所的用地，应设在阳光充足、环境安静、远离污染和不危及学生、儿童安全的地段，距离铁路干线应大于300m，主要入口不应开向公路。

④医院的规划布置要求医院、卫生院、防疫站的选址，应方便使用和避开人流和车流量大的地段，并应满足突发灾害事件的应急要求。

医院是小城镇预防与治疗疾病的中心，其规模的大小取决于小城镇的人口发展规模。由于医院对环境有一定的影响，如排放带有病菌的污水等，还要求环境安静、卫生，所以在规划布置时应注意：院址应尽量考虑规划在小城镇的次要干道上，满足环境幽静、阳光充足、空气洁净、通风良好等卫生要求。不应该远离小城镇中心和靠近有污染性的工厂及噪声声源的地段。适宜的位置是在小城镇中心区边缘，交通方便而又不是人车拥挤的地段。最好还能与绿化用地相邻。同时院址要有足够的清洁度。另外，医疗建筑与邻近住宅及公共建筑的距离应不少于30m，与周围街道也不得少于15～20m的防护距离，中间以花木林带相隔离。

4.3.3 工业生产建筑用地规划布置

生产建筑用地是独立设置的各种所有制的生产性建筑及其设施和内部道路、场地、绿化等用地，是小城镇用地的重要组成部分，也是小城镇性质、规模、用地范围及发展方向的重要依据。工业生产有一定的人流和交通运输，它们对小城镇的交通流向、流量起着巨大影响。某些工业产生的"三废"及噪声，将导致小城镇环境质量下降、生态失衡。所以，小城镇生产建筑用地安排得是否合理，对生产项目的建筑速度、投资效益、经营管理乃至长远的发展起着重要的作用，同时也影响整个小城镇的用地布局形态、居民居住的生活环境、交通组织及基础设施等。小城镇生产建筑用地规划布置的任务在于全面分析与研究工业对小城镇的影响，使小城镇工业布局，既能满足工业生产工艺、交通运输等方面的要求，又能避免或减少工业生产对小城镇环境的污染等不利因素，以促进小城镇健康发展。

4.3.3.1 工业生产建筑的分类和面积标准

（1）工业生产建筑用地的分类

生产建筑用地可分为4类。

①一类工业用地　对居住和公共环境基本无干扰和污染的工业，如缝纫、电子、工艺品等工业用地。

②二类工业用地　对居住和公共环境有一定干扰和污染的工业，如纺织、食品、小型机械等工业用地。

③三类工业用地　对居住和公共环境有严重干扰和污染的工业，如采矿、冶金、化学、造纸、制革、建材、大中型机械制造等工业用地。

④农业生产设施用地　各类农业建筑，如规划建设用地范围内的打谷场、饲养场、农机站、兽医站等及其附属设施用地(不包括农林种植地、牧草地、养殖水域)。

(2)生产建筑用地的面积指标

生产建筑用地的面积指标，应按各种工业产品的产量和农业设施的经营规模等进行制订。由于各地生产条件、技术水平、发展状况差异很大，就业人员来源不同，可变因素以及不可预见因素较多，很难统一标准。

新建工业项目用地选址，尽可能利用荒地、薄地、废地，不占或少占耕地，所形成的工业小区内部平面布置，既要符合生产工艺流程又要紧凑合理、节约用地。其用地标准可参考表 4-2。

表 4-2　部分工业生产建筑用地参考指标

项　目	单　位	建筑面积 (m²/单位)	用地面积 (m²/单位)
1. 粮食加工厂	t/a	0.08~0.13	0.8~1
2. 植物油加工厂	t/a	4	20
3. 食品厂	t/a	0.03~0.05	1.5~2
4. 饲料加工厂	t/a	0.2~0.25	0.4~0.75
5. 农机修造厂	台/a	1~1.3	10
6. 预制件厂	m³/a	0.025	0.75~1
7. 木器加工厂	万元/年产值	10~13	100
8. 啤酒厂	t/a	0.25~0.3	1.4~1.5
9. 饮料厂	t/a	0.22~0.25	1.1~1.5
10. 罐头厂	t/a	0.35~0.4	2~2.1

注：引自王宁《小城镇规划与设计》，2001。

4.3.3.2　工业用地选择的一般要求

工业是小城镇发展的重要因素之一。从我国实际情况看，除了少量以集散物资、交通运输、旅游风景等为主的小城镇，大多数小城镇的经济收入、建设资金，主要靠工业、手工业以及各种家庭副业的生产。小城镇工业门类很多，由于它们的规模、生产工艺的特点、原料燃料来源及运输方式的不同，对用地的要求也不同。小城镇工业用地选择一般有以下要求。

(1)节约用地，考虑发展

工业用地在满足生产工艺流程的前提下，做到用地紧凑，外形简单。工业用地应尽量选择荒地、薄地，少占农田或不占良田。工业用地的规划布置应坚持分期建设、分期征用土地的原则，不宜把近期不用的土地圈入场内，闲置起来。同时还应考虑与生活居住用地的关系，使它们之间既符合卫生防护的要求，又不宜拉大它们之间的距离而增加职工上下班的时间。此外，工业用地规划布置应考虑工业发展的远景，并留有发展余地。在工业发展预留地的安排上，一般有以下几种方式：

①以工业区为单位统一预留发展用地，这种安排有利于紧凑布局，但各工厂企业或生产车间缺少发展用地。

②在各工厂企业附近预留发展用地，使各工厂企业和生产车间均有扩展的可能，但发展用地预留太多且分散，则可能形成一定时间内的布局松散，造成土地利用不经济。

③在工业区内预留新建项目用地，即在一些工厂企业旁按需要有计划地预留一定数量的扩建用地。

（2）靠近水电，能源供应充沛

工业用地应靠近水质、水量均能满足工业生产需要的水源，并在安排工业项目时，注意工业与农业用水的协调平衡。用水量大的工业项目，如火力发电、造纸、纺织、化纤等，应布置在水源充沛的地方。对水质有特殊要求的工业，如食品加工业对水的味道和气味的要求；造纸厂对水的透明度和颜色的要求；纺织业对水温的要求；丝织业对水的铁质等含量的要求等，在工业用地选择时均应考虑给予满足。工业用地必须有可靠的能源，否则无法保证生产正常进行。在没有可靠能源或能源不足的情况下建厂，必然造成资金的严重积压和浪费。用电量大的炼铝合金、铁合金、电炉炼钢、有机合成与电解厂要尽可能靠近电源布置，争取采用发电厂直接输电，以减少架设高压线、升降电压带来的电能损失。某些工业企业在生产过程中由于加热、干燥、动力等需大量蒸汽与热水，如染料厂、胶合板厂、氨厂、人造纤维厂等，应尽可能靠近热电站布置。

（3）工程地质和水文地质较好的地段

工业用地一般应选在土壤的耐压强度不小于 $1.5t/m^2$ 处，山区建厂时应特别注意，不要位于滑坡、断层等不良地质的地段。工业用地的地下水位最好是低于厂房建筑的基础，并能满足地下工程的要求；地下水的水质，要求不致对混凝土产生腐蚀作用。工业用地应避开洪水淹没地段，一般应高出当地最高洪水位 0.5m 以上，在条件不允许时，应考虑围堤与其他防洪措施。

（4）交通运输的要求

工业企业所需的原料、燃料、产品的外销、生产废弃物的处理，以及各工业企业之间的生产协作，都要求有便捷的交通运输条件。若能在有便捷交通运输条件的地段建设工业企业，不仅能节省建设资金，加快工程建设进度，还能保证日后工业生产的顺利进行，提高经济效益。因此，许多小城镇的工业用地在条件适宜情况下大多沿公路、铁路、通航河流进行布置。

（5）环境卫生的要求

工业生产中排出大量废水、废气、废渣，并产生强大噪声，造成环境质量的恶化。对工业"三废"进行处理和回收，改革燃料结构，从生产技术上消除和减少"三废"的产生，是防止污染的积极措施。同时，在规划中注意合理布局，也有利于改善环境卫生。排放有害气体和污水的工业应布置在小城镇生活居住用地的下风位和河流下游处，这类工业企业用地不宜选择在窝风盆地，以免造成有害气体弥漫不散，影响小城镇环境卫生，应特别注意不要把废气能够相互作用而产生新的污染的工业布置在一起，如氮肥厂和炼油厂相邻布置时，两个厂排放的废气会在阳光下发生复杂的化学反应，形成极为有害的光化学污染。此外，还应考虑工业之间，工业与居住用地之间可能产生的有碍卫生的不良影响，在它们之间设置必要的卫生隔离防护带，以有效地减少工业对居住区的危害。绿带应选用对有害气体有抵抗能力，最好能吸收有害气体的树种。

4.3.3.3　工业在小城镇中的布置

（1）工业在小城镇中布置的一般原则

小城镇中工业布置的基本要求应满足：为工厂创造良好的生产和建设条件，并处理好工业与其他部分的关系，特别是工业区与居住区的关系，其布置的一般原则如下：

①有足够的用地面积，用地基本上符合工业的具体特点和要求，减少开拓费用，有方便的交通运输条件，能解决给排水问题。

②工业区与居住区既要有一定的卫生安全防护间隔，又要有方便快捷的交通联系，简化小城镇交通组织，方便职工上下班。

③工业区与小城镇的其他组成部分在各发展阶段应保持相对平衡，布局集中而紧凑，且相互不妨碍。

④有利于工业企业之间的协作及原材料的综合利用，性质相近或生产协作关系密切的工业企业要尽可能集中布置，形成工业区，以减少小城镇货运量和基础设施的建设费用。

⑤要"统筹兼顾、全面安排"，确保小城镇与乡村、工业与农业的良好协作关系。共同协调利用水资源，节约土地，充分利用荒地、薄地，力求不占或少占良田。并在供水、供电、废水处理上积极采取支农措施，使城乡、工农共同发展。

（2）工业在小城镇中的布置方式

工业在小城镇中的布置方式受多种因素的影响，这些因素主要包括小城镇规模、工业性质、小城镇建设条件和自然环境条件等。工业在小城镇中的布置，可以根据生产的卫生类别、货运量及用地规模，分为 3 种布置方式：

①布置在远离小城镇的工业　在小城镇中，由于经济、安全和卫生的要求，有些工业宜布置在远离小城镇的独立地段，如放射性工业、剧毒性工业以及有爆炸危险的工业；有些工业宜与小城镇保持一定的距离，如有严重污染的钢铁联合企业、石油化工联合企业和有色金属冶炼厂等。为了保证居住区的环境质量，这些厂应按当地主导风向布置在居住区的下风位，工业区与居住区之间必须保留足够的防护距离。对小城镇污染不大的工业，规模又不太大时，则不宜布置在远离小城镇的地段，否则由于居民人数有限，公共设施无法配套，造成生活上的不方便。

②布置在小城镇边缘的工业　对小城镇有一定污染、用地规模较大、货运量大或需要采用铁路运输的工业企业，应布置在小城镇边缘。在小城镇中，由于这样的工业门类很多，若布置在一个工业区内，往往形成高峰时交通流量集中在通往工业区的道路上，但也要避免一厂一区的分散设置。比较好的处理方法是，按工业性质与自身要求和工业

企业间协作联系来分，划分成两个工业区，分别布置于小城镇边缘。这样，一方面满足工业自身的要求，另一方面又考虑到工业区与居住区的关系，既减少性质不同的工业企业之间的相互干扰，又使小城镇职工上下班人流适当分散。在小城镇中，若能形成两个工业区时，则可将它们分别布置在小城镇的不同方向，如将工业组成为不同性质工业区，按照其产生污染的情况布置在河流上、下游或盛行风向的上、下风位。这种布置方式既有利于减少工业对小城镇环境的污染，又有利于小城镇交通的组织，缩短职工上下班的路程，但在工业区布置时应注意不妨碍居住区的再发展。

③布置在小城镇内或居住区内的工业 有些工业用地规模较小，货运量不大，用水和用电量少，生产的产品与小城镇关系密切，整个生产过程基本没有干扰、污染，这类工业可布置在小城镇内或居住区内，它们包括：小型食品工业：牛奶加工、面包、糕点、糖果业等；小型服装工业：缝纫、服装、刺绣、鞋帽、针织业等；小五金、小百货、日用工业品：小型木器、编织、搪瓷等；文教、卫生、体育器械工业：玩具、乐器、体育器材、医疗器械业等。

工业布置在居住区内为居民提供了就近工作的条件，方便了职工步行上下班，减少了小城镇交通量。在小城镇中，对居住区毫无干扰的工业为数不多，一般的工厂企业都有一定的交通量产生和噪声排放。但由于布置在居住区内的工厂企业一般规模较小，如布局得当，居民生活基本上不受影响。对于机械化与半机械化操作、对外有协作联系的、货运量大、有噪声和微量烟尘污染、用地规模较大的工业，如食品厂、粮食加工厂、制药厂等，则应布置在小城镇内靠近交通性道路的单独地段，而不宜布置在居住区内部。

4.3.3.4 工业区规划应考虑的因素

（1）乡镇企业向小城镇工业园区集中的必然性

①促进农村城镇化水平的提高 分散布局的乡镇企业使农村城镇化严重滞后，环境污染日益加重，只有以小城镇为依托，相对集中发展，使一大批进入乡镇企业做工的农民也同时进入小城镇，成为小城镇的新居民，为之服务的从事第三产业的农民也随之进入小城镇，扩大小城镇规模。乡镇企业向小城镇工业园区集中，可以促进农村城镇化水平的提高。

②提高生产率、降低成本 乡镇企业集中到工业园区后，可以充分利用小城镇原有的基础设施、公共服务设施、商品流通的服务体系等，仅需要部分资金用于完善它们的功能即可。这样可以降低产品成本，而且可把重新建设的资金用于企业设备改造，更有利于企业的发展。

③有利于企业上质量、上水平、上效益 镇区建设为工业园区创造了良好的生产条件，工程的精心设计和施工为乡镇企业提供了工艺流程先进、投资少、质量高又能保证产品质量的工业厂房；企业规模经营，有利于合理节约使用人才，使科研、生产、购销相结合，向专业化、系列化发展。由此看来，工业园区使乡镇企业形成规模发展，节约基础设施投资，有利于专业分工协作，提高生产力水平，实现经济、社会、环境综合效益。

④有利于环境保护与治理 工业园区使污染源集中，便于治理。要有科学、全局的观点，不能只考虑对河流下游小城镇的影响，要先处理后排放，同时综合考虑排放废物的危害成分。对于无能力处理的严重污染企业要停、转。

（2）工业生产的协作关系

①产品、原料的相互协作 产品、原料有相互供应关系的工厂，宜布置在工业区内，以避免长距离的往返运输，造成浪费。

②副产品及废渣、废料回收利用的协作 能互相利用副产品及废渣进行生产的工业布置在工业区内，如磷肥厂和氮肥厂之间的副产品回收与利用。

③生产技术的协作 有些厂在冶炼和加工的生产过程中需要2个以上厂进行技术上的协作，这些厂要尽可能布置在一个地区内。

④厂外工程的协作 工业园区内的工厂，厂外工程应进行协作，共同修建铁路专用线、给水工程、污水处理厂、变电站及高压线路，能减少设备、设施，节约投资。

⑤厂前建筑的协作 可联合修建办公室、食堂、卫生所、消防站、车库等以节约用地和投资。

4.3.4 仓库用地的规划布置

仓库用地是指专门用作储存物资的用地。在小城镇规划中，仓库用地不包括工业企业内部、对外交通设施内部和商业服务机构内部的仓库用地，而是指在小城镇中需要单独设置的，短期或长期存放生产与生活资料的仓库和堆场。它是小城镇规划的重要组成部分，与小城镇工业、对外交通、居住等组成要素有密切的联系，是组织好小城镇生产活动和生活活动不可缺少的物质条件。

4.3.4.1 仓库的分类

仓库的分类方法有多种，一般可作如下分类：

（1）从小城镇卫生安全观点看，可按储存货物的性质及设备特征分类

①一般性综合仓库 一般性综合仓库的技术设备比较简单，储存货物的物理、化学性能比较稳定，对小城镇环境没有污染，如百货、五金、土产仓库、一般性工业成品库和食品仓库（不需冷藏的）等。

②特种仓库 这类仓库对交通、设备、用地有特殊要求，对小城镇环境、安全有一定的影响，如冷藏、蔬菜、粮、油、燃料、建筑材料以及易燃、易爆、有毒的化工原料等仓库。

（2）从小城镇使用的观点看，按使用性质分类

①储备仓库 主要用于保管、储存国家或地区的储备物资，如粮食、石油、工业品、设备等。这类仓库主要不是为本镇服务的，存放的物资流动性不大，但仓库的规模一般较大，而且对外交通运输便利。

②转运仓库 转运仓库是专门为路过小城镇，并在本小城镇中转的物资作短期存放用的仓库，不需作货物的加工包装，但必须与对外交通设施密切结合。

③供应仓库 主要存放的物资是为供应本镇生产和居民生活服务的生产资料与居民

日常生活消费品，如食品、燃料、日用百货与工业品等。这类仓库不仅存放物资，有时还兼作货物的加工与包装。

④收购仓库 这类仓库主要是把零碎物资收购后暂时存放，再集中批发转运出去，如农副产品等。

4.3.4.2 仓库用地的规模估算

小城镇仓库用地有库房、堆场、晒场、运输通道、机械动力房、办公用房和其他附属建筑物及防护带等。小城镇仓库用地的规模估算，可首先估算小城镇近远期货物的吞吐量，而后考虑仓库的货物年周转次数，再按如下公式估算所需的仓容吨位数：

$$仓容吨位 = 年吞吐量/年货物周转次数$$

根据实际仓容吨位分别确定进入库房与进入堆场的堆位比例，再分别计算出库房用地面积和堆场用地面积，其公式如下：

$$库房用地面积 = 仓容吨位 \times 进仓系数/(单位面积荷重 \times 库房面积利用率 \times 层数 \times 建筑密度)$$

$$堆场用地面积 = 仓容吨位 \times (1 - 进仓系数)/单位面积荷重 \times 堆场面积利用率$$

上述公式中的进仓系数是指需要进入仓内的各种货物存放数量占仓容吨位的百分比。

单位面积荷重是指每平方米存放面积堆放货物的重量。主要农业物资仓库单位有效面积的堆积数量见表4-3。

表4-3 农业物资仓库单位有效面积堆积数量参考数据

名称	包装方式	单位容积重量 （t/m³）	堆积方式	堆积高度 （m）	有效面积 堆积数量 （t/m²）	储存方式
稻谷	无包装	0.57	散装	2.5	1.4	室内
大米	袋	0.86	堆垛	3.0	2.6	室内
小麦	无包装	0.80	散装	2.5	2.0	室内
玉米	无包装	0.80	散装	2.5	2.0	室内
高粱	无包装	0.78	散装	2.5	2.0	室内
大豆	无包装	0.72	囤堆	3.0	2.2	室内
豌豆	无包装	0.80	囤堆	3.0	2.4	室内
蚕豆	无包装	0.78	囤堆	3.0	2.3	室内
花生	无包装	0.40	囤堆	3.0	1.2	室内
棉籽	无包装	0.38	囤堆	3.0	1.1	室内
化肥	袋	0.80	堆垛	2.0	1.6	室内
水果、蔬菜	篓	—	堆垛	2.0	0.7	室内
小米	无包装	0.78	囤堆	3.0	2.3	室内
稞麦	无包装	0.75	囤堆	3.0	2.3	室内
燕麦	无包装	0.50	囤堆	3.0	1.5	室内
大麦	无包装	0.70	囤堆	3.0	2.1	室内

注：引自王宁《小城镇规划与设计》，2001。

库房面积利用率是以库房堆积物资的有效面积除以库房建筑面积所得的百分数。一般来说，采用地面堆积可达 60%~70%，架上存放为 30%~40%，囤堆、垛堆为 50%~60%，粮食散装堆积为 95%~100%。

堆场面积利用率是以堆场堆积物质的有效面积除以堆场面积所得的百分数。一般堆场利用率为 40%~70%。库房建筑的层数，在小城镇多采用单层库房，多层库房要增加垂直运输设备和经营管理费用，同时由于楼荷载大，造成建筑物结构复杂，增加土建费用，故一般情况下不宜采用。库房建筑密度的大小与运输、防火等要求有关，但主要受库房建筑的基底面积和跨度的影响较大。在小城镇由于受建筑材料和施工技术条件的制约，常以砖木、砖混结构为多，跨度大约在 6~9m 之间，因此库房建筑密度一般可取 35%~45%。

4.3.4.3　仓库在小城镇中的规划布置

小城镇各种仓库用地的规划布置应根据其用途、性质、规模，结合规划布局考虑，尽量减少小城镇范围的货物运输交通量及二次搬运费用，其用地布局的一般原则为：

①满足仓库用地的一般技术要求。仓库用地地势要求较高，不能受洪水和日常雨水的淹没，并应有一定的排水坡度，其坡度为 0.5%~3.0%；地下水位不能过高，不应把仓库布置于潮湿低洼地段，否则会使储存物质变质，且装卸作业困难；地基土壤应有较高的承载力，特别是沿江、河、湖岸修建仓库时，应考虑到堤岸的稳定性和土壤的承载力。

②仓库用地必须有方便的交通运输条件。仓库用地应接近货运量大、供应量大的地区，其位置应靠近主要交通干道、车站和码头。

③尽可能把同类仓库集中，紧凑布置，兼顾发展，既要易于近期建设和便于经常使用，又要利于远期发展和留有余地。要有充足的用地，但不应浪费用地，在条件允许时，提高仓库建筑层数，以提高土地利用率。

④注意小城镇的环境保护，防止污染，保证小城镇卫生安全。易燃、易爆、毒品等仓库应远离小城镇布置，并有一定的卫生、安全防护距离。防护距离可参考表 4-4 ~ 表 4-6。

在小城镇中，仓库区的数目应有限制，不宜过于分散，必须设置单独的地段来布置各种性质的仓库。

表 4-4　仓库用地与居住街坊之间的卫生防护带宽度标准

仓 库 种 类	宽度(m)
大型水泥供应仓库、可用废品仓库、起灰尘的建筑材料露天堆场	300
非金属建筑材料供应仓库、煤炭仓库、未加工的二级无机原料临时储藏仓库、500m³ 以上藏冰库	100
蔬菜、水果储藏库、600t 以上批发冷藏库、建筑与设备供应仓库(无起灰材料的)，木材贸易和箱桶装仓库	50

注：所列数值至疗养院、医院和其他医疗机构的距离，按国家卫生监督机关的要求，可增加 0.5~1 倍。

表 4-5 各类用地设施与易燃、可燃液体仓库的防火隔离宽度

名 称		防火间距(m)	
		一级库	二、三级库
工业企业		100	50
森林和园林		50	50
铁路	车站	100	80
	会让站或货物站台	80	60
	区间线	50	40
公路	Ⅰ~Ⅱ级	50	30
	Ⅳ~Ⅴ级	20	10
仓库宿舍		100	50
住宅建筑用地和公共建筑用地		150	75
高压架空线		电杆高度的1.5倍	
木材、固体燃料、干草、纤维物资仓库以及大量蕴藏泥炭的地区		100	50

注:①一级库:容量在30 000 m³以上;二级库:容量在6 000~30 000 m³;三级库:容量在6 000 m³以下。
②距离的量法应从库区危险性大的建筑(例如,油罐装卸设备等)至另一企业、项目设施的边界。
③在特殊情况下根据当地条件以及有适当的理由时,上表的距离可减少10%~15%。

表 4-6 炸药总库和分库与建筑物的安全距离(m)

项目名称	分库按储藏量(kg)						总库
	250	500	2 000	8 000	16 000	32 000	
距离易燃的仓库及爆炸材料制造厂	300	500	750	1 000	1 500	2 000	3 000
距离铁路通过地带、火车站、住宅建设用地、工厂、矿山,高压线及其他地面建筑物	200	250	500	750	1 000	1 250	15 000
距独立的住宅、通航的河流及运河	100	200	300	350	400	450	800
距离警卫岗楼	50	75	100	125	150	200	250

注:①表中仓库分类:总库——专供应分库爆炸材料,在总库不打开包装(取样品除外),并不向爆炸人员发爆炸材料。分库——专向爆炸人员发爆炸材料,按使用年限分永久性(2年以上)及临时性(2年以下)。
②若爆炸材料的周围有天然屏障,如山丘、森林等,经与当地公安部门及上级主管部门协商并取得同意后,表列距离可适当缩短,但不得小于表列数字的一半。

4.3.5 道路交通系统布置

小城镇对外交通运输是指小城镇与外部城镇、农村进行联系的各类交通运输的总称。它是小城镇形成和发展的重要条件,也是构成小城镇的不可缺少的物质要素,它把小城镇与各有关地区联系起来,促进它们之间的政治、经济、科技、文化等交流,为发展工农业生产,提高人民生活服务质量创造了条件。下面介绍各种对外交通设施在小城镇中的布置。

4.3.5.1 公路在小城镇中的布置

公路运输是非常重要而又最普遍的一种对外交通运输方式。目前,我国城镇之间、城镇与乡村之间，几乎都有公路联系，可见公路在工农业生产、人民生活、沟通城乡物资交流、促进城乡共同繁荣等方面，起着十分重要的作用。小城镇范围内的公路，有的兼有小城镇道路的某些功能，有的则是小城镇道路的延续。在进行小城镇用地布局时，应结合总体规划合理地选定公路线路的走向及其站场的位置。

（1）公路线路在小城镇中的布置

从我国现有小城镇的形成和发展来看，多数小城镇往往是沿着公路两边逐渐形成的，在旧的小城镇中，公路与小城镇道路并不分设，也没有明确功能分工，它们既是小城镇的对外交通道路，又是小城镇内部的主要道路，逐步形成了某些小城镇在公路两旁商业服务设施集中、行人密集、车辆往来频繁的混乱现象，使各种车辆、车辆与行人之间产生很大干扰。由于对外交通穿越小城镇，分割居住区，不利于交通安全，也影响居民的生活安宁，如图 4-3 所示。这种布置不能适应小城镇交通现代化的要求，必须认真加以解决。

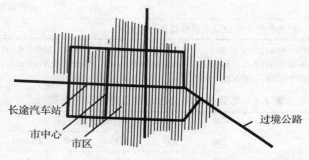

图 4-3　过境交通穿越城镇

（引自王宁《小城镇规划与设计》，2001）

在进行小城镇规划时，通常是根据公路等级、小城镇性质和规模等因素来确定公路布置方式，常见的公路布置方式有：

①将过境交通引至小城镇外围，以"切线"的布置方式通过小城镇边缘。这种布置方式可将车站设在小城镇边缘的入口处，使过境交通终止于此，不再进入镇区，避免与小城镇无关的过境车辆进入镇区所带来的干扰。

②将过境公路迁离小城镇，与小城镇保持一定的距离，公路与小城镇的联系采用引进入镇道路的布置方式。这种布置方式适宜于公路等级较高且经过的小城镇的规模又较小的情况。公路等级越高，经过的小城镇规模越小，则在公路行驶的车辆中，需要进入该小城镇的车流比重也就越小，而过境车流所占比重则越大，所以公路迁离小城镇布置是适宜的。

③当小城镇汇集多条过境公路时，可把各过境公路的汇集点从小城镇内部移到小城镇边缘，采用过境公路绕小城镇边缘组成小城镇外环道路的布置方式。这种布置方式，外环道路既能较好地引出过境交通，又能兼作布置于小城镇边缘工业仓库之间的交通干道，以减轻小城镇内部交通的压力和对居住区的干扰。原过境公路伸入小城镇内部的路段可改作小城镇道路。

（2）公路汽车站在小城镇中的布置

公路车站又称长途汽车站，按其使用性质不同，可以分为客运站、货运站和客货混合站等几种。长途汽车站场的位置选择对小城镇规划布局有很大的影响。汽车站场的位置要合理，使它既使用方便，又不影响小城镇的生产和生活，且与铁路车站、轮船码头有较好的联系，便于组织联运。

①客运站　对于小城镇，由于镇区面积不大，客运人数不多，长途汽车客运班次较少，大都设 1 个客运站，布置在小城镇边缘，主要是为了减少过境车流进入镇区；若小城镇铁路交通量不大时，还可将长途汽车站和铁路车站结合布置。

②货运站　货运站位置的选择与货源和货物性质有关。一般布置在小城镇边缘，且靠近工业区和仓库区，便于货物运输，同时也要考虑与铁路货场，货运码头的联系，便于组织货物联运。

4.3.5.2　铁路在小城镇中的布置

铁路对小城镇发展的影响是很大的，在大多数小城镇，铁路用地已成为小城镇不可分割的组成部分，而且在很大程度上影响或决定了小城镇总体布局的形式。在小城镇规划中，要认真分析并科学预见小城镇与铁路的扩充和发展，尽量避免跨铁路两侧进行发展，以免给小城镇的生产、生活、交通、环境以及今后小城镇建设方面设置障碍。在规划布置时，为了避免铁路切割小城镇，最好铁路从镇区的边缘通过，并将客站与货站都布置在镇区这一侧，使货场接近于工业和仓库用地，而客站靠近居住用地的一侧，如图4-4 所示。在布置时应注意客站与货站的两侧要留有适当的发展用地。

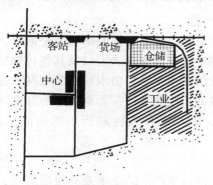

图 4-4　铁路客运站、货场与镇区主要部分同侧布置

（引自王宁《小城镇规划与设计》，2001）

这种布置形式比较理想，但由于客货同侧布置对运输量有一定的限制，从而限制了小城镇工业与仓库的发展，所以这种布置方式只适宜于工业与仓库规模较小的小城镇。否则，由于小城镇发展过程中布置了过多的工业，运输量增加，专用线增多，必然影响到铁路正线的通行能力。当小城镇货运量大，而同侧布置又受地形限制时，可采取客货对侧布置的形式，应将铁路运输量大、职工人数少的工业有组织地安排在货场一侧，而将镇区的主要部分仍布置在客站一侧，同时还要选择好跨越铁路的立交道口，尽量减少铁路对镇区交通运输的干扰，如图 4-5 所示。

当工业货运量与职工人数都比较多时，也可采取将镇区主要部分设在货场一侧，而将客站设在对侧，如图 4-6 所示。这样，大量职工上下班不必跨越铁路，主要货源也在货场同侧，仅占镇区人口比较少的旅客上下火车时跨越铁路。

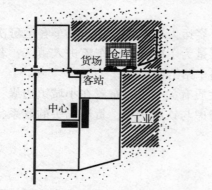

图 4-5　铁路货场与镇区主要部分对侧布置，
客运站与镇区主要部分同侧布置
（引自王宁《小城镇规划与设计》，2001）

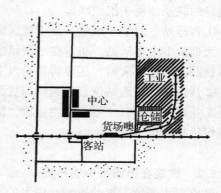

图 4-6　铁路客运站与镇区主要部分对侧布置，
货场与镇区主要部分同侧布置
（引自王宁《小城镇规划与设计》，2001）

总之，由于多种原因当车站必须采取客货对侧布置时，小城镇交通将不可避免地要跨铁路两侧，应保证镇区布置以一侧为主，货场与地方货源、货流同侧，充分发挥铁路运输效率，并在布局时尽量减少跨越铁路的交通量。

4.3.5.3　港口在镇区中的布置

水路运输运量大，运费低廉。水路运输的站场就是港口，它是港口小城镇的重要组成部分，在港口小城镇规划中应合理地部署港口及其各种辅助设施的位置，妥善解决港口与小城镇其他各组成部分的联系。港口由水域和陆域两大部分组成。水域是指供船舶航行、运转、锚泊和停泊装卸所用的水面，要有合适的深度和面积，适宜水上作业。陆域是供旅客上下船、货物装卸及堆存或转载所用的地面，要求有一定长度的岸线和纵深。

（1）港口位置的选择

港口位置的选择应根据港口生产上的要求及其发展需要，自然地形、地质、水文条件与陆路交通衔接等要求，从政治、经济、技术上全面比较后进行选定。只有在港口位置确定以后，小城镇其他各组成要素才能合理地规划布置。港口选址是在河流流域规划或沿海航运区规划的基础上进行的。港口应选在地质条件较好、冲刷淤积变化小、水流平顺、具有较宽水域和足够水深的河（海）岸地段。港址应有足够的岸线长度和一定的陆域面积，以供布置生产和辅助设施；要与公路、铁路有通畅的连接，并且有方便的水、电、建筑材料等供应。同时，港址应尽量避开水上贮木场、桥梁、闸坝及其他重要的水上构筑物，要与公路、镇区交通干道相互配合，且不影响小城镇的卫生与安全。港区内不得跨越架空电线和埋设水下电缆，两者应距港区至少 100m 以外，并设置信号标志。客运码头应与镇区联系方便，不为本镇服务的转运码头应布置在镇区以外的地段。

（2）港口布置与小城镇布局的关系

在港口镇区规划中，要妥善处理港口布置与小城镇布局之间的关系。

岸线占据十分重要的位置，分配、使用合理与否，是关系到小城镇布局的大问题。分配岸线时应遵循"深水深用，浅水浅用，避免干扰，各得其所"的原则。在用地布局时，将有条件建设港口的岸线留作港口建设区，但要留出一定长度的岸线给镇区生活使用，避免出现岸线全部被港口占用的现象，否则必然导致港口被镇区其他用地包围而失去发展可能，又使得居住区、风景游览区等与河或海的水面隔离，因此在规划时，要留出一部分岸线，尤其是那些风景优美的岸线，供小城镇居民和旅游者游览休息。

港口是水陆联运的枢纽，旅客集散、车船转换等都集中于此，在小城镇对外交通与小城镇道路交通组织中占有重要的地位。在规划设计中应妥善安排水陆联运，提高港口的流通能力。在水陆联运问题上，经常给小城镇带来的困难是通往港口的铁路专用线往往分割镇区，铁路与港口码头联系得好坏，直接关系到港区货物联运的效益、装卸作业速度的快慢以及港口经营费用的大小等。水陆联运往往需要铁路专用线伸入港区内部，常见的布置方式有 3 种：铁路沿岸线从镇区外围插入港区，如图 4-7 所示；铁路绕过镇区边缘延伸到港区，如图 4-8 所示；铁路穿越镇区伸入港区，如图 4-9 所示。这 3 种形式中，前两种较好，后一种应尽量避免，因为它将给镇区带来一定的干扰。

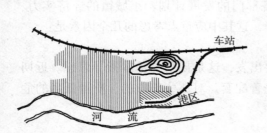

图 4-7 铁路沿岸线从镇区外围插入港区
（引自王宁《小城镇规划与设计》，2001）

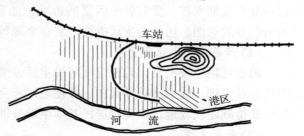

图 4-8 铁路绕过镇区边缘延伸到港区
（引自王宁《小城镇规划与设计》，2001）

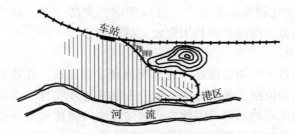

图 4-9 铁路穿越镇区边缘延伸到港区
（引自王宁《小城镇规划与设计》，2001）

沿河两岸建设的小城镇，还应注意两岸的交通联系。桥梁位置、轮渡、车渡等位置，均应与小城镇道路系统相衔接。且与航道规划统筹考虑，既满足航运的效益，又方便小城镇内部交通联系。

4.4 小城镇近期建设规划

小城镇建设规划，一方面要着眼长远利益，考虑远期发展；另一方面要立足现实，具体落实近 3 ~ 5 年的建设项目，逐步改善居民的工作、生活休息条件和居住环境。

4.4.1 小城镇近期建设规划的期限

小城镇规划期限是指完全实现规划所需要的年限。小城镇近期建设规划的期限是指实现近期建设项目所需的年限。一般，总体的、高层次的规划期限宜长些，具体的、局部的规划期限则短些。所以，乡镇域范围规划期限为 10 ~ 20 年，近期建设规划的期限为 3 ~ 5 年。

4.4.2 小城镇近期建设规划的主要内容

4.4.2.1 确定近期建设项目应考虑的因素

小城镇建设项目的安排是一个比较复杂的问题，哪些项目应在近期内建设，哪些项目应放在远期安排，受到各个因素的影响，如各部门的发展计划，小城镇的经济实力、政府领导的意图、居民的生活需要、资金来源等，这其中应重点考虑的几个因素是：

(1) 满足居民生活需要

确定近期建设项目，首先应从居民生活需要出发，这是规划的基本指导思想。近期内应尽量安排一些生活服务设施，并使之逐步完善配套。对那些破旧的、质量低劣的危房应安排翻建或改造，以确保居民基本生活条件。

(2) 资金来源

资金来源、数额是决定近期建设的速度、规模、建设标准的重要因素，没有资金，规划只能是一纸空文。近期建设项目的安排要根据小城镇资金的实际情况，"量体裁衣"，量力而行。资金比较宽裕的地方，可以考虑档次高一些、设备齐全一些的建设项目。资金不宽裕的地方，则应合理利用资金，精打细算。

(3) 考虑远期发展

小城镇规划需要若干年动态地连续地系统控制才能完成。在这若干年内，小城镇建设都是以小城镇规划为依据，采取分期分批的方法来逐步实现。小城镇近期建设项目就是今后小城镇建设和发展的基础，因此，必须注意小城镇建设的一致性和连贯性，使近期建设项目成为促进小城镇发展的有利因素，而不能成为小城镇发展的障碍。

(4) 各部门的发展计划

小城镇近期建设项目的安排应结合各部门的发展计划，在近期内，对各部门有什么打算和安排，应做到心中有数，以便于统筹安排。

4.4.2.2 近期建设项目顺序的安排

建设项目顺序的安排要根据各地具体情况，因地制宜，一般的原则如下：

（1）按照居民生活需要的轻重缓急进行安排

近期建设应抓住小城镇建设存在的主要矛盾，先急后缓。根据目前小城镇建设的实际情况看，大多数小城镇的基础设施都不配套，这不仅影响了小城镇的发展，而且影响到居民的基本生活条件，如有的地方吃水难，有的地方行路难，有的地方用电难等，这些问题都亟待解决。从近几年国家关于小城镇建设的政策看，也就是抓小城镇基础设施的配套、完善。待条件好转，也可考虑层次高一些的服务设施，如青少年之家、灯光球场、文化广场等。但是，有些小城镇忽视了主次，本末倒置，如有的地方，小学校舍条件非常差，把窑洞当教室，把石头当桌凳，既黑暗、潮湿，又不通风，而且极不安全，这是非常突出的问题，却没有得到解决。类似这种情况，在小城镇中并不少见。

（2）近期建设应成片建设，不要分散建设

小城镇建设规划编制完成以后，应分期分批地进行建设。近期建设应集中精力，集中资金，成片建设，这有利于用地结构的紧凑和相对完整，有利于基础设施的配套，有利于镇容镇貌的形成。近期建设要避免分散建设，东一块，西一块，点多面广却难以收到良好的成效。

（3）优先安排效益好的生产项目

对于生产项目，投资一般比较大，为了加快资金的周转和有利发挥效益，应优先安排上马快，效益好的项目。

4.4.2.3 镇区近期建设规划的内容

镇区近期建设规划应当包括以下内容：

①确定近期人口与建设用地规模，明确近期建设用地范围和布局。

②确定近期居住、工业、仓储、绿地等建设用地安排及各项基础设施、公共服务设施的建设规模和选址，建设项目应当具体落位。

③对住宅、卫生院、敬老院、学校和托幼等建筑进行日照分析，确定合理日照间距。

④确定近期建设各地块的用地性质、建筑密度、建筑高度、容积率、绿地率等控制指标；提出人口容量、公共设施配套、交通出入口方位、停车泊位、建筑后退红线距离、建筑间距、建筑风格及环境协调等要求。

⑤进行镇区住宅选型，确定主要公共建筑方案；对近期建设重点地段的建筑形式、体量、色彩提出反映城镇风貌的设计指导原则，做出示意性平面设计。

⑥根据规划建设容量，确定工程管线位置、管径和工程设施的用地界限，进行管线综合。

⑦进行综合技术经济论证，估算近期建设工程量、拆迁量和总造价，分析投资效益。

⑧确定控制和引导镇区近期建设的原则和措施，明确规划强制性内容。

4.4.3 小城镇近期建设规划应具备的强制性内容

镇区近期建设用地规模，各地块的主要用途、建筑密度、建筑高度、容积率、绿地率等控制指标。建制镇近期建设重点和发展规模；近期建设用地的具体位置和范围；近期内保护历史文化遗产和风景资源的具体措施。图纸表达部分主要是镇区近期建设规划控制图。

本章小结

小城镇总体布局是小城镇规划中非常重要的一个环节，科学合理的总体布局是一个小城镇规划合理与否的关键，也是小城镇专项规划和具体建设规划的前提和基础。本章针对小城镇镇域村镇体系规划、小城镇总体布局形态、小城镇主要用地布局和小城镇近期建设规划的相关内容进行了介绍。

思 考 题

1. 镇域村镇体系的概念、结构层次和镇域村镇体系规划的主要内容。

2. 小城镇总体布局方案的比较与选择过程中，考虑的主要因素有哪些？

3. 小城镇居住建筑用地、公共建筑用地、生产建筑用地、道路交通（对外交通和道路广场用地）主要布局形态。

4. 小城镇近期建设规划的主要内容？有何重要性？

推荐阅读书目

1. 小城镇规划原理. 陈丽华，苏新琴. 中国环境科学出版社，2007.

2. 小城镇规划与建设管理. 骆中钊，李宏伟，王炜. 化学工业出版社，2005.

3. 小城镇规划与设计. 王宁，等. 科学出版社，2001.

第 5 章

小城镇基础市政工程设施规划

5.1 给水工程规划

　　水是人们日常生活和生产不可缺少的物质，是小城镇存在、发展的重要支持因素，在某种程度上限定了小城镇的性质、规模、产业结构、布局形态、发展方向等。水资源的合理开发利用和水环境的保护是可持续发展的有力保障，制定出经济、合理、高效、节能的给水规划是小城镇规划的重要内容。小城镇给水工程规划根据小城镇总体规划所确定的原则(如城镇用地范围和发展方向，居住区、工业区、各种功能分区的用地布置、城镇人口规模、规划年限、建筑标准和层数等)来进行。

5.1.1 给水工程的组成和规划的主要任务

5.1.1.1 给水工程的组成

　　给水工程规划的目的是经济合理并安全可靠地供给人们日常生活、各种工农业生产用水，以及消防用水，并满足用户对水量、水质和水压的要求。给水工程通常分为下面4大部分(图5-1)。

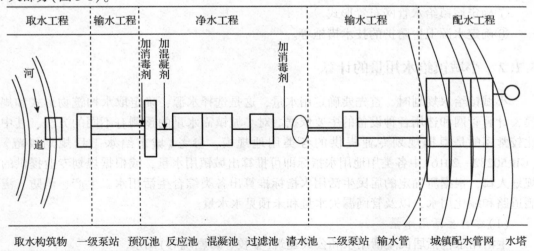

图 5-1　城镇给水系统

(引自胡开林等《城镇基础设施工程规划》，1999)

（1）取水工程

取水工程即从水源取水的工程。它包括选择水源和取水地点，建造取水构筑物及相配套的附属管理用房。其主要任务是保证城镇获得足够的水量。

（2）净水工程

净水工程即将原水进行净化处理的工程，通常称为水厂。它包括根据水处理工艺而确定建造的净水构筑物和建筑物，以及与之相配套的生产、生活、管理等附属用房。其主要任务是生产出达到国家生活饮用水水质标准或工业企业生产用水水质标准要求的产品水。

（3）输水工程

输水工程即将取水构筑物取集的天然水输送至净水构筑物和将净化后的水输往用水区的管、渠道及其附属构筑物。其主要任务是将原水输送到水厂和将产品水输送到城镇配水工程。

（4）配水工程

配水工程即城镇内的配水管网工程。它包括城镇配水管网、加压设施、调节构筑物以及与之相配套的附属管理用房。其主要任务是将产品水输送到用户。

5.1.1.2　给水工程规划的主要任务

给水工程规划的主要任务如下：

①确定用水量定额。

②估算城镇总用水量。

③确定给水水源。

④确定给水方案。

⑤选定水厂位置及净水工艺。

⑥确定输水管线。

⑦确定城镇给水管网布置形式。

⑧确定水源卫生防护的技术措施等。

5.1.2　小城镇给水用量的计算

小城镇给水规划时，首先要确定用水量，这是选择水源，确定取水构筑物形式和规模，计算管网和选用各种设备的主要依据。对小城镇需水量的预测有不同的方法，其中比较常用的是根据规划专业提供的各类用地规模，参考《城市给水工程规划规范》（GB 50282—2016）中各类用地用水指标即可推算出城镇用水量，或根据规划专业提供的规划人口，根据所确定的居民生活用水指标推算出各类综合生活用水、生产、消防、浇洒道路和绿化用水，以及管网漏失水量和未预见水水量。

（1）综合生活用水量

生活用水包括居民生活用水和公共建筑（学校、影剧院等）用水。

①居民生活用水定额　居民生活用水量的标准虽与各地的经济水平、供水方式、居住条件、气候条件、生活习惯等因素有关，但最重要的影响因素是建筑内的卫生设备水

平。居民生活用水量应按现行的国家有关标准进行计算(参见表5-1,小城镇可参照中小城市执行)。

表5-1 居民生活用水定额 L/(人·d)

分区	特大城市		大城市		中、小城市	
	最高日用水	平均日用水	最高日用水	平均日用水	最高日用水	平均日用水
一	180~270	140~210	160~250	120~190	140~230	100~170
二	140~200	110~160	120~180	90~140	100~160	70~120
三	140~180	110~150	120~160	90~130	100~140	70~110

注:引自《室外给水设计规范》(GB 50013—2006)。

②公共建筑用水定额 公共建筑用水定额应根据建筑物的性质、规模及《建筑给水排水设计规范》(GB 50015—2003)有关规定进行计算,也可按居民生活用水量的8%~25%进行估算。

③综合用水定额 综合用水定额指居民日常生活用水和公共建筑用水(参见表5-2,小城镇可参照中、小城市执行),但不包括浇洒道路、绿地和其他市政用水。

表5-2 综合生活用水定额 L/(人·d)

分区	特大城市		大城市		中、小城市	
	最高日用水	平均日用水	最高日用水	平均日用水	最高日用水	平均日用水
一	260~410	210~340	240~390	190~310	220~370	170~280
二	190~280	150~240	170~260	130~210	150~240	110~180
三	170~270	140~230	150~250	120~200	130~230	100~170

注:① 引自《室外给水设计规范》(GB 50013—2006)。
② 一区包括:贵州、四川、湖北、湖南、江西、浙江、福建、广东、广西、海南、上海、云南、江苏、安徽、重庆。
③ 二区包括:黑龙江、吉林、辽宁、北京、天津、河北、山西、河南、山东、宁夏、陕西、内蒙古河套以东和甘肃黄河以东的地区。
④ 三区包括:新疆、青海、西藏、内蒙古河套以西和甘肃黄河以西的地区。

(2)企业生产用水量和工作人员生活用水

生产用水量应包括城镇工业用水量、畜禽饲养用水量和农业机械用水量,可按所在省、自治区、直辖市政府的有关规定进行计算。

生产用水量是指生产单位数量产品所消耗的水量,但由于品种繁杂,各地的情况也不同,确定此项用水量时应根据当地的实际情况,按当地政府的有关规定进行计算。下面给出一些数据可作参考(农业专业户用水量参见表5-3,农业机械用水量参见表5-4,工业用水量参见表5-5)。

工业企业内工作人员的生活用水量,应根据车间性质确定,一般可采用25~30 L/(人·班),变化系数为2.5~3.0。工业企业内工作人员的淋浴用水量,应根据车间卫生特征确定,一般可采用40~60 L/(人·班),其延续时间为1h。

表 5-3 专业户饲养家禽家畜用水量

序　号	用　水　项　目		用水量标准 [L/(头·d)]
1	牛	奶牛（人工挤奶）	90
		成牛或肥牛	30~60
2	马		60~80
3	猪	母猪	60~80
		肥猪	30~60
4	羊		8~10
5	鸡		0.5
6	鸭		1

注：引自金兆森《村镇规划》，1999。

表 5-4 农业机械用水量

序　号	用水项目	单　位	用水量(L)
1	柴油机	每 0.735kW·h	30~35
2	汽车	每台每昼夜	100~120
3	拖拉机或联合收割机	每台每昼夜	100~150
4	拖拉机拆修保养	每台每次	1500
5	农机小修厂	每台机床	35

注：引自金兆森《村镇规划》，1999。

表 5-5 工业用水量表

序　号	工业名称		单位	用水量标准 (m³)	备　注
1	食品植物油加工		1t	6~30	
2	酿酒		1t	20~50	白酒单产耗水量可达 80m³/t
3	酱油		1t	8~20	
4	制茶		50kg	0.1~0.3	
5	豆制品加工		1t	5~15	
6	果脯加工		1t	30~35	
7	啤酒加工		1t	20~25	
8	饴糖加工		1t	20	
9	制糖(甜菜加工)		1t	12~15	
10	屠宰		头	1~2	
11	制革	猪皮	张	0.15~0.3	
		牛皮	张	1~2	
12	塑料制品		1t	100~220	
13	肥皂制造		1 万条	80~90	
14	造纸		1t	500~800	
15	水泥		1t	1.5~3	
16	制砖		1 千块	0.8~1	
17	丝绸印染		1×10⁴ m	180~220	
18	缫丝		1t	900~1200	
19	棉布印染		1×10⁴ m	200~300	
20	肠衣加工		1 万根	80~120	

注：引自金兆森《村镇规划》，1999。

（3）消防用水

消防用水是一种突发性的用水，小城镇消防用水量应按《建筑设计防火规范》（GB 50016—2014）计算。小城镇规模越小，消防用水量所占的比例就越大。一般小城镇的给水系统远不能满足消防用水时的秒流量，但在规模较小的小城镇近期规划中，水厂的规模可不考虑消防用水量，发生火警时，以暂时局部停止其他供水的办法来满足消防用水要求，管网布置应考虑消防用水量的储备和供给。

（4）浇洒道路和绿地的用水量

可根据当地条件确定，浇洒道路用水量为 $1\sim1.5$ L/（m^2·次），每日 $2\sim3$ 次；绿地用水量 $1\sim2$ L/（m^2·d）。

（5）管网漏失水量及未预见水量

可按最高日用水量 $15\%\sim25\%$ 计算。

（6）小城镇给水系统总用水量

小城镇给水系统总的用水量为上述各项之和。

（7）用水量变化系数

无论是生活用水还是生产用水，用水量常常发生变化。生活用水量随生活习惯和气候变化而变化，生产用水则因工艺流程而异，用水标准值是一个平均值，在设计给水系统时，还应考虑每日每时的用水量变化。

一年中用水最多一天的用水量，称为最高日用水量。一年中，最高日用水量与平均日用水量的比值称为日变化系数，小城镇的日变化系数一般比城市大，可取 $1.5\sim2.5$。

最高日内的最高 1h 用水量与平均时用水量的比值，称为时变化系数。小城镇用水相对集中，故时变化系数较大，取 $2.5\sim4.0$。时变化系数与小城镇的规模、工业布局、工作班制、作息时间、人口组成等多种因素有关。

根据最高日用水量时变化系数，可以计算时最大供水量，并据此选择管网设备。

5.1.3 水源选择及其保护

5.1.3.1 水源的选择

（1）水源分类

给水水源可分为地下水和地表水两大类。

①地下水　有深层和浅层两种。一般来讲，地下水由于经过地层过滤且受地面气候及其他因素的影响较小，具有水清、无色、水温变化小、不易受污染等优点。但是，它受到埋藏与补给条件、地表蒸发及流经地层的岩性等因素的影响；同时又具有径流量小（相对于地面径流）、水的矿化度和硬度较高等缺点。另外，局部地区的地下水会出现水质浑浊，水中有机物含量较大，水的矿化度很高或其他物质（如铁、锰、氯化物、硫酸盐、各种重金属盐类等）含量较大的情况。

②地表水　受各种地表因素的影响较大，其浑浊度与水温变化较大，易受污染，但水的矿化度、硬度较低，含铁及其他物质较少；径流量一般较大，且季节性变化强。

（2）水质要求

作为生活饮用水源的水质应符合《生活饮用水卫生标准》（GB 5749—2006）。若不得不采用超过某项指标的水作为水源时，应取得省、市、自治区卫生主管部门的同意，并应根据其超过的程度，与卫生部门共同研究处理方法，使其符合《生活用水卫生标准》的有关要求。

水源的选择是给水工程规划中一个非常重要的环节，甚至对整个小城镇规划带来全局性的影响。因此，在水源的选择过程中，要进行充分的调查，有条件时要进行水资源的勘察，尽可能全面掌握情况，进行细致的分析研究，并按下列原则进行水源的选择：

①生活饮用水的水源水质符合国家有关标准规定；

②水量充足，水源卫生条件好，便于卫生防护；

③取水、净水、输配水设施设置方便、经济、安全，具备施工条件；

④在水源水质符合要求的前提下，优先选用地下水；

⑤选择地下水作为给水水源时，不得超量开采；选择地表水作为给水水源时，其枯水期的保证率不得低于90%。

5.1.3.2　水源保护

水源的卫生防护是保证水源水质的重要措施，也是水源选择工作的一个组成部分。如果水源的卫生防护不当，则不论水厂处理设施如何完善，也无法保证供给用户质量合格的用水，故城镇给水水源必须设置卫生防护地带。

（1）地面水

①取水点周围半径不小于100m水域内，不得游泳、停靠船只、捕捞和从事一切可能污染水源的活动，并应设有明显的范围标志。

②河流取水点上游1 000m至下游100m的水域内，不得排入工业废水和生活污水；其沿岸的防护范围内，不得堆放废渣、设置有害化学物品的仓库堆站，或设装卸垃圾、粪便及有毒物品的码头；沿岸农田不得使用工业废水或生活污水灌溉及施用有持久性或剧毒的农药，并不得从事放牧。

供生活饮用的专用水库和湖泊，应视具体情况的需要将取水点周围部分水域或整个水库、湖泊及其沿岸列入卫生防护地带，并按上述要求执行。

③在水厂生产区或单独设立的泵站、沉淀池和清水池外围不小于10m的范围内，不得设立生活居住区和修建禽畜饲养场、渗水厕所、渗水坑；不得堆放垃圾、粪便、废渣或铺设污水渠道，应保持良好的卫生状况，并充分绿化。

（2）地下水

①取水构筑物的防护范围，应根据水文地质条件、取水构筑物的形式和附近地区的卫生状况确定，其防护措施应按地面水厂生产区要求执行。

②在单井或井群影响的半径范围内，不得使用工业废水或生活污水灌溉和施用持久性或剧毒农药，不得修建渗水厕所、渗水坑或排污水渠道，并不得从事破坏深层土层的活动。如果取水层在水井影响半径内不露出地面或取水层与地面没有相互补充关系时，可根据具体情况设置较小的防护范围。

③在水厂生产区的范围内，应按下列要求执行：

在地面水水源取水点上游1 000m以外，排放工业废水和生活污水，应符合现行的

《工业"三废"排放试行标准》和《工业企业设计卫生标准》(GB Z1—2010)的规定；医疗卫生、科研、畜牧兽医等机构含病原体的污水，必须经过严格消毒处理，彻底消灭病原体后方准排放。为保护地下水源，对人工回灌的水质应以不使当地地下水质变坏或超过饮用水质标准为限，有害工业废水和生活污水不得排入渗坑或渗井。

对于小城镇水源，农田排水对水源会产生污染。一般农田在撒施农药后，只有10%左右被农作物吸收，其散失的大部分经雨水冲刷流入水体引起污染。在规划中，为确保水源的水质，有必要根据各种农药的性质，对水源卫生防护地带及其附近一定范围农田的作物栽培种类做出一定的限制，以便有效地防止农药对水源的污染。

5.1.4　给水管网的布置

给水管网一般由输水管(由水源至水厂以及水厂到配水管的管道，一般不装接用户水管)和配水管(把水送至各用水户的管道)组成。输水管道不应少于两条，但从安全、投资等各方面比较也可采用1条。

(1)给水管网的布置形式

给水管网布置形式可分为树枝状和环状2大类，也可根据不同情况混合布置。

①树枝状管网　干管与支管的布置如树干和树枝的关系，如图5-2所示。它的优点是：管材省、投资少、构造简单；缺点是：供水的可靠性较差，一处损坏则下游各段全部断水，同时各支管尽端易成"死水"，恶化水质。这种管网适合于地形狭长、用水量不大、用户分散以及用户对供水安全要求不高的小城镇。

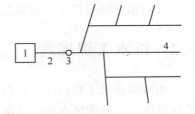

图5-2　树枝状管网

(引自金兆森《村镇规划》，1999)

1. 泵站　2. 输水管　3. 水塔　4. 管网

②环状管网　配水干管与支管均呈环状布置，形成许多闭合环，如图5-3所示。这种管网供水可靠，管网中无死端，保证了水经常流通，水质不易变坏，并可大大减轻水锤作用，但管线总长度较大，造价高，适用连续供水要求较高的小城镇。

(2)给水管网布置的基本要求

管网布置的基本要求是：管网布置在整个给水区域内，并应满足大多数用户对水量和水压的要求。为

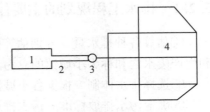

图5-3　环状管网

(引自金兆森《村镇规划》，1999)

1. 泵站　2. 输水管　3. 水塔　4. 管网

了对建筑物的最高用水点供应足够的水量和适宜的压力，要求管网供水具有一定的自由水头。自由水头是指配水管中的压力高出地面的水头。这个水头必须能够使水送到建筑物最高用水点，而且还应保证取水龙头的放水压力。管网自由水头的数值取决于建筑物的层数，在生活饮用水管网中一般规定为：一层建筑物为10m，二层建筑物为12m，三层以上每增加一层增加4m计算。对于较高的建筑物，大多自设加压设备，在管网压力中不予考虑，以免加大全部管网压力。为求管网起点所需水压，须在管网内选择最不利的一点，作为控制点，该点位于地面较高、离水厂或水塔较远或建筑物层数较多的地

区，只要控制点的自由水头合乎要求，则整个管网的水压均合乎要求。局部管网发生故障时，应尽量减少间断供水范围或保证不间断供水；管网的造价及经常管理费用应尽量低，以最短的输水途径输水至每一用户，使管线的总长度最短等。在规划设计中，近期工程可考虑局部主要地段为环状，其余为树枝状，以后根据发展再逐步建成环状管网。

（3）管网线路的布置原则

管网线路应根据下列原则进行布置：

①干管的方向应与给水的主要流向一致，并以最短的距离向用水大户或水塔或高位用水地供水，干管间距视供水区的大小、供水情况而不同，一般为 500～800m；

②管线的长度要短，减少管网的造价及经常维护费用；

③管线布置要充分利用地形，输水管要优先考虑重力自流，减少动力费用，并避免穿越河谷、铁路、沼泽、工程地质条件不良的地段及洪水淹没地段；

④给水管网尽量在现有道路或规划道路的人行道下面敷设，尽量避免在重要道路下敷设；管线在道路的平面位置和高程，应符合管网综合设计的要求；

⑤给水管网应符合小城镇总体规划的要求。

5.2　排水工程规划

小城镇排水工程的任务是把污水有组织地按照一定的系统汇集起来，并处理到符合排放标准后再排泄至水体。排水工程在保证生产、改善居民生活条件和防治污染、保护环境等方面担负着重要的任务。小城镇排水系统通常由排水管网（沟管系统）、污水处理厂、出水口等几部分组成。在规划时，应根据小城镇总体规划，制定出合理的排水方案。

5.2.1　排水工程规划的主要任务

①估算各种排水量　分别估算生活污水量、生产废水量和雨水量，一般将生活污水和生产废水之和称为小城镇的总污水量，雨水量单独估算。

②选择排水体制　根据各小城镇的实际情况、经济条件，确定排水方式。

③确定污水排放标准　污水排放标准应符合国家有关规范规定。

④布置排水系统　包括污水管道、雨水管渠和防洪沟的布置。

⑤确定小城镇污水处理方式及污水处理厂的位置选择　根据国家环境保护规定及小城镇具体条件，确定其排放程度、处理方式及污水综合利用途径。

⑥估算小城镇排水工程规划的投资。

5.2.2　小城镇排水量的计算

按排水性质，小城镇排水可分为 3 类：降水、生活污水和生产废水。

降水包括地面径流的雨水和冰雪融水，一般比较清洁。但初期雨水比较脏，其特点是时间集中，径流量大，如不及时排出，轻者会影响交通，重者会造成水灾。平时冲洗街道用水所产生的污水和火灾时的消防用水,其性质与雨水相似,所以可视为雨水之列。通常雨、雪水不需要进行处理,可以直接排入水体。

生活污水是人们日常生活中使用过的水,这些污水来自厨房、厕所、浴室、食堂等。生活污水中含有大量的有机物和细菌,所以生活污水必须经过适当处理,使其水质得到一定的改善之后才能排入江、河等水体。

生产废水是人们从事生产活动所产生的废水。由于各行业的生产性质和过程不同,生产废水的性质也不相同。一部分生产废水污染轻微或未被污染,如机器冷却水等,可以不经处理直接排放或简单处理后回收重复利用;另一部分受到严重污染,有的含有强碱、强酸,有的含有酚、氰、铬、铝、汞、砷等有毒物质,有的甚至含有放射性元素或致癌物质,这类废水必须经过适当处理后才能排放。

(1)雨水量的计算

小城镇雨水排水量可根据降雨强度、汇水面积、径流系数进行计算,常用的经验公式为:

$$Q_s = \varphi F q \tag{5-1}$$

式中　Q_s——雨水设计流量(L/s);

　　　F——汇水面积(hm^2);

　　　q——设计暴雨强度[$L/(s \cdot hm^2)$];

　　　φ——径流系数。

降水强度 q 指单位时间内的降水深度,与设计降水强度和设计重现期、设计降水历时有关。正确选择重现期是雨水管道设计中的一个重要问题,设计重现期一般应根据地区的性质(广场、干道、工厂、居住区等)、地形特点、汇水面积大小、降水强度公式和地面短期积水所引起的损失大小等因素来考虑。通常低洼地区采用的设计重现期的数值比高地大;工厂区采用的设计重现期 P 值就比居住区采用的大;雨水干管采用的设计重现期比雨水支管所采用的要大;市区采用的重现期比郊区采用的大,重现期的选用范围为 0.33~2.0(年)。

设计降水强度还和降雨历时有关。降雨历时为排水管道中达到排水最大降雨持续的时间。雨水降落到地面以后要经过一段距离汇入集入口,需消耗一定的时间,水在管道内流行,也消耗一定的时间,所以设计降雨历时应包括汇水面积内的积水时间和管渠内水的流行时间,其计算公式如下:

$$t = t_1 + m t_2 \tag{5-2}$$

式中　t——降水历时(min);

　　　t_1——地面集水时间(min)视汇水距离长短、地形坡度和地表覆盖情况而定,一般采用 5~15min;

　　　m——折减系数(暗管 $m=2$,明渠 $m=1.2$);陡坡地区 $m=1.2~2$,经济条件较好、安全要求较高地区的排水管渠 m 可取1。

　　　t_2——管渠内取水的流行时间(min)。

根据设计重现期、设计降水历时,再根据各地多年积累的气象资料,可以得出各地计算设计降水强度的经验公式,如果小城镇气象资料不足,可参照邻近镇的标准进行计算。

（2）生活污水的计算

小城镇居住区的生活污水量设计流量按每人每日平均排出的污水量、使用管道的设计人数和总变化系数计算。计算公式为：

$$Q = \frac{qNK_s}{T \times 3\,600}$$ (5-3)

式中　Q——居住区生活污水的设计流量（L/s）；

　　　q——居住区生活污水的排污标准［L/（人·d）］；

　　　N——使用管道的设计人数；

　　　T——时间（h）（建议用 12h）；

　　　K_s——排水量总变化系数。

在选用生活污水量排放标准时，应根据当地的具体情况确定，一般与同一地区给水设计所采用的标准相协调，可按生活用水量的 80%～90% 进行计算。设计人数，一般指污水排出系统设计期限终期的人口数。生活污水总变化系数，参见表 5-6。

表 5-6　综合生活污水量总变化系数 K_s

污水平均日流量（L/s）	5	15	40	70	100	200	500	≥1 000
总变化系数 K_s	2.3	2.0	1.8	1.7	1.6	1.5	1.4	1.3

注：引自《室外排水设计规范》（GB 50014—2006）。

小城镇工厂生活污水，来自生产区厕所、浴室和食堂，其流量不大，一般不需计算。管道可采用最小管径 150mm。如果流量较大需要计算，可按下式进行计算：

$$Q = \frac{25 \times 3.0A_1 + 35 \times 2.5A_2}{8 \times 3\,600} + \frac{40A_3 + 60A_4}{3\,600}$$ (5-4)

式中　Q——工厂生产区的生活污水设计流量（L/s）；

　　　A_1——一般车间最大班的职工总人数（1 个或几个冷车间的总人数）；

　　　A_2——热车间最大班的职工总人数（1 个或几个热车间的总人数）；

　　　A_3——三、四级车间最大班使用淋浴的职工人数（1 个或几个车间的总人数）；

　　　A_4——一、二级车间最大班使用淋浴的职工总人数（1 个或几个车间的总人数）；

　　　25，35——一般车间和热车间生活污水量标准［L/（人·d）］；

　　　40，60——三、四级和一、二级车间淋浴用水量标准［L/（人·d）］，淋浴污水在班后 1h 内均匀排出；

　　　3.0，2.5——一般车间和热车间的污水量时变化系数。

（3）工业废水计算

工业废水的设计流量一般是按工厂或车间的每日产量和单位产品的废水量来计算，有时也可以按生产设备的数量和每一生产设备的每日废水量进行计算。以日产量和单产废水量为基础的计算公式为

$$Q = \frac{mM \times 1\,000}{T \times 3\,600}K_s$$ (5-5)

式中　Q——工业废水设计流量（L/s）；

m——生产每单位产品的平均废水量(m^2);

M——产品的平均日产量;

T——每日生产时数;

K_s——总变化系数。

5.2.3 小城镇排水体制选择

小城镇雨(雪)水、生活污水、生产废水的排除方式,称为排水体制。排水体制分为分流制和合流制。

（1）分流制

①完全分流制 分设生活污水、生产废水和雨水 3 个系统或污水和雨水 2 个系统,用管渠分开排放。污水流至污水处理厂,经处理后排放。雨水和一部分无污染工业废水就近排入水体(图 5-4)。完全分流制标准最高,适用于规模较大、经济条件较好的小城镇,在发达国家的小城镇多用此体制,我国的小城镇应向此方向发展。

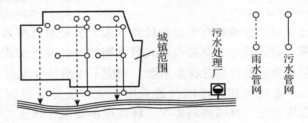

图 5-4 完全分流制
(引自金兆森《村镇规划》,1999)

②不完全分流制 只有污水管道系统,而雨水则通过路面边沟(明沟)排水,这种分流体制比完全分流制标准低,投资省。这种体制适合我国小城镇目前的情况,重点先解决污水排放系统,等有条件了再改建雨水暗管系统,但地势平坦、城镇规模大、易造成积水的地区,不宜采用。

③改良型不完全分流制 雨水排放系统采用多种形式混用,可采用路边浅沟、街巷浅沟、某些干道用路边沟加盖及分用暗管等混合方式。适合于逐步发展、规模不断扩大的小城镇,组织得好,既经济又适用。

（2）合流制

①直泄式合流制 雨水、生活污水、生产污水经同一管渠不经处理混合,分若干排水口,就近直接排入水体,如图 5-5 所示。

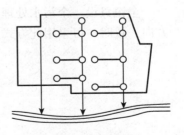

这种排水体制是最初级的排水形式,只比无排水系统的小城镇稍好一些,在人口不多、面积不大、无污染工业的小城镇可以采用这种形式。随着小城镇规模和工业的发展,污水量不断增加,水质日趋复杂,这样的排水体制将造成水质的严重污染。

图 5-5 直泄式合流制
(引自金兆森《村镇规划》,1999)

②全处理合流制 雨水、污水到污水处理厂处理后排放，如图 5-6 所示。这种方式投资大，效果不如分流制，缺点多于优点，很少被采用。

③截流式合流制 雨水、污水、工业废水合流，分数段排向沿河流的截流干管。晴天时全部输送到污水处理厂，雨天时雨污混合，水量超过一定数量的部分，通过溢流井排入水体，其余部分仍排至污水处理厂，如图 5-7 所示。

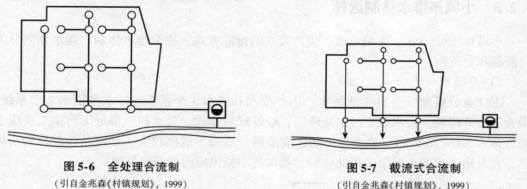

图 5-6　全处理合流制
（引自金兆森《村镇规划》，1999）

图 5-7　截流式合流制
（引自金兆森《村镇规划》，1999）

截流式合流制比直泄式合流制有明显的优点，大大减轻对自然水体的污染，比全处理合流制要节省投资。截流式合流制是直泄式合流制的一种改进型式，适用于大多数小城镇的排水现状，但如果有条件新建排水系统，则应采用雨污分流。

排除生活污水、工业废水和雨水时，是采用合流制还是分流制，取决于对污水性质、城镇原有排水设施情况、城镇规划要求、环境保护要求、污水综合利用情况，以及当地自然、地形条件和水体的水质、水量等诸多因素的综合考虑，通过技术经济和环境保护的要求比较确定。新建城镇或地区的排水系统，一般采用分流制；旧城区排水系统的改造，采用截流式合流制较多。同一城镇的不同地区，根据具体条件，可采用不同的排水体制。

5.2.4　排水系统的布置

5.2.4.1　排水系统的平面布置

小城镇排水系统的平面布置形式主要有以下几种：

（1）集中式排水系统

全镇只设一个污水处理厂与出水口，这种方式对小城镇很适合。当地形平坦、坡度方向一致时，可采用此方式，如图 5-8 所示。

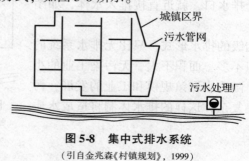

图 5-8　集中式排水系统
（引自金兆森《村镇规划》，1999）

（2）分区式排水系统

大、中城市常采用此系统，而小城镇由于地形条件限制时，可将小城镇划分成几个独立的排水区域，各区域有独立的管道系统、污水处理厂和出水口，如图5-9和图5-10所示。

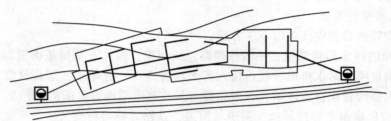

图5-9   平坦、狭长的分区式排水系统

（引自金兆森《村镇规划》，1999）

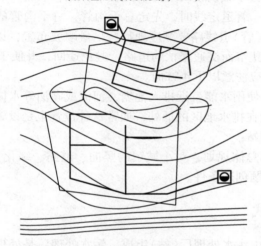

图5-10   因地形条件采用的分区式排水系统

（引自金兆森《村镇规划》，1999）

（3）区域排水系统

几个相邻的小城镇，污水集中排放至一个大型的地区污水处理厂。这种排水系统能扩大污水处理厂的规模，降低污水处理费用，能以更高的技术、更有效的措施防止污染扩散，是我国今后小城镇排水发展的方向，特别适合于经济发达、小城镇密集的地区。

5.2.4.2   排水系统的沟管布置

（1）排水沟管的规划步骤

①在地形图上根据总体规划和道路规划，按等高线划分若干排水区域；

②分析排水区域内污水、废水的性质，确定是否进行处理并选择排水体制；

③根据污水、废水排泄水体位置和小城镇地形确定排水方向和排出口位置，并在平面图上布置排水主要沟管；

④排水沟管确定以后，确定各管段负担的居民数、工业废水集中流量或雨水汇水

面积；

⑤根据排水体制，分别计算各管段负担的排水设计流量，估算管径、坡度；

⑥考虑管道标高，管道起点埋深的高程应保证排水管道能接纳它所负责的地区各用户排水的需要，同时应保证不冰冻和不被动荷载破坏，管顶覆土深度不小于0.7m。

（2）排水沟管的布置

①污水沟管的布置应注意以下3方面。

a. 小城镇的污水沟管系统，一般按道路系统布置，但并不是每条街道都必须设置污水沟管，能满足所有污水排出管就近接入污水沟管即可。近年来，居住区常以小区形式来建设，其内部沟管常自成体系，一般只需在其一侧或两端设置街沟（管）。

b. 沟管应尽量避免穿过场地，避免与河道、铁路等障碍物交叉。

c. 沟管有干、支管之分。直接承接房屋小区和工厂排水的，称为支沟管；承接支沟管排水的称为干沟管。当小城镇较大时，干沟管常有二、三级，通向污水处理厂或出水口的干管称为总干沟管。管道定线时，先定总干沟管，总干沟管的路线服从于污水处理厂或出水口的位置。沟（管）道线路要顺应地形，尽量顺坡布置，以避免或尽量减少设中途泵站。干沟管应避开狭窄而交通繁忙的道路，避免迂回，并便于分期实施建设。

②雨水沟管的布置应注意以下4方面。

a. 充分利用地形，使雨水能就近排入池塘、河流或湖泊等水体；

b. 雨水干沟管应设在排水地区的低处，通常这种位置也是设置道路的合适位置；

c. 避免设置雨水泵站；

d. 积极配合小城镇总体规划，对小城镇的竖向、道路、绿化等规划内容提出要求，为妥善解决雨水排除问题创造条件。

5.2.5　污水处理方式

污水处理系统主要由污水处理厂（站）组成。污水处理厂是处理和利用污水及污泥的一系列处理工艺构筑物与附属构筑物的综合体。城镇污水处理厂，一般设置在城镇河流的下游地段，并与居民区或城镇边界保持一定的卫生防护距离。城镇污水处理厂的数目和位置由城镇总体规划以及城镇排水管网系统的布置所决定。

（1）污水处理厂的选址

污水处理厂厂址的选择，一般遵循以下原则：

①为保证环境卫生的要求，城镇污水处理厂与规划居民区、公共建筑群或城镇边界应保持一定卫生防护距离，防护距离的大小可根据当地具体情况，与有关环保部门协商确定，一般不小于300m；

②城镇污水处理厂应设置在城镇集中供水水源的下游地段，并且相距距离不小于500m的地方；

③在选择厂址时，应尽量少占农田或不占农田，同时又应便于农用灌溉和处置污泥；

④厂址应尽可能设置在城镇和工厂夏季主导风的下方；

⑤要充分利用地形，把厂址设置在地形有适当坡度的城镇下游地区，以满足污水处

理构筑物之间的水头损失的要求，使污水和污泥有自流的可能，以节约动力消耗；

⑥厂址如果靠近水体，应考虑汛期不受洪水的威胁；

⑦厂址应设置在地质条件较好、地下水位较低的地区，以利施工和降低造价，同时应考虑交通运输及水电供应等条件；

⑧厂址的选择应结合城镇总体规划，考虑远景发展，预留有充分的扩建余地。

（2）污水处理方法

选择污水处理方案时应考虑环境保护、污水量、水质以及投资能力等因素。污水处理方法一般可归纳为物理法、生物法和化学法。

①物理法　主要利用物理作用分离污水中的非溶解性物质。处理构筑物较简单、经济，适用于小城镇水体容量大、自净能力强、污水处理程度要求不高的情况；

②生物法　利用微生物的生命活动，将污水中的有机物分解氧化为稳定的无机物质，使污水得到净化。此法处理程度比物理法要高，常作为物理处理后的二级处理；

③化学法　利用化学反应作用来处理或回收污水的溶解物质或胶体物质的方法。化学处理法处理效果好、费用高，多用于对生化处理后的出水做进一步的处理，提高出水水质，常作为三级处理。

5.3 电力、电信工程规划

随着经济的不断发展，城镇将逐步实现机械化、电气化和电讯信息化，这是当前城镇现代化建设的要求和必然结果。

5.3.1 电力工程规划

电是工农业生产的动力，也是城镇居民物质生活和精神生活不可缺少的能源，因此，供电系统对于城镇的发展建设十分重要。

（1）电力工程规划的基本要求、内容和基本步骤

①电力工程规划的基本要求　满足小城镇各部门用电及其增长的需要；保证供电的可靠性，特别是对电压的要求；要节约投资和减少运行费用，达到经济合理的要求；注意远近期规划相结合，以近期为主，考虑远期发展的可能；要便于实现规划，不能一步实施时，要考虑分步实施。

②电力工程规划的内容　电力工程规划的内容与小城镇规模、地理位置、地区特点、经济发展水平（工业、农业和旅游服务业等）状况，以及近远期规划等有关，所以应根据当地实际情况和总体规划深度的要求来进行电力工程规划。其内容主要包括：

a. 小城镇负荷的调查；

b. 峰期负荷的预测及电力的平衡；

c. 选择小城镇的电源；

d. 确定发电厂、变电站和配电所的位置、容量及数量；

e. 选择供电电压等级；

f. 确定配电网的接线方式及布置线路走向；

g. 选择输电方式；

h. 绘制电力负荷分布图；

i. 绘制电力系统供电的总平面图。

在编制供电规划时，还要注意了解毗邻小城镇的供电规划，要注意相互协调，统筹兼顾，合理安排。

③电力工程规划的基本步骤　收集、分析、归纳收集到的资料，进行负荷预测；根据负荷及电源条件，确定供电电源的方式；按照负荷分布，拟定若干个输电和配电网布局方案，进行技术经济比较，提出推荐方案；进行规划可行性论证；编制规划文件，绘制规划图表。

（2）负荷预测

进行小城镇负荷调查，了解现有及计划修建的电厂和变电所的容量、电压、接线图，现在负荷状况，附近地区电源能否供电给本城镇，地区间现有的及计划修建的电力线回路数、容量、电压、线路走向等，电力负荷情况，工业交通、农业用电情况，原有及近期增长的用电量，最大负荷，电压等级，对供电可靠性的要求及质量要求。居住及公共建筑的用电指标，路灯、广场照明用电量，排水及公共交通用电量，变电所及配电所的位置。根据上述资料进行小城镇负荷预测，作为电力规划的依据。

（3）供电方式的选择

确定出电力系统的负荷及发展水平之后，如何满足负荷的需要、用户的需要，这就需要进行电力、电量平衡，电源规划设计以及电力网规划设计，其主要内容可分为以下几个方面。

①电源的选择　电源是电力网的核心，小城镇供电电源的选择，是小城镇电力工程规划设计中的重要组成部分。选择的合理与否，对于充分利用和开发当地动力资源，减少工程建设投资，降低发电成本和电网运行费用，满足小城镇的用电需要等都有重要的作用。

第一种类型为发电站。目前我国小城镇主要有水力发电站、火力发电站、风力发电站，还有沼气发电站等。水力发电虽然一次性建造投资比较高，但运行费用低廉，是比较经济的能源。目前我国小城镇的自建电站中，小水电站占绝大部分。火力发电是燃烧煤、石油或天然气发电，其一次性建造投资高，运行费用也高，我国小城镇除少数产煤区外，很少建这种电站。风力发电是利用风能发电，沼气发电是燃烧沼气发电，这两种发电的方法，还处于研究阶段，目前在小城镇还未大规模应用。

第二种类型为变电所。变电所是指电力系统内，装有电力变压器，能改变电网电压等级的设施与建筑物。变电所可采用区域网供电方式将区域电网上的高压变成低压，再分配到各用户。这种供电方式具有运行稳定、供电可靠、电能质量好、容量大，能够满足用户多种负荷增长的需要以及安全经济等优点。因此，在有条件的小城镇，应优先选用这种供电方式。

变电所选址是一项很重要的工作，主要着眼于提高供电的可靠程度，减少运行中的电能损失，降低运行和投资的费用，同时还要考虑工作人员的运行操作安全，养护维修的方便等。所以必须从技术上和经济上做慎重选择。变电所的选址应符合下列要求：

a. 接近小城镇用电负荷中心，以减少电能损耗和配电线路的投资；

b. 便于各级电压线路的引入或引出，进出线走廊要与变电所位置同时决定；

c. 变电所用地要不占或少占农田，选择地质、地理条件适宜，不易发生塌陷、泥石流、水害、落石、雷害的地段；

d. 交通运输便利，便于装运主变压器等笨重设备，但与道路应有一定间隔；

e. 邻近工厂、设施等应不影响变电所的正常运行，尽量避开易受污染、灰渣、爆破等侵害的场所；

f. 要满足自然通风的要求，并避免西晒；

g. 考虑变电所在一定时期内(5~10年)发展的可能；

h. 与居民区的位置要适当，要有卫生及安全防护地带。

②确定送配电线路的电压　小城镇电力网送配电线路的电压，按国家标准主要有220kV、110kV、60kV、35kV、10kV、6kV、3kV、380V、220V等几个等级。采用哪个电压等级供电适当，应作全面衡量，主要应考虑以下几点：

第一，电力线路输送容量与输送距离。在电力线路输送容量和输送距离一定的条件下，传输的电压等级越高，则导线中电流就越小，线路中功率损耗或电能损耗也就越小，这就可以采用较小截面的导线。但是电压等级越高，线路的绝缘费用就越高，杆塔、变电所的构架尺寸增大，投资就要增加。因此，对应一定的输电距离和输送容量，要有一个在技术、经济上均较合理的电压。

第二，用电等级与供电的可靠性。用户的用电等级是根据其用电性质的重要程度确定的，重要用户对供电的可靠性要求高，用电等级就高。用电负荷根据供电可靠性及中断供电在政治、经济上所造成的损失或影响程度，分为三级。

一级负荷：对此种负荷中断供电，将造成人身伤亡、重大政治影响、重大经济损失、公共场所秩序严重混乱等。

二级负荷：对此种负荷中断供电，将造成较大政治影响、较大经济损失、公共场所秩序混乱等。

三级负荷：不属于一级和二级的用电负荷。

一级负荷的供电要求有2个以上电源供电，两电源之间应无联系，或虽有联系但能保证不同时受到损坏；二级负荷的供电要求是做到故障时不中断供电(或中断后能迅速恢复)；三级负荷对电源无特殊要求。

电压等级与可靠性是相关的，电压等级越高，可靠性也越高。但是，在同一电压等级中，供电的条件越好，可靠性越高。

第三，用电设备的电压等级。用电设备的电压等级直接确定了对供电线路的电压等级要求，一般可设置与之相当的电力线路供电。当条件允许设置变配电装置，而用电的可靠性要求较高时，也可以提高一级电压等级向用户供电。

选择电网电压时，应根据输送容量和输电距离，以及周围电网的额定电压情况，拟定几个方案，通过经济技术比较确定。如果两个方案的技术经济指标相近，或较低电压等级的方案优点不太明显时，宜采用电压等级较高的方案。各级电压电力网的经济输送容量、输送距离与适用地区参见表5-7。

表 5-7 各级电压电力网的经济输送容量、输送距离与适用地区

输送容量（kW）	输送距离（km）	适用地区
0.1 以下	0.6 以下	低压动力与三相照明
0.1~1.0	1~3	高压电动机
0.1~1.2	4~15	发电机电压、高压电动机
0.2~2.0	6~20	配电线路、高压电动机
2.0~10	20~50	县级输电网、用户配电网
10~50	30~150	地区级输电网、用户配电网
100~200	100~300	省、区级输电网
200~500	200~600	省、区级输电网、联合系统输电网
400~1 000	150~850	省、区级输电网、联合系统输电网
800~2 200	500~1 200	联合系统输电网

注：引自金兆森《村镇规划》，1999。

（4）电力线路的布置

电力线路按结构可分为架空线路和电缆线路 2 大类。架空线路是将导线和避雷线等架设在露天的线路杆塔上；电缆线路一般直接埋设在地下或敷设在地沟中。小城镇电力网多采用架空线路，其建设费用比电缆线路要低得多，且施工简单、工期短、维护及检修方便。

电力线路的布置，应满足用户的用电量及各级负荷用户对供电可靠性的要求，同时应考虑在未来负荷增加时留有发展余地。在布置电力线路时，一般应遵循下列原则：

①线路走向应尽量短捷。线路短，则可节约建设费用，同时减少电压和电能损耗。一般要求从变电所到末端用户的累积电压降不得超过 10%；

②要保证居民及建筑物的安全，避免跨越房屋建筑；

③线路应兼顾运输便利，尽可能地接近现有道路或可行船的河流；

④线路通过林区或需要重点维护的地区和单位，要按有关规定与有关部门协商解决；

⑤线路要避开不良地形、地质环境，以避开地面塌陷、泥石流、落石等对线路的破坏，还要避开长期积水和经常进行爆破的场所，在山区线路应尽量沿平缓且地形较低的地段通过；

⑥线路应尽量不占耕地、不占良田。

电力线路的选择，一般分为图上选线和野外选线。首先在图上拟定出若干个线路方案；然后收集资料，进行技术经济分析比较，并取得有关单位的同意并签订协议书，确定出 2~3 个较优方案之后再进行野外踏勘，确定出一个线路的推荐方案，报上级审批，最后进行野外选线，以确定最终路线。

5.3.2 电信工程规划

电信在国民经济发展中起着重要作用，现代化的电信网络，沟通了全国各地，加快

了信息的获取，对促进工农业发展，提高人民物质文化水平，建设现代化城镇有重要的作用。

小城镇电信工程包括有线电话、有线广播和有线电视。电信工程的规划应由专业部门进行，涉及小城镇建设规划需要统一考虑，主要是电信线路布置和站址选择问题。

5.3.2.1 有线电话

电话是人类使用广泛、十分有效的通信工具，因此发展很快。在小城镇，通常集镇一级设有线电话交换台，再向集镇内各单位用户和所属各村镇连接有线电话线路。集镇交换台通往上级电信部门的线路称为中继线；通往用户电话机的线路称为用户线。

（1）有线电话交换台台址的选择

在交换台台址选择时，必须符合环境安全、服务方便、技术合理和经济实用的原则，综合考虑，一般布置原则如下：

①交换台应尽量接近负荷中心，使线路网建设费用和线路材料用量最少。

②便于线路的引入和引出。要考虑线路维护管理方便，台址不宜选择在过于偏僻或出入极不方便的地方。

③尽量设在环境安静、清洁和无干扰影响的地方。应尽量避免设在较大的振动、强噪声、空气中粉尘含量过高、有腐蚀性气体、易燃和易爆的地方。

④地理、地质条件要好，不易发生塌陷、泥石流、流沙、落石、水害等。

⑤要远离产生强磁场、强电场的地方，以免产生干扰。

（2）有线电话线路的布置原则

有线电话线路的结构与电力线路相同，也分为架空线路和电缆线路两类。一般地区小城镇有线电话线路采用架空结构，在经济较发达的地区，多采用电缆线路。其布置原则如下：

①线路走向应尽量短捷，做到"近、平、直"的要求，以节省线路工程造价；

②注意线路的安全和隐蔽。要避开不良地质地段，防止发生地面塌陷、土体滑坡、水浸等对线路的破坏；

③应尽量不占耕地，不占良田；

④要便于线路的架设和维护；

⑤避开有线广播和电力线的干扰；

⑥不因小城镇的发展而迁移线路。应具有使用上的灵活性和通融性，留有发展和变化的余地。线路布置必须符合有关间隔距离的要求，具体参见表5-8。

表5-8 架空光缆与其他建筑物、树木最小垂直净距表

名　称	平行时垂直净距（m）	备　注	名　称	交越时垂直净距（m）	备　注
街道	4.5	最低缆线到地面	街道	5.5	最低缆线到地面
胡同	4.0	最低缆线到地面	胡同	5.0	最低缆线到地面
铁路	3.0	最低缆线到轨面	铁路	7.5	最低缆线到轨面
公路	3.0	最低缆线到路面	公路	5.5	最低缆线到路面

（续）

名　称	平行时垂直净距(m)	备　注	名　　称	交越时垂直净距(m)	备　注
土路	3.0	最低缆线到路面	土路	4.5	最低缆线到路面
房屋建筑			房屋建筑	距脊 0.6 距顶 1.5	最低缆线距屋脊或平顶
河流			河流	1.0	最低缆线距最高水 位最高桅杆顶
市区树木			市区树木	2.5	最低缆线到树枝顶
郊区树木			郊区树木	1.5	最低缆线到树枝顶
通信线路			通信线路	0.6	一方最低缆线与 另一方最高缆线

注：引自《电信网光纤数字传输系统工程施工及验收暂行技术规定》（YDJ 44—1989）。

5.3.2.2　有线广播和有线电视

（1）有线广播站和有线电视台地址的选择

①尽量设在靠近小城镇有关领导部门办公的地方，以便于传达上级有关指示或发布有关通知。

②应尽量设在用户负荷中心，以节省线路网建设费用，并保证传输质量。

③尽量设在环境安静、清洁和无噪声干扰影响的地方，并避免设在潮湿和高温的地方。

④要选择地理、地质条件较好的地方。

⑤要远离产生强磁场、强电场的地方，以免产生干扰。

（2）线路布置的原则

有线广播、有线电视与有线电话同属于弱电系统，其线路布置的原则与要求基本相同。有线广播和有线电视线路的布置原则，可参照有线电话线路的布置原则执行，在此不再赘述。

有些小城镇将由县到小城镇的有线电话干线兼作有线广播的干线，由镇到中心村、基层村的有线电话线兼作用户线，用户线全部集中在小城镇的电话交换台，由交换台装置闸刀开关来控制各用户线路。这种兼作两用的做法，可以大大节约线路投资，但相互间的干扰较大。为了使广播和电话两不误，就必须制定使用电话线路作广播的制度和时间。

（3）线路布置的形式

①架空明线　弱电（通信线）与强电（电力线）原则上应分杆架设，各走街道一侧。特别是通信线路严禁与二线一地式电力线同杆架设，因为二线一地式电力线对同杆架设的通信线感应电压可高达数百伏，造成电话通不了，烧毁通信设备，危及人身安全。通信架空线路与其他电力线路交越时，其间隔距离应符合有关技术要求（表5-8、表5-9）。

②电缆管道　电缆管道是预埋在地下作穿放通信电缆之用。一般在街道定型、主干电缆多的情况下普遍采用，维修方便，不易受外界损伤。我国一般仍使用水泥管块，特

表 5-9　架空光缆与其他设施、树木最小水平净距表

名　称	最小净距（m）	备　注
消防栓	1.0	
铁道	地面杆高的 $1\frac{1}{3}$	
人行道（边石）	0.5	
市区树木	1.25	
郊区、农村树木	2.0	

殊地点如过公路、铁路、过水沟等使用钢管或塑料管。电缆管道每隔 100m 左右设一个检查井——人孔。人孔位置应选择在管道分歧点，引入电缆汇接点和屋内用户引入点等处。在街道拐弯地形起伏大，穿过道路、铁路、桥梁时均需设置人孔。各种人孔的内部尺寸大致宽为 0.8~1.8m，长 1.8~2.5m，深 1.1~1.8m，占地面积大，应与其他地下管线的检查井相互错开。其他地下管线不得在人孔内穿过。人孔是维护检修电缆的地方，通常应避开重要建筑物，以及交通繁忙的路口。

电缆管道的技术要求较高，应注意以下方面：

a. 所有管孔必须在一直线上，不能上下左右错口，只有这样才能穿放电缆。因此，电缆管道的埋设深度及施工方法都有严格要求；

b. 电缆管道与地下其他管线和建筑物的间距应符合有关技术要求，所以小城镇规划不仅要考虑地上的建筑，还要对地下的建筑，进行管线综合考虑，使其最合理、最节省。

③直埋电缆　选用特殊护套的电缆直接埋入地下作为通信用电缆，叫直埋式电缆。一般在用户较固定、电缆条数不多的情况下，而且架空困难，又不宜敷设管道的地段可以采用这种方式。

④长途线路　长途线路是实现远距离通信手段之一，要求通信质量高。因此，在长途线路上不允许附挂电力线、有线广播和其他电话线(市话、农话等)。

5.4　燃气工程规划

燃气是一种清洁、优质，使用方便的能源。燃气供应系统是小城镇公用事业中一项重要设施，燃气化是实现小城镇现代化不可缺少的一个方面，燃气工程规划是编制小城镇计划任务书和指导小城镇工程分期建设的重要依据。

5.4.1　燃气工程规划的任务

①根据能源资源情况，选择和确定城市燃气的气源；

②确定小城镇燃气供应的规模和主要供气对象；

③推算各类用户的用气量及总用气量，选择经济合理的输配系统和调峰方式；

④做出分期实施小城镇燃气工程规划的步骤；

⑤估算规划期内建设投资。

5.4.2 小城镇燃气供应系统的组成

燃气供应系统由气源、输配和应用 3 部分组成。

（1）气源

我国城镇燃气的主要气源有：人工煤气、天然气、液化石油气 3 大类。

①人工煤气是从固体（主要是煤炭等）或液体燃料（重油等）加工中获取的可燃气体。其种类很多，有以固体燃料为原料的煤制煤气，如干馏煤气和气化煤气；也有以液体燃料为原料的油制煤气如重油热裂解气、重油催化裂解气等。

②天然气包括气井天然气、石油伴生气和矿井气等。

③液化石油气则为油气田或炼油厂的回收产品或副产品。

（2）输配系统

输配系统是由气源到用户之间的一系列煤气输送和分配设施组成，包括煤气管网、储气库、储配站和调压室。在小城镇燃气规划中，主要是研究有关气源和输配系统的方案选择和合理布局等一系列原则性的问题，如图 5-11 所示。

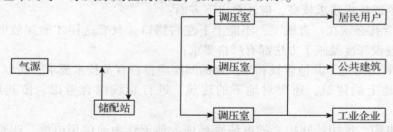

图 5-11 气源和输配系统布局

（引自王宁《城镇规划与管理》，2002）

（3）燃气应用系统

燃气应用系统主要由地上燃气管道、专用调压装置、计量设备和燃烧设备组成。地上燃气管道包括引入管、户外管和户内管；专用调压装置的作用是调节燃气用户进出口压力差；计量设备主要是用于计算燃气用户的用气量（如煤气表等）；燃烧设备则是燃气用户将燃气能源转换为热能以满足生活生产的能量需要的设备（如煤气灶等）。

5.4.3 燃气厂址和储配站址选择

在大多数城镇中，气源主要以人工煤气为主。选择小城镇燃气源厂的厂址或站址，一方面要从小城镇的总体规划和气源的合理布局出发；另一方面也要从有利生产、方便运输、保护环境着眼。厂址选择有如下要求：

①尽量不占或少占良田，避免在不良工程地质的地区建厂。

②在满足保护环境和安全防火要求的条件下，气源厂要尽量靠近燃气负荷中心。

③要靠近交通（铁路、公路、水运）方便的地方，并要落实供电供水和燃气的出厂条件等，电源能保证双向供电。

④厂区应位于城镇的下风向，尽量避免烟尘、废气、废水对居民、农业、渔业、大

气等环境的污染。

5.4.4 小城镇燃气管网系统

城镇燃气管网系统多采用单级系统和两级系统。

（1）单级系统

只采用 1 个压力等级（低压）来输送、分配和供应燃气的管网系统。其输配能力有限，因此仅适用于规模较小的小城镇，如图 5-12 所示。

（2）两级系统

采用 2 个压力等级来输送、分配和供应燃气的管网系统，如图 5-13 所示，包括有高低压和中低压系统两种。中低压系统由于管网承压低，有可能采用铸铁管，以节省钢材，但不能大幅度升高压力来提高管网通过能力，因此对发展的适应性较小。高低压系统因高压部分采用钢管，所以供应规模扩大时可提高管网运行压力，灵活性较大，其缺点是耗用钢材较多，并要求有较大的安全距离。

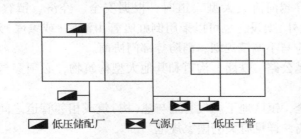

图 5-12 单级系统示意

（引自王宁《城镇规划与管理》，2002）

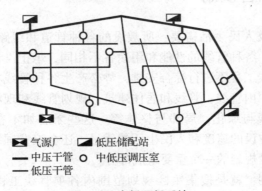

图 5-13 中低两级系统

（引自王宁《城镇规划与管理》，2002）

小城镇燃气管网的布置首先要保证安全、可靠地供给各类用户具有正常压力、足够数量的燃气；其次，要满足使用上的要求，同时要尽量缩短线路，以节省管道和投资。

管网布置的原则是：全面规划、分期建设，以近期为主、远近期结合。管网的布置工作应在管网系统的压力极值已原则上确定之后进行，其顺序按压力高低，先布置高、中压管网，后布置低压管网。对于扩建或改建燃气管网的小城镇，应从实际出发，充分利用原有管道。

在小城镇镇区里布置燃气管网时，必须服从镇区管线综合规划的安排。同时，还要考虑下列因素：

①高、中压燃气干管的位置应尽量靠近大型用户，主要干线应逐步连成环状。低压燃气干管最好在居住区内部道路下敷设。这样既可保证管道两侧均能供气，又能减少主要干管的管线位置占地。

②沿街道敷设管道时，可单侧布置，也可双侧布置。在街道很宽、横穿马路的支管很多或输送燃气量较大，一条管道不能满足要求时可采用双侧布置。一般应避开主要交通干道和繁华街道，采用直埋敷设，以免给施工和运行管理带来困难。

③不准敷设在建筑物的下面，不准与其他管线平行上下重叠，并禁止在下列地方敷设燃气管道。

——各种机械设备和成品、半成品堆放场地及具有腐蚀性液体的堆放场所；

——高压电线走廊、动力和照明电缆沟道。

④管道走向需穿越河流或大型渠道时，根据安全、经济、镇容镇貌等条件统一考虑，可随桥（木桥除外）架设，也可以采用倒虹吸管由河底（或渠底）通过，或设置管桥。具体采用何种方式应与小城镇规划、消防等部门协商。

⑤应尽量不穿越公路、铁路、沟道和其他大型构筑物，必须穿越时，要有一定的防护措施。

⑥为了确保安全，镇区地下燃气管道与建（构）筑或相邻管道之间，在水平方向上应保持一定的安全距离，详见有关的国家规范。

5.5 管线工程综合规划

为满足工业生产及人民生活需要，所敷设的各种管道和线路工程，简称管线工程。管线工程的种类很多，各种管线的性能和用途各不相同，承担设计的单位和施工时间也先后不一。对各种管线工程不进行综合安排，势必产生各种管线在平面、空间的互相冲突和干扰，如厂外和厂内管线；管线和居住建筑；规划管线和现状管线；管线和人防工程；管线与道路；管线与绿化；局部与整体等。这些矛盾如不在规划设计阶段加以解决，就会影响到工业建设的速度和人民生活的质量，还会浪费国家资金。因此，管线工程综合规划是城镇建设规划的一个重要组成部分。

管线工程综合规划，就是搜集镇区规划范围内各项管线工程的规划设计及现状资料，加以分析研究，进行统筹安排，发现并解决它们之间以及它们与其他各项工程之间的矛盾，使其在用地上占有合理的位置，并指导单项工程下一阶段的设计，同时为管线工程的施工以及今后的管理工作创造有利的条件。

所谓统筹安排，就是将各项管线工程按统一的坐标及标高汇总在总体规划平面图上，进行综合分析，发现矛盾并去解决。如单项工程原来布置的走向不合理或与其他管线发生冲突，就可建议该项管线改变走向或标高，或作局部调整。

5.5.1 工程管线分类

根据性能和用途的不同，城镇中的工程管线大体可由下列几部分组成：

①给排水管线 包括工业给水、生活给水、消防给水、工业污水（废水）、生活污水、雨水、排洪沟道等管道。

②电力线路 包括高压输电、生产用电、生活用电、市政公用设施用电等线路。

③电信线路 包括市内电话、长途电话、广播、电视、计算机网络、保安报警等线路。

④煤气管线。

⑤热力管线 包括热水、采暖、通风、空调等管道。

除上述管线外，在工业区和大型企业以及一些居住区内，还有热力（蒸汽、余热）管道、可燃气体（煤气、乙炔、氧气等）管道、液体燃料（石油、酒精）管道及其他化学工业管道等。

根据敷设形式不同，工程管线可以分为地下埋设、地表敷设、空中架设 3 大类。给水、排水、煤气等管道绝大部分埋在地下；在工业区、大型企业和一些居住区，其热力、燃气、原料、废料等管道既可埋在地下，也可敷设在地面和架设在空中，其敷设形式主要取决于生产、生活、维护维修要求和工程造价；电力电信管线目前多架设在空中，但在城镇市区，低压电力、电信管线有向地下发展的趋势。

地下埋管线根据覆土深度不同又可分为深埋和浅埋两类。覆土厚度大于 1.5m 属于深埋，我国北方土壤冰冻线较深，一般给水、排水、煤气、热力等管道均需要深埋，以防冰冻；而电力、电信、弱电管线等不受冰冻影响，可浅埋。另外，我国南方大部分地区土壤不冰冻或冰冻较浅，故给水、排水管道等一般都不深埋。

根据输送方式不同，管道又可分为压力管道和重力自流管道。给水、燃气、热力等通常采用压力管道，排水管道一般采用重力自流管道。

管线工程的分类方法很多，主要是根据管线的不同用途和性能加以划分。

5.5.2 管线工程布置的一般原则

管线工程综合布置的一般原则如下：

①厂界、道路、各种管线的平面位置和竖向位置应采用城镇统一的坐标系统和标高系统，避免发生混乱和互不衔接。如有几个坐标系统和标高系统时，需加以换算，取得统一。

②充分利用现状管线，只有当原有管线不适应生产发展的要求或不能满足居民生活需要时，才考虑废弃和拆迁。

③对于基建期间施工用的临时管线，也必须予以妥善安排，尽可能使其和永久性管线结合起来，成为永久性管线的一部分。

④安排管线位置时，应考虑今后的发展，留有余地，但也要节约用地。在满足生产、安全、检修的条件下，技术经济比较合理时应共架共沟布置。

⑤在不妨碍今后的运行、检修和合理占有土地的情况下，应尽可能缩短管线长度以节省建设费用。但需避免随便穿越和切割可能作为工业企业和居住区的扩展备用地，避免布置凌乱，造成今后管理和维修不便。

⑥居住区内的管线，首先考虑在街坊道路下布置，其次在次干道下，尽可能不将管线布置在交通频繁的主干道的车行道下，以免施工或检修时开挖路面和影响交通。

⑦埋设在道路下的管线，一般应和道路中心线或建筑红线平行。同一管线不宜自道路的一侧转到另一侧，以免多占用地和增加管线交叉的可能。靠近工厂的管线，最好和厂边平行布置，便于施工和今后的管理。

⑧在道路横断面中安排管线位置时，首先考虑布置在人行道下与非机动车道下，其次才考虑将修理次数较少的管线布置在机动车道下。往往根据当地情况，预先规定哪些管线布置在道路中心线的左侧或右侧，以利于管线的设计综合和管理。但在综合过程中，为了使管线安排合理和改善道路交叉口中管线的交叉情况，可能在个别道路中会变换预定的管线位置。

⑨工程管线在道路下面的规划位置应相对固定。从道路红线向道路中心线方向平行布置的次序，应根据工程管线的性质、埋设深度等确定。分支线少、埋设深、检修周期短和可燃、易燃和损坏时对建筑物基础安全有影响的工程管线应远离建筑物。

布置次序由近及远为：电力电缆；电信电缆；燃气配气；给水配水；热力干线；燃气输气；给水输水；雨水排水；污水排水。

垂直次序由浅及深为：电信管线、热力管、小于 10kV 电力电缆、大于 10kV 电力电缆、煤气管、给水管、雨水管、污水管。

⑩编制管线工程综合时，应使道路交叉口的管线交叉点越少越好，这样可减少交叉管线在标高上发生矛盾。

⑪管线发生冲突时，要按具体情况来解决，一般是：

a. 新建设管线让已建成管线；

b. 临时管线让永久管线；

c. 小管道让大管道；

d. 压力管道让重力自流管道；

e. 可弯曲的管线让不易弯曲的管线。

⑫沿铁路敷设的管线，应尽量和铁路线路平行；与铁路交叉时，尽可能成直角交叉。

⑬可燃、易燃的管道，通常不允许在交通桥梁上跨越河流。在交通桥梁上敷设其他管线，应根据桥梁的性质、结构强度，并在符合有关部门规定的情况下加以考虑。穿越通航河流时，不论架空或在河道下通过，均须符合航运部门的规定。

⑭电信线路和供电线路通常不合杆架设，在特殊情况下，征求有关部门同意，采取相应措施后（如电信线路采用电缆或皮线等），也可合杆架设。同一性质的线路应尽可能合杆，如高低压供电线等。高压输电线路和电信线路平行架设时，要考虑干扰的影响。一般将电力电缆布置在道路的东侧或南侧，电信管、缆在道路的西侧或北侧。

⑮在交通运输繁忙和管线设施多的快车道、主干道以及配合兴建地下铁道、立体交

叉等工程地段，不允许随时挖掘路面的地段、广场或交叉口处，道路下需同时敷设两种以上管道；多回路电力电缆的情况下，道路与铁路或河流的交叉处，开挖后难以修复的路面下以及某些特殊建筑物下，应将工程管线采用综合管沟敷设。管线共沟敷设应符合以下规定：

a. 热力管不应与电力、通信电缆和压力管道共沟；

b. 排水管道应布置在沟底，而沟内有腐蚀性介质管道时，排水管道则应位于其上面；

c. 腐蚀性介质管道的标高应低于沟内其他管线；

d. 火灾危险性属甲乙丙类的液体、液化石油气、可燃气体、毒性气体和液体以及腐蚀性介质管道，不应共沟敷设，并严禁与消防水管共沟敷设；

e. 凡有可能产生互相影响的管线，不应共沟敷设。

敷设主管道的综合管沟应在车行道下，其中覆土深度必须根据道路施工和行车荷载的要求、综合管沟的结构强度以及当地的冰冻深度等确定。敷设支管的综合管沟，应在人行道下，其埋设深度可较浅。

⑯综合布置管线时，管线之间或管线与建筑物、构筑物之间的水平距离，除了要满足技术、卫生、安全等要求外，还必须符合国家相关标准、规范的规定。

5.5.3　规划综合与设计综合的编制

在城镇规划的不同工作阶段，对管线工程综合有不同的要求，一般可分为，规划综合、初步设计综合、施工详图检查。各阶段相互联系，内容逐步具体化。

（1）规划综合

规划综合主要以各项管线工程的规划资料为依据，进行总体布置。主要任务是解决各项工程干线在系统布置上的问题，如确定干管的走向，找出它们之间有无矛盾，各种管线是否过分集中在某一干道上。对管线的具体位置，除有条件的必须定出个别控制点外，一般不作肯定。经过规划综合，可以对各单项工程的初步设计提出修改意见，有时也可以对道路的横断面提出修改的建议。

（2）初步设计综合

初步设计综合相当于城镇的详细规划阶段，它根据各单项管线工程的初步设计进行综合。设计综合不但确定各种管线的平面位置，而且还确定其控制标高。将它们综合在规划图上，可以检查它们之间的水平间距和垂直间距是否合适，在交叉处有无矛盾。经过初步设计综合，对各单项工程的初步设计提出修改意见，有时也可以对市区道路的横断面提出修改建议。

（3）施工详图的检查

经过初步设计的综合，一般的矛盾已解决，但是各单项工种的技术设计和施工详图，由于设计工作进一步深入，或由于客观情况变化，也可能对原来的初步设计有修改，需要进一步将施工详图加以综合核对。在一些复杂的交叉口，各管线之间的垂直标高上的矛盾及解决的工程技术措施，需要加以校核综合。

本章小结

本章主要对作为小城镇各专项基础市政工程设施规划进行了介绍和论述。基础市政工程设施规划介绍了给水工程、排水工程、电力电信工程、燃气工程和管线工程综合等规划的规划任务、规划内容和规划方法及形式。

思 考 题

1. 给水工程规划的主要内容是什么？给水工程包括哪几个部分？小城镇给水用量如何确定？

2. 小城镇给水水源的选择原则是什么？给水水源的保护有哪些要求？给水管网的布置原则是什么？

3. 小城镇排水工程的主要任务是什么？排水量如何确定？排水体制有哪几种？

4. 小城镇排水系统的平面布置形式有哪几种？污水处理厂的选址原则是什么？

5. 小城镇电力工程规划的内容包括哪些？

6. 小城镇电信线路布置的形式有哪些？

7. 小城镇燃气工程规划的任务是什么？燃气供应系统的组成包括哪几部分？燃气管网系统分为几种？管网布置要考虑哪些因素？

8. 管线综合的一般原则是什么？

推荐阅读书目

1. 小城镇规划与设计. 王宁，王炜，赵荣山. 科学出版社，2001.

2. 村镇规划. 金兆森. 东南大学出版社，1999.

3. 城镇基础设施工程规划. 胡开林，叶燎原，王云珊. 重庆大学出版社，1999.

4. 小城镇环境规划编制技术指南. 国家环境保护总局. 中国环境科学出版社，2002.

第 6 章
小城镇生态环境建设规划

环境是人类赖以生存的基本条件，是发展农业、渔业、牧业、林业和工业生产，繁荣城乡经济的物质源泉。人类通过劳动利用自然环境资源来发展生产、创造财富，同时又不断改造不良的自然环境条件，来创造和改善人类居住生活环境。人类社会为自己创造日益美好的物质文明的同时也使人类赖以生存的环境受到破坏环境质量下降，甚至威胁着人类的生存条件。在城镇，工业的发展、人口的聚集为城镇的经济发展提供有利条件，但与此同时也给城镇带来破坏环境和生态平衡的不利影响。因此，对生态环境的保护，尤其是对城镇环境的保护，越来越多地引起人们的关注。保护环境、实施可持续发展是我国社会主义现代化建设必须始终坚持的一项基本战略，生态环境规划也成为小城镇规划中不可缺少的部分。

6.1 生态环境综合规划的原则、内容和依据

城镇生态环境是一个系统，是特定地域内人口、资源、环境通过各种相生相克的关系建立起来的人类聚居地的社会、经济和自然复合体。

伴随着近些年来经济建设的发展，经济结构、空间结构、城市规模发生了迅速重大的变化，引发了一系列生态环境问题。例如，大量优质耕地被占用、环境污染、水土资源破坏严重等，这些问题已经直接影响了城镇居民的生活质量，因此，生态环境规划迫在眉睫。

6.1.1 生态环境综合规划的原则

（1）可持续发展原则

在进行小城镇生态规划时，要坚持可持续发展战略，坚持环境保护与社会发展综合决策，坚持以人为本，努力创造良好的人居环境。

（2）"三同步"原则

坚持环境建设、经济建设和城镇建设同步规划、同步实施、同步发展的原则，实施环境效益、经济效益和社会效益的统一。

（3）小城镇建设服从区域、流域的环境保护规划原则

注意生态环境规划与其他专业规划的相互衔接、补充和完善，充分发挥其在环境管理方面的综合协调作用。

（4）污染防治与生态恢复并重，生态环境保护与生态环境建设并举

小城镇生态规划要坚持预防为主、保护优先、统一规划、同步实施，努力达到全国环境优美乡镇提出的各项目标，实现城乡环保一体化。

（5）突出重点、统筹兼顾原则

小城镇生态规划要突出重点、统筹兼顾，既要满足当代经济、社会发展的需要，又要为后代预留可持续发展空间。

（6）突出特色，注重保护

坚持将城镇传统风貌与城镇现代化建设相结合，坚持将自然景观与历史文化名胜古迹保护相结合，科学地进行生态环境保护和建设。

（7）实事求是，因地制宜

根据所处地理位置、环境特征和功能区划，正确处理经济发展同人口、资源、环境的关系，合理确定产业结构和布局。

（8）坚持前瞻性与可操作性的有机统一

既要立足于当前实际，使规划具有可操作性，又要充分考虑发展的需要，使规划具有一定的超前性。

6.1.2 生态环境综合规划的内容

生态环境综合规划的内容包括生态环境的调查与分析、生态环境的评价、生态环境指标体系的建立、生态环境预测、生态环境功能区划、生态环境规划目标确定、生态环境规划方案设计、申报和实施等内容。

6.1.2.1 生态环境调查及其分析

这是编制环境规划的基础，通过对区域的环境状况、环境污染与自然生态破坏的调研，找出存在的主要问题，探讨协调经济社会发展与环境保护之间的关系，以便在规划中采取相应的对策。

环境调查包括环境特征调查、社会环境调查、污染源调查、环境质量调查等内容。

（1）环境特征调查

环境特征调查不同于地理学调查，根据环境规划需要进行环境调查，主要内容如下：

①地质地貌调查　主要内容有区域地质、岩性、矿产资源、岩浆矿床、沉积矿床和非金属矿床等，以及山地形态、组成、山地高度、山脉走向等。在水质评价中，还应调查河谷形态、河谷横断面、纵剖面、河流的比降等，这些内容可以利用大比例尺地形图来确定。

②气象和水文调查　主要包括风向、风速、气温、降水、日照、能见度和大气稳定度等。水文数据主要有流量、流速、水位、水深、含沙量及水质成分等方面的资料。

③土壤及生物调查　包括区域的土壤类型、土壤发育、土壤的各种特性、土壤的剖面结构、土壤发生层次、质地层次等。

④背景调查　环境背景资料是环境规划重要基础资料，其含义是指未受到人类活动污染的条件下环境中的各个组成部分，反映了原始自然面貌，如水体、大气、土壤、农

作物、水生生物等在自然界的存在和发展的过程中原有稳定的基本化学组成。

⑤生态调查　生态调查主要有环境自净能力、土地开发利用情况、气象条件、绿地覆盖率、人口密度、经济密度、建设密度、能耗密度等。

（2）社会环境调查

社会环境调查内容包括：

①人口（数量、组成、密度分布）、产业（工业结构、布局、产品种类及产量）、经济结构、建筑密度、交通及公共设施等。

②农业产值、农田面积、作物品种及种植面积、灌溉设施及方法、渔业人口及数量、水产品种类及数量、畜牧业人口数量、牧业饲养种类及数量、牧场面积等。

③乡镇企业布局与行业结构、工艺水平、产值、排水量、污染治理设施等。

④经济社会发展规划调查　经济与社会发展规划调查的主要目的是为了掌握环境规划区内在短、中、远期的发展目标，其中包括国民生产总值、国民收入、工农业产品产量、原材料品种及使用量、能源结构、水资源利用、工农业生产布局以及人口发展规划、居民住宅建设规划、交通、上下水、煤气、供热、供电等公用设施等方面的内容都要分门别类地进行调查，收集资料，供环境规划使用。

（3）污染源调查

污染源调查的主要内容有以下几方面。

①工业污染源调查

企业概况——企业名称、位置、所有制性质、占地面积、职工总数及构成。工厂规模、投产时间、产品种类、产量、产值、生产水平、企业环保机构等。

生产工艺——工艺原理、工艺流程、工艺水平和设备水平，生产中的污染产生环节。

原材料和能源消耗——原材料和燃料的种类、产地、成分、消耗量、单耗、资源利用率、电耗、供水量、供水类型、水的循环率和重复利用率等。

生产布局——原料、燃料堆放场、车间、办公室、厂区、居住区、堆渣区、排污口、绿化带等的位置，并绘制布局图。

管理状况——管理体制、编制、管理制度、管理水平。

污染物排放情况——污染物的种类、数量、浓度、性质、排放方式、控制方法、事故排放情况。

污染防治调查——废水、废气和固体废物处理、处置方法，方法来源，投资、运行费用及效果。

污染危害调查——污染对人体、生物和生态系统工程影响调查。

②生活污染源调查

城市居民人口调查——总人口、总户数、流动人口、年龄结构、密度、流动人口、居住环境等。

居民用水排水状况——居民用水类型（集中供水或分散自备水源），居民生活人均用水量，旅馆、餐饮、医院、学校等的用水量、排水量、排水方式及污水出路。

生活垃圾——数量、种类、收集和清运方式。

民用燃料——燃料构成(煤、煤气、液化气等)、消耗量、使用方式、分布情况。

城镇污水和垃圾的处理和处置——城镇污水总量,污水处理率,污水处理厂的个数、分布、处理方法、投资、运行和维护费,处理后的水质;城镇垃圾总量、处置方式、处置点分布,处置场位置、采用的技术、投资和运行费。

③农业污染源调查

农药使用——调查施用的农药品种、数量、使用方法、有效成分含量、时间、农作物品种、使用的年限。

化肥使用——施用化肥的品种、数量、方式,时间。

农业废弃物——作物茎、秆、牲畜粪便的产量及其处理和处置方式及综合利用情况。

④交通污染源调查 交通污染调查主要有汽车种类、数量、年耗油量、单耗指标,燃油构成、成分、排气量、NO_x、CO_x、C_mH_n、Pb、S 和苯并[a]芘的含量等。

最后,对以上调查资料进行分析,建立数据库,包括图像数据库(遥感数据、照片)、图形数据库(各类地图数据)、属性数据库(各项指标、质量标准)、文字数据库(法规规章制度)、经验数据库(已有经验知识)、统计数据库(环保、经济、人口)。

(4)环境质量调查

环境质量调查主要有环保部门及工厂企业历年的监测资料、主要产品种类、产量、总产值、利润、职工人数、原料及燃料的种类、消耗总量及定额、生产工艺过程、主要设备和装置、治理现状及计划等。

6.1.2.2 生态环境的评价

生态环境评价的要求主要有:

①环境质量现状评价按主要环境要素、地理单元、功能区或行政管辖范围来进行。

②环境评价要将源和汇,即污染源与其环境效应结合起来进行综合评价。

③环境评价的指标体系以环境指标体系为基本要求,区域和城镇可根据实际需要,增加其他评价指标。

④污染评价突出重大工业污染源评价和污染源综合评价,根据污染类型,进行单项评价,按污染物排放总量排队,由此确定评价区的主要污染物和主要污染源。

6.1.2.3 生态环境规划指标体系的建立

指标是目标的具体内容、要素特征和数量的表述。环境规划指标是在环境调查的基础上,通过搜集资料和整理分析而建立起来的,包括社会、经济、人口、环境等指标。环境规划指标体系是由一系列相互联系、相对独立、互为补充的指标所构成的有机整体。在实际规划中,由于规划的层次、目的、要求、范围、内容等不同,规划指标体系也不尽相同。指标体系的选择宜适当,指标过多,会给规划工作带来困难;指标太少,则难以保证规划的科学性和完整性,需根据规划对象、所要解决的主要问题、情报资料拥有量以及经济技术力量等条件,以能基本表征规划对象的实际状况和体现规划目标内涵为原则来决定环境规划指标体系。

6.1.2.4 生态环境预测

环境预测是根据过去和现在所掌握环境方面的信息资料推断未来，预估环境质量变化和发展趋势。环境规划预测的主要目的就是预先推测出实施经济社会发展达到某个水平时的环境状况，以便在时间和空间上做出具体的安排和部署。

6.1.2.5 生态环境功能区划

环境区划是从整体空间观点出发，根据自然环境特点和经济社会发展状况，把规划区分为不同功能的环境单元，以便具体研究各环境单元的环境承载力及环境质量的现状与发展变化趋势，提出不同功能环境单元的环境目标和环境管理对策。

(1)基本原则

生态功能区划分应坚持以下原则：可持续发展原则、整体优化的原则、协调共生原则、区域分异原则、生态平衡原则、高效和谐原则。

(2)区划的方法

①调查与考察　对规划区域内的自然条件、资源状况、社会发展水平、经济发展现状、生态环境质量、自然资源开发利用的强度做全面的调查。

②研究与分析　根据调查与考察得到的规划区域内的环境、资源、社会、经济等信息，利用复合生态学的理论，研究与分析不同区域的自然属性，确定其主导功能和功能顺序。

③与现状生态叠图　根据自然属性与功能的分异性，确定生态功能区。

(3)生态功能区的类型

根据规划区域的地质地貌特征，自然资源和生态条件，以及土地资源开发利用的强度，生产效益和环境污染程度等，并按照生态适宜性的观点，一般生态功能区可分为4种类型。生态功能保护区、生态功能健全区、生态功能恢复区和特定生态功能区。

6.1.2.6 生态环境规划目标的确定

环境规划目标是环境战略的具体体现，是进行环境建设和管理的基本出发点和归宿。规划目标的确定是一项综合性特别强的工作，是环境规划的关键环节。

(1)环境规划目标的概念

所谓环境目标是在一定的条件下，决策者对环境质量所欲达到(或希望达到)的境地(结果)或标准，在"一定条件下"是指规划区内的自然条件、物质条件、技术条件和管理水平等。规划目标是否切实可行是评价规划好坏的重要标志。"决策者"是指各级政府，城镇建设部门，环保部门或具有依法行政职能的单位。有了环境规划目标就可以确定出环境规划区的环境保护和生态建设的控制水平。

(2)环境规划目标的层次

环境规划目标一般分为总目标、单项目标、环境指标3个层次。

①总目标　指全国、地区、城镇环境质量所要达到的境地、要求。

②单项目标　为实现总目标，依据规划区环境要素和环境特征以及不同环境功能所

确定的环境目标。如大气环境、水环境等要求的目标。

③环境指标 体现环境目标的指标。可以形成一个指标体系。例如，要求一条河流的某一段达到国家地面水一级标准，即要求达到一级标准的水环境目标，如何反应它的目标可以用 pH 值、DO、BOD_5、COD 等项指标来表示。

6.1.2.7 生态环境规划方案的设计、报批、实施

(1)环境规划方案的设计

环境规划方案的设计主要包括：

①拟定环境规划草案 根据环境目标及环境预测结果的分析，结合区域或部门的财力、物力和管理能力的实际情况，为实现规划目标拟定出切实可行的规划方案。可以从各种角度出发拟定若干种满足环境规划目标的规划草案，以备择优。

②优选环境规划草案 环境规划工作人员，在对各种草案进行系统分析和专家论证的基础上，筛选出最佳环境规划草案。环境规划方案的选择就是对各种方案权衡利弊、选择环境、经济和社会综合效益高的方案。

③形成环境规划方案 根据实现环境规划目标和完成规划任务的要求，对选出的环境规划草案进行修正、补充和调整，形成最后的环境规划方案。

(2)环境规划方案的申报与审批

环境规划的申报与审批，是整个环境规划编制过程中的重要环节，是把规划方案要求付诸实施的基本途径，也是环境管理中一项重要工作制度。环境规划方案必须按照一定的程序上报各级决策机关等待审核批准。如果这个环节出现问题，如申报不及时，申报审批程序烦琐，拖延了规划时间，都会影响到整个规划的工作进程，甚至使环境规划方案变成一纸空文，不能付诸实施。

(3)环境规划方案的实施

环境规划的实施要比编制环境规划复杂、重要和困难得多。环境规划按照法定程序审批下达后，在环境保护部门的监督管理下，各级政府和有关部门，应根据规划中对本单位提出的任务要求，组织各方面的力量，促使环境规划付诸实施。

6.1.3 生态环境综合规划的依据

编制小城镇生态环境规划的依据要根据具体的情况而定，因不同地区、不同城镇而异，但一般大致都要包括以下几类：

①《中华人民共和国环境保护法》

②《中华人民共和国土地管理法》

③《中华人民共和国城市规划法》

④《中华人民共和国水污染防治法》

⑤《中华人民共和国大气污染防治法》

⑥《中华人民共和国环境噪声污染防治法》

⑦《中华人民共和国固体废弃物污染环境防治法》

⑧《全国生态环境保护纲要》(国发〔2000〕38 号)

⑨《国家环境保护"十五"计划和 2010 年的发展规划纲要》

⑩《小城镇环境规划编制导则(试行)》

⑪《全国环境优美乡镇考核验收规定(试行)》

6.2 小城镇环境综合整治

我国小城镇严峻的环境问题主要表现在以下几个方面。

(1)耕地资源减少,质量下降

我国耕地资源的人均占有量很低,仅 0.078hm²/人(合 1.1 亩/人,约为世界平均水平的 1/4),而小城镇建设却存在着乱占、大占耕地的现象,土地浪费十分严重。同时,由于长期以来的盲目生产、高强度利用和土壤污染等原因,耕地质量呈下降趋势,有机质含量远低于欧美国家水平,盐碱化、沙化、水土流失和自然灾害等严重威胁着耕地资源。

(2)水资源短缺危机日趋严重

全国每年城镇缺水量在 $200 \times 10^8 m^3$ 以上,由此导致工业产值损失每年 1 200 亿元。此外,近年来严重的水体污染进一步加剧了水资源的危机,到 20 世纪 90 年代初,全国 82% 的河流受到不同程度的污染,许多城镇有水不能用,水质型缺水日趋普遍。水资源的危机将严重危及城乡社会经济的发展和居民生活的质量,制约现代化建设进程。

(3)森林资源缺乏,草地资源退化

我国是森林资源贫乏的国家,不仅量少,而且质低,表现为生长率低、生长量小。到 1995 年我国森林覆盖率仅为 13.4%,不足世界平均水平的 1/2。尽管我国实施了一系列措施,近年来森林面积有所扩大,但毁林事件仍时有发生,原生林面积仍在缩小。

我国人均草地面积同样不足世界平均水平的 1/2,且 70% 的草地为干旱、半干旱草地,草地质量不高。由于长期以来对草地生态系统缺乏认识,过度放牧或盲目开垦用以种植粮食,导致草地退化严重。

(4)城乡环境污染日益加剧

20 世纪 80 年代,在小城镇蓬勃发展的时期,乡镇工业数量多、分布广、规模小、行业杂、技术力量薄弱,污染非常严重。据 1989—1991 年对全国乡镇工业中产生污染物较多的行业的主要污染源调查,1989 年我国乡镇工业重复用水率仅为 12.4%,废水中符合排放标准的仅占 10.44%,废水处理率只有 15.28%,处理达标率仅 16.3%。在乡镇工业排放的废水中,化学需氧量的平均排放浓度是城市工业的 3 倍,重金属平均排放浓度是城市工业的 2.2 倍,氰化物平均排放浓度是城市工业的 3.3 倍,挥发性酚平均排放浓度是城市工业的 9.9 倍;1989 年乡镇工业的废气排放量是全国废气排放总量的 16.9%,二氧化硫和烟尘的排放量是全国排放总量的 20.5% 和 28.0%,其燃烧废气的消烟除尘率不到城市工业的 20%;乡镇工业固体废物排放率是城市工业的 4.3 倍,固体废物处理率约为城市工业的 50%。乡镇工业过度的污染排放对生态环境造成了极大的破坏,直接威胁到当代人和后代人的生存环境和资源基础。

除了乡镇工业污染和居民生活污染最终大都排向农村环境外,农业生产中大量使用农药、化肥,以及农村居民生活污染的直接排放,也导致了我国农村环境污染从 20 世纪80年代初以来日益严重，每年因环境污染而减产的粮食近100×10^8kg。

小城镇综合整治规划是一项具体而又复杂的实施工程，必须逐步实行，使之与经济发展、小城镇建设同步协调发展，须根据国家或地方的环境质量标准、小城镇社会经济发展计划和小城镇总体规划，在现状环境质量评价、发展趋势分析和功能区划的基础上，确定小城镇环境整治的规划目标。小城镇环境综合整治规划目前尚处于初始阶段，内容十分丰富，其含义一般概括为：在统一规划前提下，组织协调各行业，从各个方面采取多种综合措施，防治小城镇大气、水源、土壤废弃物污染，从而改善小城镇生态环境。小城镇环境综合整治规划主要包括3个方面的内容，即大气、水污染、固体废弃物的综合整治。

6.2.1 小城镇大气环境综合整治分析及其规划

（1）大气环境综合整治目标

大气环境整治的规划目标包括大气环境质量、城镇气化率、工业废气排放达标率、烟尘控制区覆盖率等。

环境空气功能区分为两类：一类区为自然保护区、风景名胜区和其他需要特殊保护的区域；二类区为居住区、商业交通居民混合区、文化区、工业区和农村地区。一类区适用一级浓度限值，二类区适用二级浓度限值，一、二类环境空气功能区质量要求见表6-1。

表6-1　环境空气污染物基本项目浓度限值

序号	污染物基本项目	平均时间	浓度限值		单位
			一级	二级	
1	总悬浮颗粒物（TSP）	年平均	80	200	μg/m³
		24小时平均	120	300	
2	氮氧化物（NO_x）	年平均	50	50	
		24小时平均	100	100	
		1小时平均	250	250	
3	铅（Pb）	年平均	0.5	0.5	
		季平均	1	1	
4	苯并[a]芘（BaP）	年平均	0.001	0.001	
		24小时平均	0.025	0.025	
5	颗粒物（粒径小于等于10μm）	年平均	40	70	
		24小时平均	50	150	
6	颗粒物（粒径小于等于2.5μm）	年平均	15	35	
		24小时平均	35	75	

注：① 引自《环境空气质量标准》（GB 3095—2012）。

　　② 年平均：指任何一年的日平均浓度的算术均值。

　　　 日平均：指任何一日的平均浓度。

　　　 1小时平均：指任何1小时的平均浓度。

（2）大气环境综合整治宏观分析

所谓大气污染综合整治宏观分析就是在制定大气污染综合整治对策时，根据城镇大气污染及大气环境特征，从城镇生态系统出发，对影响大气质量的多种因素进行系统的综合分析。从宏观上确定大气污染综合整治的方向和重点，从而为具体制定大气污染综合整治措施提供依据。

在进行城镇大气质量影响因素系统分析时，可参考大气污染源调查及评价、大气污染预测等有关内容，具体分析步骤如下：

第一，进行类比调查，查清小城镇所在地区的各有关因素指标与本省、全国平均水平的差距，或与有关指标原设计能力的差距。如调查除尘效率、能源结构、净化回收设施处理能力、型煤普及率、热化和气化率等与全省、全国平均水平的差距。

第二，计算各因素指标达到全省、全国平均水平或原设计能力时，所能相应增加的污染物削减量。

第三，计算和分析各因素指标在平均控制水平下污染物削减量比值，从而确定主要的影响因素；或计算各因素指标在本地区条件所应达到的水平下污染物的削减量比值，从而确定主要的影响因素。

通过对大气质量影响因素的综合分析，可以明确影响大气质量的主要因素和目前在控制大气污染方面的薄弱环节。在此基础上，就可以根据加强薄弱环节、控制环境敏感因素的原则，确定城镇大气污染综合整治的方向和重点。如果影响大气质量的主要原因是居民生活和社会消费活动（主要是面源）以及工业生产燃烧过程的降尘效率低，那么今后大气污染综合整治的方向和重点就应该从普及型煤、集中供热、煤气化、强化管理、提高除尘效率等方面考虑。如果影响大气质量的重点是气象因素和工业生产工艺过程，那么今后大气污染综合整治的方向和重点就应该从如何结合工业布局调整，合理利用大气自净能力和加强工艺技术改造，提高处理设施运行能力，强化工艺尾气治理和管理等方面考虑。通过对大气污染综合整治方向和重点的宏观分析可以避免制定大气污染综合整治措施中面面俱到、没有重点或抓不住重点的弊病。

（3）大气环境综合整治规划的内容

城镇大气环境综合整治规划的主要内容包括：在污染源和环境质量现状及发展趋势分析的基础上进行功能区划，确定规划目标，选择规划方法与相应的参数。规划方案的制定及其评价与决策具体步骤如图6-1所示。

（4）大气污染综合整治措施

大气污染综合整治是综合运用各种防治方法控制区域大气污染的措施。地区性污染和广域污染是由多种污染源造成的，并受该地区的地形、气象、绿化面积、工业结构、工业布局、建筑布局、人口密度等多种自然因素和社会因素的综合影响。大气污染物不可能集中起来进行统一处理，因此，只靠单项措施解决不了区域性大气污染问题。实践证明，在一个特定的区域内把大气环境看成一个整体，统一规划能源结构、工业发展、城镇建设布局等，综合运用各种防治污染的技术措施，合理利用环境的自净能力，才有可能有效地控制大气污染。主要措施概括起来有：

①减少或防治污染物的排放　改革能源结构，采用无污染或低污染能源，对燃料进

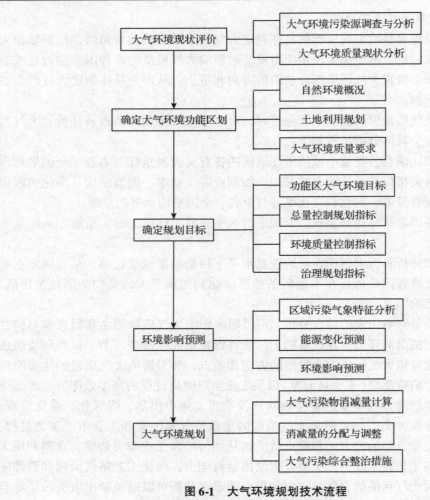

图6-1 大气环境规划技术流程

(引自国家环境保护总局《小城镇环境规划编制技术指南》, 2002)

行预处理, 以减少燃烧时产生的污染物; 改进燃烧装置和燃烧技术, 以提高燃烧效率和降低有害气体排放量; 节约能源和开展资源综合利用, 加强企业管理, 减少事故性排放, 及时清理、处置废渣, 减少地面粉尘。

②治理排放的主要污染物 主要用各种除尘器去除烟尘和工业粉尘, 用气体吸收塔处理有害气体, 回收废气中的物质或使有害气体无害化。

③发展植物净化。

④利用大气环境的自净能力。

6.2.2 小城镇水污染综合整治分析及其规划

(1) 水体环境综合整治目标

水体环境整治规划目标包括水体质量、饮用水源水质达标率、工业废水处理率及达标排放率、生活污水处理率等。

地面水水域依据使用目的和目标分为 5 类：

1 类：主要适用于源头水、国家自然保护区；

2 类：主要适用于集中式生活饮用水水源的一级保护区、珍贵鱼类保护区、鱼虾产卵场等；

3 类：主要适用于集中式生活饮用水水源的二级保护区、一般鱼类保护区及游泳区；

4 类：主要适用于一般工业用水区及人体非直接接触的娱乐用水区；

5 类：主要适用于集中农业用水区及一般景观要求水域。

各类地面水水质标准见表 6-2，其他水体水质标准参见有关国家标准。

表 6-2　地面水环境质量标准基本项目标准限值　　　　　　　　　　mg/L

序号	分类标准值项目	I 类	II 类	III 类	IV 类	V 类
1	水温(℃)	人为造成的环境水温变化应限制在：周平均最大温升≤1 周平均最大温降≤2				
2	pH 值(无量纲)	6~9				
3	溶解氧≥	饱和率90%（或7.5）	6	5	3	2
4	高锰酸盐指数≤	2	4	6	10	15
5	化学需氧量(COD)	15	15	20	30	40
6	5d 生化需氧量(BOD₅)≤	3	3	4	6	10
7	氨氮(NH₃-N)≤	0.15	0.5	1.0	1.5	2.0
8	总磷(以 P 计)≤	0.02(湖、库0.01)	0.1(湖、库0.025)	0.2(湖、库0.05)	0.3(湖、库0.1)	0.4(湖、库0.2)
9	总氮(湖、库，以 N 计)	0.2	0.5	1.0	105	2.0
10	铜≤	0.01	1.0	1.0	1.0	1.0
11	锌≤	0.05	1.0	1.0	2.0	2.0
12	氟化物(以 F 计)≤	1.0	1.0	1.0	1.5	1.5
13	硒≤	0.01	0.01	0.01	0.02	0.02
14	砷≤	0.05	0.05	0.05	0.1	0.1
15	汞≤	0.00005	0.00005	0.0001	0.001	0.001
16	镉≤	0.001	0.005	0.005	0.005	0.01
17	铬(六价)	0.01	0.05	0.05	0.05	0.1
18	铅≤	0.01	0.01	0.05	0.05	0.1
19	氰化物≤	0.005	0.05	0.2	0.2	0.2
20	挥发酚≤	0.002	0.002	0.005	0.01	0.1
21	石油类≤	0.05	0.05	0.05	0.5	1.0
22	阴离子表面活性剂≤	0.2	0.2	0.2	0.3	0.3
23	硫化物≤	0.05	0.1	0.2	0.5	1.0
24	粪大肠菌群(个/L)≤	200	2 000	10 000	20 000	40 000

注：引自《地面水环境质量标准》(GB 3838—2002)。

随着城镇污水特别是各种工业废水排放量的不断增加，由于经济、技术和能源上的限制，单一的人工处理污水的方法已不能从根本上解决污染问题。20 世纪 60 年代以来进行了水污染综合防治，它是人工处理和自然净化、无害化处理和综合利用、工业循环用水和区域循环用水、无废水生产工艺等措施的综合运用。

（2）水污染综合整治宏观分析

水污染综合整治宏观分析就是在制定水污染综合整治对策时，对城镇取水、用水、排水以及水的再利用等各个环节进行系统的综合分析，根据城镇的性质、特征和水文地质条件，从宏观上确定城镇水污染综合整治的方向和重点，为具体制定水污染综合整治措施提供依据。

通过对主要相关因素的分析，可以明确水环境的主要问题和管理的薄弱环节，从而从宏观上确定水污染综合整治的方向和重点。

我国大部分城镇一方面水资源缺乏；另一方面水资源浪费又相当严重。针对这种情况，在制定水污染综合整治措施时，应该充分考虑水资源的合理利用和计划利用，解决目前存在的供需矛盾（或指出解决矛盾的方向和重点）。若水资源供需矛盾中水量不足，则应从用水的各个环节入手。一方面节约用水、计划用水；另一方面采取废水回用、资源化等。

城镇工业废水和生活污水的去向问题是水污染综合整治的核心问题。在考虑工业废水和生活污水的去向时，应从以下 3 个方面分析：

①废水资源化的可行性 主要是从城镇的性质（如是否缺水或严重缺水），城镇的水文、地理，气象条件（如水域条件，土地条件，气温条件等），城镇的经济社会条件（如投资承载力，社会需要）以及城镇所处的流域条件和环境要求等，综合分析废水资源化的问题。

②合理利用水环境容量消除污染的可行性 如果城镇所处的区域为水域丰富区，如靠近大江、大河（包括近海），则可以利用水环境容量大的优势，在近期环保投资困难的情况下，分析通过调整水污染源分布和污染负荷分布，利用水体自净消除污染的可行性。

③分散厂内处理与集中处理的关系 对一些特殊污染物，如难降解的有机物和重金属应以厂内处理为主，而对大多数能降解和适宜集中处理的污染物，应该以集中处理为主。目前，从改善区域环境质量和节省投资来看，集中处理是污水处理的发展方向，但也不可忽视厂内分散处理的作用。

（3）水环境综合整治规划内容

水环境综合整治规划首先应分析水污染现状和发展趋势，划分控制单元，确定规划目标，设计规划方案，并对所设计方案进行优化分析与决策。

①城镇水环境现状与发展趋势分析 城镇水污染源可以按以下 5 个方面进行分类：

a. 按空间分布分类，将各污染物按水污染控制单元分类统计；

b. 按排污去向分类，应从废水为资源化、集中处理、分散处理等方面进行分析；

c. 按排污时间特征分类，将污染源分为连续排放、间断排放、瞬时排放等；

d. 按污染物来源分类，分为生活污染物和工业污染物等；

e. 按污染物性质分类，分为有机污染源、难降解有机污染源、无机污染源以及酸或碱性污染物等。

在各类污染源调查、分类的基础上进行评价与筛选，筛选出对城镇水环境影响较大的水污染源；对污染源的预测与水质现状分析及评价；建立水质模型，确定控制目标。城镇水体污染的控制目标应包括水质目标和总量削减目标。对于水污染控制区（单元）来说，排放的污染物总量和水体浓度之间，并不是简单的水量稀释关系，是由包含沉降、再悬浮、吸附、解吸、光解、挥发、物化和生化等多种过程的综合效应所决定的。因此，确定水污染总量削减目标的技术关键是建立反映污染物在水体中运动变化规律及影响因素相互关系的水质模型，据此在一定的设计条件和排放条件下，建立反映污染物排放总量与水质浓度之间关系的相应模型。

②选择规划方式和排污去向　目前普遍采用的规划方法为系统分析方法，建立的模型为数学规划模型。其中包括：排污口处理最优规划模型（如非线性形式和离散规划形式），排污总量控制削减规划模型，污染源分散治理与城镇污水处理厂内处理组合优化模型等。

③水资源保护规划　水资源保护规划的制定与实施是水环境综合整治的重要一步，其主要目的是通过对城镇水资源的可开采量、供水及耗水情况分析，制订水资源综合开发计划，做到计划用水、节约用水。

根据水环境功能区的划分结果，确定各功能水域的保护范围及保护要求。

在水资源保护中，首先应该明确的是饮用水源的保护问题，主要体现在取水口的保护上，应该明确划分出保护界限，即对于水环境功能区划定的饮用水源地设一级及二级保护区。

一级保护区：以取水口为圆心，半径100m的区域，包括陆域；

二级保护区：以一级保护区的边缘为起点，上游1000m，下游100m的范围（主要指河流）。

对于设置一、二级保护区不能满足要求的城镇，可增设准保护区，即以二级保护区的边缘为起点，上游1000m，下游50m（主要指河流）。

上述一、二级保护区应设有明显的标记。生态环境部、国家卫健委、水利部等颁发的《饮用水源保护区污染防治管理规定》对饮用水源的保护作了详细规定。

对于饮用水地下水源保护，也应划分一、二级保护区，实行重点保护。《饮用水源保护区污染防治管理规定》第三章对饮用水地下水源保护也有具体规定。

a. 根据城镇耗水量预测结果，分析水资源供需情况，制订水资源综合开发计划。

b. 全面调查、测定、汇总城镇淡水储量。目前世界上许多地区面临缺水和严重缺水的状况，我国也是一个缺水的国家，尤其是城镇缺水情况已相当严重，计划用水、节约用水已迫在眉睫。要做到计划开采水资源，首先必须探明淡水储量，这项工作可参考水利部门的资料，也可与水利部门合作重新测定城镇淡水储量。

c. 确定城镇淡水可开采量。在探明城镇淡水储量之后，还要结合水文地质特征和开采技术水平，分析确定城镇淡水的可开采量。

d. 调查目前城镇用水量。

e. 根据城镇的经济社会发展战略，预测城镇需水量。

f. 分析水资源供需平衡，并制定水资源开采计划。

（4）水污染综合整治措施

①合理利用水环境容量 水体遭受污染的原因，一是因为水体纳污负荷分配不合理；二是因为负荷超过水体的自净能力（环境容量）。在水环境综合整治中，应该针对这两方面原因，分别采取对策。

根据污染物在水体中的迁移、转化规律，综合计算和评价水体的自净能力，在保证水体功能目标的前提下，利用水环境容量消除水污染。水污染自净除了利用水体本身的稀释净化作用外，还可利用水生植物的净化作用和土壤对污染物的净化作用等。因此，在评价和应用水环境容量时，要考虑到这些相关因素，做到科学利用，但要注意不能超越容量，还应注意与区域下游地区的关系。

②节约用水、计划用水，大力提倡和加强废水回收利用 综合防治水污染的最有效、最合理的方法就是节约用水，如组织闭路循环系统，实现废水回收利用。因此全面节流、适当开源、合理调度，从各个方面采用节约用水措施，不仅关系到经济的持续、稳定发展，而且直接关系到水污染的根治。

经过妥善处理的城镇污水，首先可用于农田灌溉、养鱼和养殖藻类等水生生物；其次可用作工业用水，如在电力工业、石油开采、加工工业、采矿业和金属加工工业，把处理后的废水用作冷却水、生产过程用水、油井注水、矿石加工用水、洗涤水和消防用水等。当水质不能满足某些工艺的要求时，可在厂内进行附加处理。此外，还可作为城镇低质给水水源，用作不与人体直接接触的市政用水，如浇灌花草、喷泉和消防等。

③排水系统的体制规划（管网组合方式） 为及时地排除城镇生活污水、工业废水和天然降水，并按照最经济合理的方案，分别把不同的污水集中输送到污水处理厂或排入水体，或灌溉土地，或处理后重复使用，需要建设排水管网系统。因此，必须结合本地区的自然条件和社会条件，考虑地区各分片的污水收集方式；是采用各种污水的分流制（生活污水、工业废水、雨水分别管网系统）还是合流制（各种污水合建管网系统）；或分流和合流适当结合的混合制；排放口位置的选择；近期建设和远期规划的结合；以及管径、坡降、管网附属构筑物、施工工程量和运行维护费等，做出技术经济比较，以制订正确的排水系统统一规划。对于城镇原有管道系统的扩建和改建，也需要结合已有设施统一安排。

④强化水污染治理 水污染治理实际问题很多，下面主要介绍城镇污水和工业废水处理问题。

a. 城镇污水处理：根据污水流量和受纳水体对有机污染物的允许排放负荷或浓度，来确定污水的处理程度和规模。目前有些污水处理厂是二级处理厂，仅能去除可以生物降解的有机物，而不能去除难以生物降解的有机物以及氮、磷等营养性物质，处理后的污水排入水体仍会造成污染，因此，最近也有少数污水处理厂增加除氮、除磷等处理设施。在一些缺水城镇，有的还小规模地采取了三级处理系统，即将经过二级处理的水进行脱氯、脱磷处理，并用活性炭吸附或反渗透法去除水中的剩余污染物，用臭氧和液氮消毒，杀灭细菌和病毒，然后将处理水送入中水道，作为冲洗厕所、喷洒街道、浇灌绿化带、防火等水源。近年来，由氧化塘(或曝气湖)、贮存湖和污水灌溉田等组成土地处理系统作三级处理是经济、有效的代用方法，在有条件的地区颇受重视并得到实际应用。

b. 工业废水处理：一些工业废水的成分和性质相当复杂，处理难度大，而且费用昂贵，必须采取综合措施进行处理。首先是改革生产工艺，用无毒原料取代有毒原料，以杜绝有毒废水的产生。在使用有毒原料的生产过程中，采用合理的工艺流程和设备，保证设备的妥善运行，消除遗漏以减少有毒原料的耗用量和流失量。重金属废水、放射性废水、无机有毒废水和难以生物降解的有机有毒废水，应尽可能与其他废水分流进行单独处理，要尽量采用封闭循环系统。流量大的无毒废水，如冷却水，最好在厂内经过简单处理后回用，以节省水资源消耗量，并减轻下水道和污水处理厂的负荷。性质类似城镇污水的工业废水可按规定排入城镇污水混合处理。一些能生物降解的有毒废水，如酚、氰废水，可按规定排入城镇污水混合处理。一般情况下，污水处理厂的规模越大，其单位基建费和运行费越低，处理水量和水质越稳定。

6.2.3 小城镇固体废物综合整治及其规划

随着经济发展和人民生活水平的提高，固体废物的污染已成为许多城镇影响环境的主要因素之一。国外许多发达国家在控制住大气污染和水污染后，开始把重点转向固体废物污染的防治。可以相信，我国固体废物的综合整治在今后一段时间内将会越来越重要，而制定固体废物综合整治规划将成为控制和解决固体废物污染的首要手段。

固体废物可分为一般工业固体废物、有毒有害固体废物、城镇垃圾及农业固体废物。随着生产力的发展和人口的增加，一般工业固体废物，如煤矸石、粉煤灰、冶金渣、尾矿渣以及生活垃圾等日益增加；而化学工业、炼油、石油化工、有色冶金和原子能工业等也产生了相当数量的有毒有害固体废物。所以，固体废物来源广且成分复杂，而防治技术又比较落后，因此成为城镇环境污染综合整治的一个难点。在研究编制环境规划时，首先要考虑减少产生量，然后尽可能综合利用、资源化，而对暂无利用可能的进行有效的处理和处置。

6.2.3.1 固体废物综合整治目标

固体废物综合整治的目标包括固体废物综合处理处置率、资源化利用率、城镇生活垃圾无害化处理率等。

6.2.3.2 固体废物综合整治规划内容

(1)城镇固体废物的分类、现状调查及其影响趋势分析

城镇固体废物包括生活固体废物和工业固体废物。其中生活固体废物包括生活垃圾(含污水沉淀污泥)和粪便；工业固体废物包括有毒有害固体废物和一般工业固体废物(含建筑垃圾)。城镇固体废物的现状调查应从原辅材料消耗、产生工业废物的工艺流程和物料平衡分析、工艺过程分析和固体废物的产出、运输、堆存、处理等主要环节入手，就各类城镇固体废物的性质、数量以及对周围环境中大气、水体、土壤、植被以及

人体的危害进行全面、深入的分析调查，以筛选出主要的污染源和主要污染物质。

在城镇固体废物的预测分析中，对城镇生活固体废物主要采取按人口预测的方法，而对工业固体废物采取按行业划分产值或产量的方法，在此基础上预测城镇固体废物发展趋势，并应特别注意城镇固体废物的可积累性，尤其是工业固体废物。

（2）城镇固体废物的环境影响评价

城镇固体废物环境影响评价采用全过程评分法，评价对象包括各类污染物分别占总排放量80%以上的污染源评分准则，即性质标准分、数量标准分、处理处置标准分和污染事故标准分。各类标准分划分为若干等级，并给予不同的分值。在此基础上进行评分排序，可分别得到重点污染物评分排序、重点污染源评分排序以及不同区域的评分排序。

（3）确定规划目标

根据总量控制原则，结合本城镇特点以及经济承受能力确定有关综合利用和处理、处置的数量与程度的总体目标。在此基础上，根据不同时间、不同类型的预测量与城镇固体废物环境规划总目标，可以获得城镇垃圾及工业固体废物在不同时间的削减量。要把城镇垃圾的清运、处理处置及综合利用问题作为城镇环卫系统的目标。对于城镇工业固体废物，要把削减量首先分配到各行各业中去，即确定各行各业的固体废物控制分目标。在分目标确定过程中需要考虑下列因素：

①行业性质不同，固体废物的种类及数量也不相同，因此不可能在各行业中推行统一控制目标。

②固体废物污染现状不同的行业也不可能采取统一控制的目标，主要重点应放在整治污染严重的行业。考虑废物量削减技术的可行性；确定各行各业固体废物削减量时，在保证总体目标实现的前提下，要在投资、运行费用、经济效益及环境效益等方面整体优化。

6.2.3.3 城镇固体废物综合整治措施

（1）一般工业固体废物的综合整治

第一，工业废物的资源化。工业废物是多种多样的，有金属和非金属，有无机物和有机物等。经过一定的工艺处理，可成为工业原料和能源，比废水、废气易于实现再生资源化。目前各种工业废物已制成多种产品，如制造水泥、混凝土骨料、砖瓦、纤维、铸石等建筑材料；提取铁、铝、铜、铅、锌等金属和钒、铀、锗、铟、钴等稀有金属；制造肥料、土壤改良剂等。此外，还可用于污水处理、矿山灭火以及用作化工填料等。所以作为固体废物综合整治的重点就是综合利用，加强企业间的横向联系，促进固体废物重新进入生产循环系统。

通过合理的工业生产链，可以促进工业废渣的资源化，使一个企业的废物成为另一个企业的原料。作为整个工业体系，就必然较大地提高资源的利用率和转化率，生产过程中消除污染，这是防治污染的积极办法。

第二，工业废物处理处置率和利用量的确定。根据一般工业渣的处理处置率和综合利用率目标及一般工业渣的预测产生量，计算全镇各行业一般工业渣的处理处置量和综合利用量。应根据行业特点，按行业分别计算固体废物的处理处置率和综合利用率，在确定时，应考虑下列因素：

①行业特点 由于行业的性质不同，固体废物的产生种类和数量差别很大，如一般重工业产渣量大，而轻纺工业产渣量小，因此，各行业不可能推行统一控制的目标。

②固体废物污染现状 在确定固体废物污染现状时，要明确某一种固体废物对全镇固体废物的排量大小。弄清了现状就能明确问题之所在，以便确定全镇固体废物综合整治的重点污染物，这样才能确定各种固体废物的控制分目标。

③处理处置和综合利用技术可行性 在确定各行业各污染物的处理处置和综合利用分目标时，要充分考虑该行业处理处置和综合利用技术的可行性，对技术成熟的行业，可确定较高的目标，对于技术不太成熟的行业，目标可低一些。

④整体优化 在建立各行业、各种固体废物处理处置和综合利用目标时，要在建立处理处置、综合利用效果与投资、运行费用的函数关系基础上，在保证目标实现的前提下，整体优化。

在确定全镇及各行业一般工业固体废物的处理处置量和综合利用量后，要将处理处置量和综合利用量落实到具体污染源。

(2)有毒有害固体废物的处理与处置

有毒有害固体废物是指生产和生活过程中所排放的有毒、易燃、有腐蚀性的、有传染疾病的、有化学反应性的固体废物。主要采取下列措施：

第一，焚化处理。废渣中有害物质的毒性如果是由物质的分子结构，而不是由所含元素造成的，这种废渣一般可采用焚化分解其分子结构，如有机物焚化转化为二氧化碳、水和灰分，以及少量含硫、氮、磷和卤素的化合物等。这种方法效果好、占地少、对环境影响小，但是设备的操作较为复杂，费用大，还必须处理剩余的有害灰分。

第二，化学处理。化学处理应用最普遍的方法有4种：一是酸碱中和法，为了避免过量，可采用弱酸或弱碱，就地中和。二是氧化还原处理法，如处理氰化物和铬酸盐应用强氧化剂和还原剂，通常要有一个避免过量的运转反应池。三是沉淀化学处理法，利用沉淀作用，形成溶解度低的水合氧化物和硫化物等，减少毒性。四是化学固定，常能使有害物质形成溶解度较低的物质(固定剂有水泥、沥青、硅酸盐、离子交换树脂、土壤黏合剂以及硫黄泡沫材料等)。

第三，生物处理。对各种有机物常采用生物降解法，包括活性污泥法、滴沥池法、气化池法、氧化塘法和土地处理法等。

第四，安全存放。安全存放主要是采用掩埋法。掩埋有害废物，必须做到安全填埋。预先要进行地质和水文调查，选定合适的场地，保证不发生漏沥、渗漏等现象，不使这些废物或淋溶液体排入地下水或地面水体，也不会污染空气。对被处理的有害废物的数量、种类、存放位置等均应做出记录，避免引起各种成分间的化学反应。对淋出液要进行检测，对水溶性物质的填埋，要铺设沥青、塑料等，以防底层渗漏。

(3)城镇生活垃圾的综合整治

城镇生活垃圾综合整治的主要目标是"无害化、减量化和资源化"，一般包括如下步骤：

第一，垃圾的清扫。计划安排的垃圾清扫量应该不少于垃圾产生量。

第二，垃圾的收集。垃圾收集的容量应该与清扫量相协调。目前采用的垃圾收集容器主要有2类：一类是用容积小的（$0.1m^3$左右）带盖的金属或塑料桶，作为固定容器，长期周转使用；另一类是用纸袋装运，将垃圾装入纸袋，放在指定的收集地点，经过特别设计的垃圾收集车拾捡装入运输车辆。还有简单的设备自动将垃圾的体积加以压缩，此法近几年已在欧美各国广为采用，用这种容器比较卫生、方便，但费用较高。

第三，垃圾的运输。根据垃圾的清运率目标，安排垃圾运输工具、运输能力、运输投资和运行费用。收集、运输垃圾的主要工具是专门设计或改装的汽车，其结构形式多样，但必须要求垃圾车厢密闭，装载过程机械化，条件好的还要求装载工具有简单的压缩设备，减少装载体积以增大运输能力。

第四，垃圾卫生填埋。填埋处理垃圾是一种广泛采用的方法。可利用废矿坑、黏土废坑、洼地、峡谷等，所以投资和处理成本均较低。但是，以往广泛采取的填埋方法是无计划而且不卫生的，严重危害周围环境，受到附近居民的强烈反对。

卫生填埋是正在发展的处理城镇垃圾的方法，其基本操作是铺上一层城镇垃圾并压实后，再铺上一层土，然后逐次铺城镇垃圾和土，如此形成夹层结构，这样就可以克服露天填埋造成的恶臭和鼠、蝇滋生问题，大大改善了周围环境。同时，可有计划地将废矿坑、黏土坑等经过卫生填埋，改造成公园、绿地、牧场、农田或作建筑用地。

卫生填埋也存在2个问题：一是沥滤作用，由于沥滤作用，表面水经过废物层而使附近的地下水和河流受到污染。控制沥滤的方法有填埋位置要远离河流、湖泊、井等水源；填埋位置避免选在地下水层上；在填埋上面加一层不透水的覆盖层；加大坡度使水迅速流去并开沟以使表面水排走等。二是填埋层中的废物经生物分解会产生大量气体，大量分解气体中含甲烷、二氧化碳、氮、硫化氢等。其中以甲烷、二氧化碳为主，甲烷聚集会爆炸和引起火灾，而二氧化碳溶于水可形成碳酸。防止大量分解气体聚集的方法是设置排气口使分解气体及时逸入大气。

卫生填埋涉及地质、水文、卫生、工程等许多方面，需要慎重对待才能起到既处理了城镇生活垃圾又不会污染水及大气的作用。

第五，垃圾灰化。灰化是将城镇垃圾在高温下燃烧，使可燃废物转变为二氧化碳和水，灰化后残灰仅为废物原体积的5%以下，从而大大减少了固体废物量。

灰化法可使废物体积减小，残灰处理比较简单，但其缺点也不少，如投资费用高，要附设防止污染空气的设备，常需要更换由于高温、腐蚀气体和不完全燃烧而损坏的衬里及零件。

近年来，灰化处理的改进主要集中在如何处理城镇垃圾中日益增加的大型消费品废物，满足更加严格的空气污染标准，降低灰化处理费用等。

大型消费品废物的灰化处理，要先经过破碎过程，然后用普通灰化，或在一特制的灰化炉中成批灰化。

为了减少灰化污染物的排放，还需在灰化炉上安装各种净化系统，如高效洗涤器、袋式过滤器、静电沉淀器等以收集一氧化碳、飘尘等污染物质。

第六，综合利用。它包括以下几个方面：

城镇垃圾的分选：指将混在一起的城镇垃圾分离其组成成分，它是回收利用所必需的预处理工序。

城镇垃圾的回收：指将城镇垃圾中的废纸、废玻璃、废金属回收，从废物中分离出来的有机物，经过物理加工成为再利用的产品。纸及纸制品在城镇垃圾中占有相当高的比重，可回收用于制造纸浆，生产质量较低的纸和纸制品。

城镇垃圾的转化：指通过化学、生物化学方法将废物转化为有用物质，这是一种正在发展的新的回收利用途径。

热能回收：城镇垃圾含有大量有机物，这些有机物在灰化处理过程中产生大量热能。近年来，垃圾中废塑料的比重逐渐增加，而塑料具有较高的热值，相当于石油，而高于煤。所以，回收灰化废物时放出的热能，成为国外比较注意的一项工作，用回收的热能生产蒸汽或发电，可降低处理费用。

总之，固体废物，不管是工业废物，还是城镇垃圾、矿业废物或农业废物正成为日益受到重视的一个环境问题。但是处理固体废物的方法还比较陈旧落后，还存在尚待解决的问题。大规模的回收利用，尚处于初始阶段。

6.2.4　小城镇环境综合整治总体分析

在考虑大气、水环境、固体废物等污染综合防治时，应考虑它们之间的相互影响，从总体上进行分析。

（1）大气降水对城镇地面水的污染

在水污染综合整治中，往往把重点放在生产生活活动中向水体直接排污造成的水体污染上。水污染的预测、目标的确定以及对策分析和优化决策等规划的各个环节，都很少考虑大气降水等二次污染造成的地表水污染问题。目前，我国酸雨污染比较严重，酸雨污染已开始北移，很多湖泊、水库、江河因酸雨污染，水体 pH 值下降，直接影响水生生态系统和水质质量。在水污染综合整治规划中如果忽视这一点，就很难保证水质目标的实现，因此，在水污染综合整治措施中，应考虑大气降雨对水质的影响。

（2）大气污染治理工程对水体的污染

在一些大气污染治理工程中，有很多技术客观上要产生水污染，如湿式除尘器在降尘时，要产生水污染，如果不同时考虑水污染的后处理问题，就会影响水污染综合整治目标的实现。此外在硫氧化物、氮氧化物以及其他一些大气污染物治理当中，常采用液体吸收、洗涤等湿法技术，这些技术比干法技术大都具有投资省、效果好等优点，如果在考虑方案时只强调大气污染物削减目标的实现，而忽视水污染的后处理问题（这些吸收液后处理往往比较困难）就势必会影响水质目标的实现。

（3）固体废物的处理处置对地下水、地表水的污染

在固体废物的处理处置中，经常采用露天堆存和掩埋等方法，这些方法为实现固体废物的综合整治目标提供了保证。但是应该看到固体废物的堆存和掩埋对地下水和地表水的污染通过其溶出物来实现。固体废物的溶出物比较复杂，根据固体废物性质的不同，一般含有无毒有机物、有毒有机物、"三致"物和重金属（汞、铜、砷、锌、铬等），如果不采取专门措施，这种溶出物的污染会直接影响地下水、地表水。溶出物对水质一

且造成影响，就很难治理，所以预防是唯一的，也是最为积极的措施，这一点必须在规划方案中体现出来。

（4）固体废物的堆存对大气污染的影响

固体废物一般通过以下途径使大气受到污染：

①在适宜的温度下，由废物中有害成分的蒸发以及发生化学反应而释放出有害气体污染大气；

②废物中的细粒、粉末随风力扬散；

③在废物运输、处理、处置和资源化过程中，产生有害气体和粉尘。

在固体废物堆存处置时，应充分考虑上述影响，并制定相应的预防措施。

（5）水污染的处置造成的固体废物污染

在很多污染水处理的过程中，都含有大量的污泥及其他固体废物，这些固体废物污物种类多、含量大，往往伴有恶臭，若不加以妥善处理，就会增加城镇固体废物的污染，影响固体废物综合整治目标的实现。

（6）气、水、渣处理对环境噪声的影响

在气、水、渣处理过程中，设备运转、固体废物的运输等许多环节会产生噪声污染。因此，在综合分析时，都应考虑这些因素，并采取相应的对策。

6.2.5　小城镇环境质量评价

小城镇环境质量评价前，首先必须有重点地弄清小城镇范围内的污染源分布。在对其产品、工艺、原材料使用、设备、装置等情况调查的基础上，搞清污染物的种类、排放位置、排放方式、排放强度（单位时间内污染物的最大、一般和最低排放量）等。在此基础上应对污染源对环境影响的大小进行评价，主要从污染量和污染毒性两方面进行评价。通过评价计算，可以了解不同污染源和污染物对城镇环境影响的大小，掌握环境质量的现实状况，分析环境污染与环境质量之间的相互关系，从而确定主要污染源、污染物和主要环境问题，为制定环境保护的目标、措施和规划小城镇布局提供依据、指明方向。

环境质量评价包括组成环境的各个要素评价和环境综合评价。目前国内一般采用环境质量指数作为评价工具。环境质量指数是以国家卫生标准或其他参数值作为评价依据，通过拟定的计算式，将大量原始监测数据和调查数据加以综合，换算成无量纲的相对数，用以定量和客观地评价环境质量。

（1）确定参评因子

小城镇的环境包括大气、水、土壤等，这些要素错综复杂地影响着人们的生产和生活。因此，要从中选择最主要的要素作为环境质量评价的参评因子。

（2）划定地域范围

为充分反映环境污染的空间特性，并方便计算和表达，在需要评价的用地范围的地图上，按纵横坐标方向覆盖方格网，并使其尽量与行政界限吻合。方格网的大小可根据实际需要而定。根据数学上有限单元的概念，当方格面积足够小的时候，可以认为其内部状况是一致的。因此，小城镇内任何方位上的环境质量指数可以进行叠加计算，并根据分级标准将同级别的方格连接起来，得出单项要素或综合要素环境质量的空间分布图，即环境质量评价图。

（3）单项评价

对方格网内单个污染要素危害程度的评价，即以某种污染物在环境中的实际浓度与相应的评价标准的比值作为该污染物的污染指数，用于评价和比较。

$$P_i = C_i/C_{\Delta i}, \quad P = \sum_{i=1}^{n} P_i \tag{6-1}$$

式中　P——环境质量指数；

　　　P_i——i污染物的环境质量指数；

　　　C_i——i污染物在环境中的浓度；

　　　$C_{\Delta i}$——i污染物的评价标准。

评价标准（$C_{\Delta i}$）可根据环境质量评价的目的选用。一般根据国家规定的环境标准，并参照当地的实际情况确定。

（4）划分质量等级

对能定量分析的因子，根据当地实际情况，将环境质量指数划分成"优""良""轻度污染""中度污染""较重污染""严重污染"等若干等级。对不能定量的因子，则可采取相对比较分析的方法，根据实际情况确定等级。

（5）综合评价

小城镇环境受各种污染因素的综合影响，且各种污染要素、污染因子对环境和人体健康的影响和危害程度各不相同。为进行环境质量的总体评价，并使评价结果比较符合实际，需要运用加权的方法进行综合评价，即按各要素在相互作用过程中的重要性进行排序，赋予不同的权重，然后对方格网内各个单项要素加权处理、得出各方格的环境质量综合指数。以后可用同样方法对综合指数进行分级，做出质量评价。

（6）权重确定

确定各单项污染要素的权重，可采取专家咨询法，也可由当地城建、环保的专业技术人员进行综合评分。不同城镇应针对不同的环境状况和特点，根据实际确定权重，以尽量符合小城镇环境质量的实际。

6.3　小城镇环境管理

6.3.1　小城镇环境管理的范畴

环境管理作为一个工作领域，通常是环境保护工作的一个最重要的组成部分，是政府环境保护行政主管部门的一项重要职能。

狭义的环境管理主要是指采取各种控制污染的行为，例如，通过制定法律、法规、规范，实施各种有利于环境保护的方针、政策、措施，控制各种污染的排放。广义的环境管理就是指运用经济、法律、技术、行政、教育等手段，限制人类损害环境质量的活动，并通过全面规划使经济发展与环境相协调，达到既要发展经济、满足人类的基本需要，又不超出环境容载力的允许权限。广义的环境管理的核心是实施社会经济与环境的协调发展。显然，要实现这一目标仅靠单一的环保部门是不行的。因此，广义的环境管理是政府实施经济、社会发展战略的一个重要组成部分，是政府的一项基本职能。

6.3.2 小城镇环境管理的基本手段

（1）法律手段

法律手段是环境管理的一个最基本的手段，依法管理环境是控制并消除污染，保障自然资源合理利用并维护生态平衡的重要措施。目前，我国已初步形成由宪法、环境保护法，以及与环境保护有关的相关法、环境保护单行法和环保法规等组成的环境保护法律体系。

（2）行政手段

行政手段是指国家通过各级行政管理机关，根据国家有关环境保护的方针政策、法律法规和标准而实施的环境管理措施。例如：对污染严重而又难以治理的企业实行的关、停、并、转、迁就属于环境管理中的行政手段。

（3）经济手段

经济手段是指运用经济杠杆、价值规律和市场经济理论指导人们的生产、生活活动，遵循环境保护和生态建设的基本要求，其中最主要的调节手段就是税收，同时，国家还通过对排污收费、综合利润提成、污染损失赔偿等手段控制污染。

（4）技术手段

技术手段是指借助那些既能提高生产率，又能把对环境的污染和生态的破坏控制到最小限度的技术以及先进的污染治理技术等来达到保护环境的目的。例如：国家制定的环境保护技术政策、推广的环境保护最佳实用技术等就属于环境管理中的技术手段。

（5）教育手段

教育手段是指通过基础的、专业的和社会的环境教育，不断提高环保人员的业务水平和社会公民的环境意识，实现科学地管理环境，提倡社会监督的环境管理措施。例如：各种专业环境教育、环保岗位培训、环境社会教育等就属于环境管理中的教育手段。

6.3.3 小城镇环境管理的主要内容与要求

（1）水源管理

保护水源是直接关系到小城镇人民生活水平与身体健康的大事，尤其是对饮用水源及水质的监测、保护与管理。在保证水质的前提下，应当采取各种卫生、安全的取水方式，在有条件的地方应采取集中供水。

（2）绿化管理

加强绿化管理是改变小城镇环境，美化小城镇镇容、镇貌的重要内容。加强绿化管理，应从措施入手，积极进行植树造林、严格保护镇域范围内的树木、花卉、草皮、苗圃，以及各类绿地。

（3）文物古迹与古树名木管理

我国广大的农村和小城镇地区，有众多的文物古迹、古树名木和风景名胜，这是自然和历史留下的宝贵文化遗产，同时也是许多小城镇经济与建设发展的基础与特色之所在。因此，在进行小城镇建设过程中，应当对其给予相当的重视和保护。任何单位和个人都有义务保护这些自然和历史"财产"。

（4）镇规划区内的环境管理

对镇规划区范围内街道、广场、市场、车站、码头等场所在修建邻近建筑物、构筑物或其他设施时应加强相应的环境管理，以避免对镇容、镇貌的不良影响。

（5）镇容、镇貌管理

加强环境卫生与镇容镇貌的管理是小城镇建设管理的基础内容之一。在具体的管理中应注意：

①通过制订镇区管理通则、镇区管理规定及镇民公约、居民守则等方式，加强居民自觉维护镇容镇貌、保护环境卫生的意识和行为习惯；

②落实镇容卫生包干责任制；

③加强经常性的管理与整顿，消除"死角"；

④加强对干道两侧及重点地段的环境管理，严管街头设摊、占道经营等行为；

⑤加强对镇域范围道路、桥梁、供水、供电、绿化等设施的管理与维护。

6.3.4　小城镇环境管理的基本方法

（1）一般方法

环境管理的一般方法按其程序可分为 5 个阶段，即明确问题、鉴别与分析可能采取的对策、制定规划、执行规划、评价反映与调查对策，在实际操作中，各个步骤可用不同的方案进行。各个步骤之间相关性较强，但相互之间并非依次相连的，如图 6-2 所示。

（2）决策方法

所谓决策就是根据综合分析，在多种方案中选择最佳方案。它包括：

①环境规划决策　这是环境管理决策技术中最常用的方法。环境管理中经常遇到的是环境规划决策，如为达到某一环境目标有几种可供选择的污染控制方案，究竟选择哪一种经济效益最好的方案。

②多目标决策　实际决策中究竟选择哪一种最佳方案，或是在制定环境规划时统筹考虑环境效益、经济效益和社会效益，进行多目标决策等，都是制定环境规划时所要进行的决策，常用的数学方法有线性规划、动态规划和目标规划等。此外，还有环境政策的决策方法，以及环境质量管理的决策方法等。

（3）预测方法

预测过程是在调查研究或科学实验基础上的科学分析，即通过对过去和现状的调查、科学实验获得大量资料和数据，经过分析找出能反映事物变化规律的真实情况，借助数学、计算机技术等科学方法，进行信息处理和判断推理，找出可以用于预测的规律。环境管理的预测方法就是根据预测规律，对人类活动将要引起的环境质量变化趋势进行预测。预测技术在环境管理中的应用包括：

①定性预测技术　根据过去和现在的调查总结，经过判断、推理，对未来的环境质量变化趋势进行定性分析，称为定性预测技术。

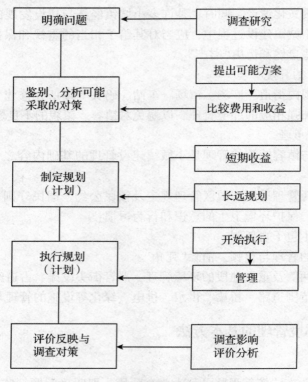

图 6-2 小城镇环境管理的一般方法

②定量预测技术 如能耗增长的环境影响预测、开发水利资源的环境影响预测等。定量预测方法有通过调查研究、统计回归等方法来找出"排污系数"或"万元产值等标污染负荷";根据大量的调查和监测资料找出污染增长与环境质量变化的相关关系;建立数学模型或用于定量预测的系数;运用计算机技术进行预测分析。

③评价预测技术 用于环境保护措施的环境经济评价、大型工程的环境影响评价以及区域开发的环境影响评价等。

（4）系统分析方法

环境管理的系统分析方法主要包括描述问题和收集整理数据、建立模型以及优化这3个步骤。在系统分析阶段所建立的模型中,主要包括功能模型与评价模型2大类。功能模型能定量地表示系统的性能,如环境质量数学模型、污水处理工程的系统模型、区域环境规划的系统模型等。

由于环境管理的系统分析方法是运用系统的观点去分析问题,因此,对解决涉及面广、综合复杂的环境问题十分有效。应用系统分析的方法管理环境是环境管理向科学化、现代化方向发展的一个重要标志。对于系统进行评价要依据功能、费用、时间、可靠性、可维护性和灵活性等因素加以综合考虑。此外,环境管理中经常采用的方法还有效益分析法、层次分析法、目标管理法等多种方法。

6.3.5　小城镇环境管理的国家政策

经过长期的探索与实践，我国制定了"预防为主""谁污染谁治理"以及强化环境管理的三大环境保护政策，从而确立了我国环境保护工作的总纲和总则。这三大政策的根本出发点和目的就是要以当今环境问题的基本特点和解决目前环境问题的一般规律为基础，以强化环境管理为核心，以实现经济、社会、环境的协调发展为最终目的。

（1）"预防为主"的政策

"预防为主"的政策思想是把消除污染、保护环境的措施实施在经济开发和建设过程之前或之中，从根本上消除环境问题产生的根源，减轻产生环境问题后再治理所要付出的代价。其主要内容包括：

①把环境保护纳入到国民经济与社会发展计划中去，进行综合平衡。

②实行城镇环境综合整治，即将环境保护规划纳入城镇总体发展规划，调整城镇产业结构和工业布局，建立区域性经济，结成"工业生物链"，实现资源的多次综合利用，改善城镇能源结构，减少污染产出和排放总量。

③实行建设项目环境影响评价制度。

④实行污染防治措施必须与主体工程同时设计、同时施工、同时投产的"三同时"制度。

（2）"谁污染谁治理"的政策

"谁污染谁治理"政策的基本思想是治理污染、保护环境是生产者不可推卸的责任和义务，由污染生产造成的损害以及治理污染所需要的费用，都必须由污染者承担和补偿，从而使"外部不经济性"内化到企业的生产中去。这项政策明确了环境责任，而且解决了治理环境所需的资金。具体内容包括：

①企业应将污染防治与技术改造结合起来，技术改造资金要有适当比例用于环境保护措施。

②对工业污染实行限期治理。

③征收排污费，凡超过国家污染物排放标准的，都要依法缴纳排污费，政府用这笔费用建立污染治理的专项基金，专门帮助企业解决污染问题，开辟了一条筹集环境保护资金的稳定渠道。

（3）实行污染集中控制的政策

污染集中控制以市内的骨干大企业为重点，实行企业联合集中处理。污染集中控制是基于统一规划，从资源、能源利用率和经济优化的原则出发，为城镇环境规划的优化决策和决策目标的实现奠定基础。

（4）排污申报登记与排污许可证制度

排污申报登记与排污许可证制度将污染的源与汇一体考虑，可增强各级部门排污总量严格控制观念，促进老污染源治理，提高城市环保主管部门自身的管理水平。

（5）环境综合整治定量考核制度

运用城镇环境综合整治定量考核制度时需注重以下几点：

①城镇环境规划的编制要能够显著改善城市环境质量，能与城镇总体规划相协调。

②城镇环境综合整治规划目标应本着从实际出发、量力而行、远近结合、分步实施的原则，得到政府的认可，纳入政府工作年度计划，层层分解落实。

③城镇环境污染防治应采取多种途径，因地制宜。

④采取灵活的城镇管理政策，使城镇环保工作与城镇经济发展相协调。

⑤城镇环境规划主管部门在技术政策、投资政策、城镇环境管理等方面应提供切实有效的建议，并做好城镇环境综合整治考核工作。

（6）强化环境管理的政策

强化环境管理政策是三大环境政策的核心，一方面，通过改善和强化环境管理可以完成一些不需要花很多资金就能解决的环境污染问题；另一方面，强化环境管理可以为有限的环境保护资金创造良好的投资环境，提高投资效益。主要内容包括：

①加强环境保护立法和执法。

②建立全国性的环境保护管理网络。

③运用传播媒介和教育体系逐步增强环境意识。

本章小结

本章主要对作为小城镇总体规划的组成部分的生态环境建设规划部分作了介绍。介绍了生态环境建设规划的原则、内容和依据、小城镇环境综合整治的内容和措施，环境管理的范畴、手段、内容和要求，环境管理的基本方法和国家政策等。

思 考 题

1. 生态环境规划的内容和依据是什么？
2. 小城镇环境管理的基本手段和国家政策是什么？

推荐阅读书目

1. 小城镇规划与设计. 王宁，王炜，赵荣山. 科学出版社，2001.
2. 村镇规划. 金兆森. 东南大学出版社，1999.
3. 小城镇环境规划编制技术指南. 国家环境保护总局. 中国环境科学出版社，2002.

第 7 章

小城镇防灾工程规划

自然界的灾害有许多种类，有火灾、风灾、水灾、地震等灾害。有时，灾害还会互相影响，互相并存。如台风季节中常伴有暴雨，造成水灾、风灾并存；又如在较大的地震灾害中往往使大片建筑物、构筑物倒塌，常会引起爆炸和火灾。造成直接危害的灾害被称为原发性灾害，如人在林区活动因不慎引起的森林大火，会毁灭大片的树木和其范围内的建筑物与构筑物；洪水能冲毁大片的农田和居民点等一些人工设施。非直接造成的灾害称次生灾害。如地震引起的山崩，泥石流等次生灾害，有时次生灾害要比直接灾害所造成的危害和损失更大。

7.1 灾害分类

7.1.1 根据灾害发生的原因进行分类

(1) 自然性灾害

因自然界物质的内部运动而造成的灾害，通常被称为自然性灾害，可以分为下列 4 类：

由地壳的剧烈运动产生的灾害，如地震、滑坡、火山爆发等；

由水体的剧烈运动产生的灾害，如海啸、暴雨、洪水等；

由空气的剧烈运动产生的灾害，如台风、龙卷风等；

由于地壳、水体和空气的综合运动产生的灾害，如泥石流、雪崩等。

(2) 条件性灾害

物质必须具备某种条件才能发生质的变化，因此由这种变化而造成的灾害称为条件性灾害，如某些可燃气体只有遇到高压高温或明火时，才有可能引发爆炸或燃烧。当我们认识了某种灾害产生的条件时，就可以设法消除这些条件的存在，以避免该种灾害的发生。

(3) 行为性灾害

凡是由人为造成的灾害，不管是什么原因，统称为行为性灾害。

7.1.2 其他分类

在防灾规划中，对自然灾害还有一种分类法：

①受人为影响诱发或加剧的自然灾害，如森林植被遭大量破坏的地区易发生水灾、

沙化；因修建大坝、水库以及地下注水等原因改变了地下压力荷载的分布而诱发地震等。

②部分可由人力控制的自然灾害，如江河泛滥、城乡火灾等。通过修建一定的工程设施，可以预防其灾害的发生，或减少灾害的损失程度。

③目前尚无法通过人力减弱灾害发生强度的自然灾害，如自然地震、风暴、泥石流等。

7.2 防灾规划

灾害是威胁城镇生存和发展的重要因素之一，它不仅造成巨大经济损失和人员伤亡，还干扰破坏小城镇各种活动的秩序。小城镇防灾绝不是可有可无的工作，也不是灾后的临时救治工作，作为一项长期的工作，它关系到小城镇的安危存亡，在小城镇总体规划必须加以考虑。小城镇总体规划是通过专业规划来实现的，只有建设规划和设计考虑防灾需要，才能使防灾落到实处。小城镇防灾规划应该本着以防为主、防治结合的原则，全面防治和重点防治相结合的原则。根据灾害发生的特点，一方面小城镇防灾要在区域防灾规划的基础上，按照整体部署，采用统一协调的防灾标准和防灾措施；另一方面，在小城镇中某些地段的防灾标准可以适当提高，考虑相应的防灾应急系统。城镇防灾规划包括防洪规划、防震规划和消防规划等。

7.2.1 防洪规划

在小城镇防洪规划中应做到以下几点：

①合理确定小城镇的防洪标准　仔细调查研究、分析计算，考虑工程的经济效果，考虑小城镇的规模和重要性，按30~100年一遇的洪水频率考虑，防洪标准应服从于小城镇周边河道流域规划的总要求，设置的防洪堤应考虑江河水面的浪高。对于山区小城镇则宜用适合当地的暴雨公式推求，山洪的流量、流速、水位等，作为修堤的依据。

②因地制宜采取防洪措施，提出技术上可行、经济上合理的工程措施方案　整修河道、湖塘洼地，在规划中尽量保留利用原有水体作为景观设施或蓄水防洪。修筑防洪堤坝、截洪沟等，把单纯的小城镇防洪工程转变为结合小城镇建设的综合性治理工程，尽可能在规划时，将道路和堤防相结合，工程建设和土地开发、园林景观建设、交通建设等相结合。这样既能满足防洪安全、交通建设、生态环境、社会发展等方面的综合需求，又有利于节约土地、资金等。

7.2.2 防震规划

地震是一种自然灾害，突发性强、破坏力大、次生灾害多，对人民生命财产会造成很大损失。地震可以预测、预报，但难预防。通过制定防震规划，在地震发生时，尽量减少人民生命及财产损失。防震规划的目的就是防止或减少因地震而造成的人员伤亡和财产损失，使人民的生命财产损失降到最低程度，同时要考虑地震发生时诸如消防、救护等不可缺少的活动得以维持和进行。

小城镇防震应从多层、多方面考虑，一方面要注意地震区内小城镇的合理选址，用地合理布局和考虑震后的出路、疏散场地等；另一方面要充分考虑小城镇内部的各种建筑物、构筑物等抗震设防的问题。具体在小城镇的防震规划方面要做到以下几点：

(1)在充分研究当地灾害史的基础上，进行道路、建筑合理布局

小城镇的主干道应结合防震抗震的交通道布置，且与小城镇周边的公路有通畅的联系，以便地震时人员的疏散和物资的运输。小城镇内的建筑密度适当，过大的建筑密度会造成房屋的倒塌和堵塞交通，影响人员疏散。

(2)预留空旷场地

在小城镇总体规划中应留有足够的空旷场地(如面状绿地)，一方面丰富小城镇景观，改善环境；另一方面地震时也可作为疏散避难场所。同时晒场、运动场等也可作为避难场地。

(3)防止次生灾害

地震引起的次生灾害主要有水灾、火灾、有害气体造成的灾害等。这方面要结合其他的如总体规划布局、防洪规划、消防规划等布置。

(4)合理确定小城镇建筑的抗震烈度，做好竖向规划

对于小城镇的建筑和构筑物，按照基本烈度进行抗震设防，选择合理的结构形式，对相应的结构采取适当的抗震措施。做好小城镇的竖向规划，合理利用地形地貌，以减轻地震效应。

(5)生命线工程

交通、通信、能源供应、供排水等工程系统对于维持现代社会生活是必不可少的，犹如维持生命的人体生命系统一样，因此可以形象地称为人类社会活动的生命线工程。在地震区内，合理安排小城镇的水源和变电所等生命线工程，提高它们的设防能力，使生命线工程在地震后能持续运转。

7.2.3　消防规划

小城镇消防规划是小城镇防灾规划的重要组成部分，重点研究消防对有关小城镇总体布局的安全要求和消防设施建设及其相互关系。其基本内容包括：

7.2.3.1　小城镇重点消防地区的分布

重点消防地区是指政治影响大、经济损失大、人员伤亡多及火灾危险性大的单位和建筑。如党政军政府机构、交通中心、邮政中心、电信中心、商业中心、重点文物单位等。重点消防地区需要采取重点防火措施，配备必要的消防设备及保证防火隔离与避难疏散用地。

7.2.3.2　小城镇消防安全布局

重点研究易燃易爆危险品的生产和储存地点的安全选址，运输线路的合理组织。如石油、弹药、化学危险品仓库、加油站、加气站、专用车站、码头、电厂、高压变电

站、燃气管网、高压电网等，需要采取有效的消防安全及整改措施。

7.2.3.3　小城镇消防站的规划

小城镇消防队伍不仅担负着防火监督和灭火的重任，而且还要积极参与其他灾害的抢险救援，向多功能防灾救灾方向发展。必须对小城镇消防站进行合理的布局，满足统一指挥协同作战的要求。同时还要重视消防设备的建设，保证消防所需装备和场地，提高防灾救灾的综合能力。

消防站包括汽车库、执勤宿舍、训练场、油库、训练塔等其他建筑物、构筑物。消防站布局的原则是发生火灾时，消防队接到火警在 5min 内要能到达责任区最远点。这一要求是根据消防站扑救责任区最远点的初期火灾所需要的 15min 消防时间而确定的。根据我国通信、道路和消防装备等情况，15min 消防时间可以扑救砖木结构建筑物初期火灾，有效防止火势蔓延。

（1）每个消防站具体责任区面积确定

城镇消防站布局要根据工业企业、人口密度、重点单位、建筑条件以及交通道路、水源、地形等条件确定。其责任区面积，一般为 $4 \sim 7 km^2$。每个消防站的具体责任区面积应根据不同情况分别确定：

①石油化工区，大型物资仓库区，商业中心区，高层建筑集中区，重点文物建筑集中区，首脑机关地区，砖木结构和木质结构、易燃建筑集中区以及人口密集、街道狭窄地区等，每个消防站的责任区的面积一般不超过 $4 \sim 5 km^2$。

②丙类火灾危险性的工业企业区（如纺织工厂、造纸工厂、制糖工厂、服装工厂、棉花加工厂、棉花打包厂、印刷厂、卷烟厂、电视机收音机厂装配厂、集成电路工厂等）科研单位集中区、大专院校集中区、高层建筑集中区等，每个消防站的责任区面积不宜超过 $5 \sim 6\ km^2$。

③一、二级耐火登记建筑的居民区，丁、戊类火灾危险性的工业企业区（如炼铁厂、炼钢厂、有色金属冶炼厂、机床厂、机械加工厂、机车制造厂、新型建筑材料厂、水泥厂、加气混凝土厂等），以及砖木结构、建筑分散地区等，每个消防站的责任面积不超过 $6 \sim 7\ km^2$。

上述情况可以采用下列经验公式计算消防站责任区面积：

$$A = 2R^2 = 2 \times (S/\lambda)^2 \tag{7-1}$$

式中　A——消防站责任区面积（km^2）；

R——消防站保护半径（消防站至责任区最远点的直线距离）（km）；

S——消防站至责任区最远点的实际距离（km）；

λ——道路曲度系数，即两点间实际交通距离与直线距离之比（$\lambda = 1.3 \sim 1.5$）。

④在市区内如受地形限制，被河流或铁路干线分隔时，消防站责任区面积应当小一些。这是因为坡度和曲度大的道路，行车速度大大减慢；还有的城镇被河流分成几块，虽有桥梁连通，但因桥面窄，常常堵车，也会影响行车速度；或者，被山峦或其他障碍物阻隔，增大了行车距离。因此，在规划消防站时，要因地制宜，合理解决。

⑤风力、相对湿度对火灾发生率有较大影响。据测定，当风速在 5m/s 以上或相对

湿度在 50% 左右，火灾发生的次数较多，火势蔓延较快，其责任区面积应适当缩小。

⑥物资集中、货运量大、火灾危险性大的沿海及内河城镇，应规划建设水上消防站，水上消防队配备的消防艇吨位，应视需要而定，海港应大些，内河可小些，水上消防队(站)责任区面积可根据本地实际情况确定，一般以接到报警起 10～15min 内到达责任区最远点为宜。

(2)消防站站址选择的注意事项

消防站的位置是否合理，对于迅速出动消防车扑救火灾和保障消防站自身的安全有重要的关系。因此，在选择消防站的站址时，必须十分注意。一般需要注意以下事项：

①消防站应选择在本责任区的中心或靠近中心的地点。因为只有这样设置，当消防站责任区最远点发生火灾时，消防车才能迅速赶到火场，及早进行扑救，以减少火灾损失。

②为了便于消防队接到报警后能迅速出动，防止因道路狭窄、拐弯地多而影响出车速度，甚至造成事故，消防站必须设置在交通方便、利于消防车迅速出发的地点，如主要街道的十字路口附近或主要街道一侧。

③为了使消防车在接警出动和训练时不致影响医院、小学校、托儿所、幼儿园等单位的治疗、休息、上课等正常活动，同时为了防止人流集中时影响消防车迅速、安全地出动，消防站的位置距上述单位建筑应保持足够的距离，一般不应小于 50m.

④在生产、储存易燃易爆化学物品的建筑物、装置、油罐区、可燃气体(如煤气、乙炔、氢气等)大型储罐区以及储量大的易燃材料(如芦苇、稻草等)堆场等，消防站与上述建筑物、堆场、储罐区等应保持足够的防火安全距离，一般不应小于 200m，且应设置在这些建筑物、储罐、堆场常年主导风向的上风向或侧风向。

城镇居住区要按照公安部和建设部颁布的《城镇消防站布局与技术装备配备标准》(GNJ 1—1982)的规定，结合居住区的工业、商业、人口密度、建筑现状以及道路、水源、地形等情况，合理设置消防站(队)。

7.2.3.4　消防用水量和消防水源

(1)消防用水量

在规划城镇居住区室外消防用水量时，应根据人口数确定同一时间的火灾次数和一次灭火所需要的水量。此外，尚应满足以下要求：

①城镇室外消防用水量必须包括城镇中的居住区、工厂、仓库和民用建筑的室外消防用水量。

②在冬季最低温度达到 -10℃的城镇，如采用消防水池作为水源时，必须采取防冻保温措施，保证消防用水的可靠性。

③城镇中的工厂、仓库、堆场等设有单独的消防给水系统时，其同一时间内火灾次数和一次火灾消防用水量，可分别计算。

④城镇中的工业与民用建筑室外消防用水量，应根据建筑物的耐火等级、火灾危险性类别的建筑物的体积等因素按照国家标准建筑设计防火规范、国家标准灭火系统设计规范确定。

总之，应根据本城镇的生产、生活用水条件，参考国内外类似城镇的用水指标，合理规划用水定额[一般为 200~700L/(人·d)]，在此基础上，规划建设本城镇的地面水和地下水资源，以满足生产、生活和消防用水量的需要。

（2）消防水源

根据我国目前的经济技术条件和消防装备条件，在规划城镇消防供水时，宜根据不同条件和当地具体情况，采用多水源供水方式。就是说，一方面对现有的水厂进行设备更新、扩建改造，同时增建新的自来水厂，逐步提高供水能力；另一方面，要积极开发利用就近天然地表水(如江、河、湖、塘、渠等)，人工水池或地下水(如水流井、管井、大口井、渗渠等)，以便达到多水源供水，保证消防用水的需要。人口规模大于 2.5 万人的城镇或独立居住区，其消防水源应不少于 2 个。我国南方城镇可以结合水网综合布置，无河网城镇可以结合重要公共建筑修建蓄水池、喷泉、荷花池、观鱼池等，并设置环形车行道，为消防车取水灭火创造有利条件，这类水池平时可以作为消防水源，遇到灾害破坏城镇管网中断供水水源时，也可用来灭火。城镇中三级及三级以上耐火等级建筑占多数的城区，严重缺乏消防用水的，应规划建设人工消防蓄水池。每个水池的容量宜为 100~300m³，水池间距宜为 200~300m，寒冷地区应采取防冻措施。

（3）消防管道的管径与流速

生产、生活供水管道流速的选择以能节省基建投资和降低经常运转费用为原则。在规划设计中，要通过比较，选择基建投资和运转费用最经济合理的流速。在一般情况下，100~400mm 管径，经济流速为 0.6~1.0m/s；大于 400mm 的管径，经济流速为 1.0~1.4m/s。关于消防用水管道的流速既要考虑经济问题，又要考虑供水问题。因为消防管道不是经常运转的，如采用小流速大管径是不经济的，宜采用较大流速和较小管径。根据火场供水实践和管理经验，铸铁管道消防流速不宜大于 2.5m/s，钢管的流速不宜大于 3.0m/s。凡新规划建设的城镇、居住区、工业区，给水管道的最小管径不应小于 100mm，最不利点市政消火栓的压力不应小于 0.1~0.15MPa，其流量不应小于 15L/s。

7.2.3.5 室外消火栓的设置

新建的城镇(包括经济特区、经济开发区)、城区居住区、卫星城及工业区，其市政或室外消火栓的规划设置要求如下：

①沿城镇道路设置，并宜靠近十字路口。城镇道路宽度超过 60m 时，应在道路两边设置消火栓。

②消火栓距道边不应超过 2m，距建筑物外墙不应小于 5m。油罐储罐区、液化石油气储罐区的消火栓，应设置在防火堤外。

③市政或室外消火栓的间距不应超过 120m。对于城镇主要街道、建筑物集中和人员密集的地区，市政消火栓间距过大的，应结合市政供水管道的改造，相应增加室外消火栓，使之达到规定要求。

④市政消火栓或室外消火栓，应有一个直径为 150mm 或 100mm 和两个直径 65mm 的栓口，每个市政消火栓或室外消火栓的用水量应按 10~15L/s 计算。室外地下式消火栓应有一直径为 100mm 的栓口，并应有明显标志。

本章小结

本章主要对作为小城镇总体规划的组成部分的防灾工程规划进行了介绍和论述。主要介绍了灾害分类、防洪规划、防震规划、消防规划的标准、措施和规划布置等内容。

思 考 题

1. 小城镇防灾规划包括哪些内容？
2. 室外消火栓的布置有哪些要求？

推荐阅读书目

1. 小城镇规划与设计. 王宁，王炜，赵荣山. 科学出版社，2001.
2. 村镇规划. 金兆森. 东南大学出版社，1999.

第8章

小城镇旅游及历史文化遗产保护规划

在我国城镇旅游资源的开发过程中，人们往往只重视眼前的利益，不考虑可持续发展，缺乏长远规划，这些已经造成了对环境资源的严重破坏。因此我们必须认识到资源保护的重要性，合理规划和开发当地的旅游资源。

8.1 旅游规划

8.1.1 旅游规划的主要任务及内容

8.1.1.1 旅游规划的主要任务

旅游规划的任务包括历史任务和现实任务。

（1）历史任务

旅游规划的首要历史任务就是促使旅游系统的进化因素占据主导地位。旅游系统的进化即旅游现象的内部关系由简单到复杂、由低级向高级的上升性演化，它主要有两大标志，一是旅游系统的发展方向与人类社会的价值指向日趋一致；二是旅游系统内部的组织性、功能整合性日渐提高。旅游系统的结构由旅游者、旅游地和旅游企事业单位三大要素构成。其中旅游者要素汇成旅游动机，旅游目的地要素汇成旅游吸引力，旅游企业要素汇成旅游连接力。三大要素之间通过吸引力——需求、消费——生产和资源——利用连接成为一个有机的结构整体。该结构具有流转、竞争和增益等功能。旅游系统的结构不是孤立的客体，既定的发展方向是否能通过旅游系统的结构和功能得以实现，或者说旅游系统的结构与功能演变方向是否符合社会目的，是判断特定的旅游系统是否健康、是否需要实施规划调控的依据。

旅游规划的第二个历史任务就是引导和控制旅游系统规避发展的风险。规避旅游系统的整体发展风险，是保障旅游系统可持续发展的必要条件。对旅游系统的整体演变做出发展选择，实质上是对旅游系统的发展动态的控制过程。

旅游规划的第三个历史任务是确保旅游系统合目的、合规律地发展。

（2）现实任务

旅游规划的现实任务是为实现既定的旅游发展目标而预先谋划的行动部署，是一个不断地将人类价值付诸行动的实践过程。旅游规划的依据是建立在对未来的不确定性的基础上，建立在对现有"旅游关系之和"尚未完全认识的基础上的。在目前情况下，应集中有限资源，确保完成以下几项任务：

①合理配置旅游资源　资源是发展旅游的基础，市场是发展现代旅游的手段，效益是发展旅游的目的。从旅游系统发展控制的角度来看，忽视资源条件，旅游市场竞争的风险就会大大增加；没有需求基础，不能推出适销产品，就无法取得市场的成功。因此，旅游资源及相关资源，必须在市场条件下实现合理配置。

②提升旅游"产品"的质量　旅游作为一个完整的经历，其质量与获得该旅游经历所需花费的经济与时间代价，所形成的性能、代价比之优劣，是实现旅游市场交换的根本性因素。旅游者之所以愿意付出经济和时间代价，目的是来旅游目的地获得满意的旅游经历。从经济学的视角看，该旅游经历即产品。然而，旅游"产品"的这种整体性与目前旅游规划技术之间却存在着不小的距离。

③落实相关部门间的协作　从一流的旅游"产品"规划设计，到生产出一流的旅游"产品"，还有赖于相关生产资料、生产者和资金三方面的状况。旅游规划的又一重要任务，是根据旅游发展的专门需要，通过规划手段，合理调动社会经济系统中已有的支持力量，或组建新的支持力量。与此同时，指导和强化上述各方面的协同关系，降低成本，减缓波动。

④保障旅游可持续发展　旅游可持续发展是以保持生态系统、环境系统和文化系统完整性为前提，在保持和增加未来旅游发展机会的条件下所实现的现时的旅游发展。旅游可持续发展的内部特征，是生态环境压力小于旅游系统的承载力；外部特征则表现为增长连续性、系统稳定性和代际公平性。能否实现旅游可持续发展，在很大程度上取决于可持续发展战略能否落实为旅游规划的具体任务。该任务至少包括，容量控制与旅游流调节、环境保护与生态保护规划、历史文化保护规划以及安全防灾与保险等诸多方面的合理安排。借此，维护生态环境秩序、社会文化秩序和竞争秩序，从而为旅游系统和未来发展储备优异的资源条件，提供持续的发展动力。

总之，旅游发展的主要矛盾，是旅游系统在时间变量中进化与退化的矛盾。旅游规划是旅游资源优化配置与旅游系统合理发展的结构性筹划过程，它所肩负的历史使命，是促使旅游系统的进化，引导和控制旅游系统的发展，规避风险，确保旅游系统合目的、合规律、可持续地发展。旅游规划的总任务，是整体地改善旅游发展的结构有序性、功能协调性、发展和目的性之间的关系。

8.1.1.2　旅游规划的主要内容

旅游规划的基本内容根据规划实施的作用、性质、操作途径的要求，旅游规划的主要内容一般包括：

（1）直接管理的约束性内容

①旅游发展的目标与指标体系。

②旅游资源评价。

③劳动教育科技公共投资项目。

④安排容量规划与旅游流调节。

（2）委托或联合管理的约束性内容

①环境保护与生态保护规划（环保、农业、林业）。

②文化保护与社会发展规划(文化、社会事业发展)。

③旅游区区划与调整土地利用关系(土地、规划)。

④旅游市场维护与管理(工商、公安、旅游)。

⑤投资与资金筹措(汽委、经委、招商、旅游)。

⑥形象与营销(宣传、城建、旅游)。

⑦道路与交通(城建、旅游)。

⑧安全防灾(公安、消防、水利、林业)。

⑨基础设施安排(城建、规划)。

(3)引导性内容

①产业政策、竞争战略等。

②区位分析、市场调查与预测等。

③旅游产品(经历)体系规划(游览观光项目、娱乐项目、旅游接待、购物、游览线路组织)。

8.1.1.3　旅游规划的特征

旅游规划和其他类型的规划相比较,主要具有系统性和综合性、层次性和地域性、基础性和前瞻性的特征。

(1)系统性和综合性

旅游规划从字面上看,即"对旅游的规划",这里的旅游指现代旅游系统,因此,旅游规划的内容理应包括与旅游系统及其发展谋划有关的全部方面。旅游系统及其发展所涉及的部门、因素繁多,按照人们普遍接受的、从旅游综合体的角度界定的"三要素论"划分,旅游活动是由旅游者(旅游活动的主体)、旅游资源(旅游活动的客体)和旅游业(旅游活动的媒介)3 个要素构成的;按照从旅游活动角度界定的"六要素论"的划分,旅游活动是由食、宿、行、游、购、娱 6 个要素构成的。旅游规划就是在综合分析各部门和各要素发展历史和现状的基础上,提出区域旅游系统的发展目标及为实现既定目标的行动部署,因此旅游规划具有较强的系统性和综合性。

(2)层次性和地域性

任何一个旅游规划都是针对一个具体区域的规划,以中国为例,最大范围的旅游规划为全国旅游发展规划,向下依次为跨省区的大区域旅游发展规划,如西北旅游发展规划、西南旅游发展规划等;省(自治区、直辖市)级旅游发展规划,如北京市旅游发展规划、浙江省旅游发展规划、内蒙古自治区旅游发展规划等;地区(地级市)级旅游发展规划,如皖南地区旅游发展规划、鄂尔多斯市旅游发展规划等;县(县级市)级旅游发展规划,如牙克石市旅游发展规划、凉城县旅游发展规划等;最小范围的应为旅游景区(点)规划,如黄山风景区规划、凤凰山庄旅游区规划等。旅游规划应针对具体地线范围而有所不同,但不同地线层次的规划之间应是相互联系、相互制约和相互转化的关系,较小区域的规划应该遵循和符合较大区域规划的部署和安排。

(3)基础性和前瞻性

旅游规划工作本身,需要收集大量的基础性资料,需要对影响旅游地发展的自然、社会、经济背景等方面的基本情况进行详细的调查、分析，特别是对规划范围内的旅游资源状况、旅游产品的可能市场需求要认真进行研究。上述工作为旅游规划前期的基础性工作，此项工作的认真扎实与否直接影响旅游规划的质量。同时，旅游规划一般要求对旅游地近期(5 年以内)、中期(5～10 年)、远期(10～15 年)3 个阶段的发展目标和行动计划做出部署、安排和规划，使规划方案既能指导近期旅游建设和满足旅游发展需要，又可保持远近结合，实现旅游永续发展。

8.1.1.4　旅游规划与其他规划的关系

旅游规划和区域规划、城市规划、风景园林规划、社会经济发展规划有着密切的关系。

(1) 与区域规划的关系

区域规划，是特定地域的综合性开发规划。它主要源自对人口和工业集中地区的综合性规划，并不断发展、扩大而形成的。国土规划，则侧重于针对土地资源的开发利用、治理保护而展开的全面规划，它是由解决人口、环境、资源问题发展起来的。这两者的作用和内容，在发展过程中正在逐步趋同，即均趋于成为资源开发利用和建设布局等重大内容的综合性规划。与社会经济发展规划主要偏重于社会经济发展目标、预测和方针的制定不同，区域规划主要侧重于用各种技术手段揭示开发、建设、保护的整体性、合理性、可达性。

旅游规划与同级区域规划的关系，如同其他专项规划与区域规划的关系一样，是对区域规划的充实和深化。旅游规划，一方面借助区域规划在水利、农林、交通、城镇布局方面所创造的条件；另一方面通过区域旅游资源利用的论证与综合安排，为区域规划的制定提供基础依据。

(2) 与城市规划的关系

旅游系统是城市系统中的一个子系统，旅游业作为国民经济中最具活力的朝阳产业，旅游专项规划和城市土地利用、道路交通、市政公用设施、园林绿化系统、环境保护等专项规划成为城市总体规划中不可或缺的组成部分。旅游专项规划既不能脱离城市总体规划面独立存在，也不能脱离与城市总体规划的融合，否则，无法保证旅游规划的内容得以付诸实施。

(3) 与风景园林规划的关系

风景园林是旅游地的重要旅游资源，由于旅游资源的广泛性和旅游业的综合性，旅游规划的内容要比风景园林规划内容广泛得多。与传统风景园林规划不同的是，在旅游规划中以旅游资源为基础、为满足旅游市场的需求所设计的旅游项目和开发的旅游产品，满足的是旅游者在旅游活动过程中食、宿、行、游、购、娱的需求，而绝不仅仅是创造优美环境。当然许多旅游地规划中的以优化、美化环境为主要内容的环境规划设计任务，还需要风景园林规划师来承担。

(4) 与社会经济发展规划的关系

社会经济发展规划是对某一地区社会经济发展的战略目标、发展模式、主要比例关系、发展速度、发展水平、发展阶段及相互之间的各种关系所做出的谋划或计划。社会经济发展规划一般偏重于经济方面，它对各级各类规划具有指令性的作用，因此也是制定旅游规划的重要依据。反过来，社会经济发展规划的制定是以国民经济各部门规划为基础，通过在更高层次上的综合、协调而形成的，当然旅游规划也是制定高级社会经济发展规划的基础。

8.1.2　旅游资源的调查与评价

8.1.2.1　旅游资源的定义

《中国旅游资源普查规范（试行稿）》对旅游资源作了如下的定义："自然界和人类社会凡能对旅游者产生吸引力，能激发旅游者的旅游动机，具备一定旅游功能和价值，可以为旅游业开发利用，并可产生经济效益、社会效益和环境效益的各种事物和因素，都可视为旅游资源。"在《旅游资源分类、调查与评价》（GB/T 18972—2003）中，对旅游资源作如下定义："自然界和人类社会凡能对旅游者产生吸引力，可以为旅游业开发利用，并可产生经济效益、社会效益和环境效益的各种事物和因素。"可以看出，上述两个定义的基本内容一致，都是从自然界和人类社会两个角度去诠释。

8.1.2.2　旅游资源的分类

根据旅游资源的定义，可将旅游资源分为自然旅游资源和人文旅游资源两大类。所谓自然旅游资源指天然形成的旅游资源，包括自然景观与自然环境，它处于自然界的一定空间位置、特定的形成条件和历史演变阶段；所谓人文旅游资源则是在人类历史发展阶段和社会进程中由人类社会行为促使而形成的具有人类社会文化属性的事物。其形成和分布不仅受历史、民族和意识形态等因素的制约，而且还受自然环境的深刻影响。

8.1.2.3　旅游资源的基本特征

从上述旅游资源的定义可见，旅游资源是一种特殊的资源，与其他类型资源相比较，旅游资源主要具有以下特征：

（1）美学特征——可观赏性

旅游资源同其他类型资源最主要的区别就在于旅游资源具有美学特征，具有观赏性，可以使旅游者获得美的感觉或者引发美的联想。无论是名山大川、奇石异洞、海湖泉瀑、风花雪月，还是文物古迹、民族风情、城乡风貌、文学艺术等，任何一种旅游资源都应该具备这样的基本功能。旅游资源的美学特征越突出，观赏性越强，对旅游者的吸引力越大。

（2）空间特征——区域分异性和不可转移性

旅游资源的空间分布具有明显的区域分异规律，主要原因是任何一种旅游资源的形成都会受到特定地理环境各要素的制约，不同旅游资源，其形成要求的地理环境背景条件不同，因此造就了旅游资源的区域性特征。例如，我国北方与南方、东部与西部在地理环境上的差异，造成自然景观、人文景观南北、东西的迥然不同。北方山水浑厚、南方山川秀美，东部山清水秀、西部山高谷深。

旅游资源在空间上的位置是不可以移动的，虽然有些旅游资源个体，如塔、庙等可能会有小尺度迁移发生，但并未从根本上改变旅游资源的不可转移性。同时旅游资源的不可转移性还有一层含义，即当旅游资源开发成旅游产品并被出售时，资源乃至产品的所有权不能转移。

（3）时间特征——时代性和变化性

从上述旅游资源的定义当中可以看出，随着时代的变迁，旅游资源概念的外延在不断地变化。过去不是旅游资源的如皇家陵寝现在已经成为旅游资源，现在不属于旅游资源的在将来也有可能因对旅游者产生吸引力而成为旅游资源。总之，旅游资源随着时代的需求而产生、发展，品种数量在不断增加；旅游资源也因时代的不同而具有不同的功能、价值。旅游资源在时间上会呈现出一定的变化性。比较突出的为自然景物随时间变化的特征，有的表现为周期变化特征，如日出日落、潮涨潮落、四季景色，都有一定的周期变化规律；有的表现为随机变化特征，由于它们的出现具有一定的随机性，因此颇具神秘感。

（4）社会特征——民族性或文化性

旅游资源的民族性或文化性的内涵是不同民族或具有不同文化背景的旅游者对旅游资源的价值判断会有不同，换句话说，一种自然存在或社会现象是否会成为旅游资源，会因民族或文化的差异而不同。如对于久居都市的居民来说，大山里的古木怪石、松涛月色，郊区农村的安逸恬静和独特的农家风情，足可以吸引他们前往并使他们获得美的享受而对长期生活于此的山民来说，面对这一切可能麻木不仁，甚至产生一种厌恶感。反过来，都市风光对于城市居民和乡村居民来说也会有不同的感受。

（5）开发利用特征——永续性和不可再生性

永续性是指旅游资源具有可以重复利用的特点。其他类型的资源如矿产资源、常规能源资源、森林资源等，随着人类的不断开发利用，数量会不断地减少。旅游资源则不同，旅游者付出一定的金钱和代价所购买的是一种经历和感受，而不是旅游资源本身。因此，从理论上讲，旅游资源可以长期甚至永远地重复利用下去。

但是，如果开发利用不当，旅游资源也会遭到破坏，而且一旦破坏难以再生，这就是旅游资源不可再生性的内涵。旅游资源是自然界的造化和人类历史的遗存，是在一定的自然和社会历史条件下产生的，尽管它种类丰富，但数量毕竟有限。这就要求旅游资源的开发，必须以保护性开发为原则，以科学合理的规划为依据，依靠一定的经济、法律手段，切实加强旅游资源的保护和管理。

8.1.2.4　旅游资源的调查

旅游资源调查是进行旅游资源开发利用、旅游规划编制的基础工作之一，是进行旅游资源评价的前期工作，同时也为后续的旅游产品开发提供前提条件。

（1）旅游资源调查的目的和内容

旅游资源调查的目的，是查明规划区内旅游资源的类型、数量、分布、组合状况、成因、价值等，掌握在旅游资源开发、利用和保护中存在的问题，为旅游规划提供可靠的资料。

旅游资源调查的内容主要包括以下几个部分：

①旅游资源存在区的环境条件，即旅游资源的背景条件调查。

②旅游资源的数量、类型、品质、分布、规模，即针对旅游资源本身的调查。

③旅游资源的开发现状和开发条件，即针对旅游资源外部开发条件的调查。

（2）旅游资源调查的步骤和方法

①调查准备阶段

a. 计划制订：旅游资源调查计划主要包括调查的目的、对象、线路、区域的范围、调查工作的时间表和精度要求、主要调查方式和成果的表达方式。

b. 资料收集：包括地方志、乡土教材、旅游区与旅游点介绍、专题报告等；与旅游资源调查区有关的各类图像资料和反映调查区旅游环境和旅游资源的专题地图及相关的各种照片、影像资料等。

c. 仪器和设备的准备：包括定位仪器、简易测量仪器、影像设备等。

②实地调查阶段　这一阶段的主要任务是在准备工作，特别是在第二手资料收集分析的基础上，采取相应的调查方法获得第一手资料。常用的实地调查方法有以下 3 种：

a. 野外实地踏勘：这是实地调查最基本的方法。调查人员通过观察、踏勘、测量、摄像等方式，直接接触旅游资源，获得客观的感性认识，取得宝贵的第一手资料。

b. 访问座谈：这是实地调查的辅助方法。调查人员通过走访当地居民或以开座谈会的方式，为实地勘察提供线索、确定重点，提高勘察的质量和效率。

c. 问卷调查：可以通过行政渠道将问卷分发给各有关部门或发放给现场游客和当地居民，填写之后集中收回，这些问卷将对资源调查工作有重要的参考价值。

③资料整理阶段　对实地调查所收集的直接和间接资料进行分类整理，最终形成综合性、建设性的旅游资源调查报告和旅游资源分布现状图。调查报告的内容应写明调查区旅游资源的基本类型、开发历史和现状等，并对其存在的问题提出意见和建议。

8.1.2.5　旅游资源的评价

要使旅游资源优势转化为旅游产品优势，并产生良好的经济效益、社会效益和环境效益，就必须对旅游资源的开发利用价值进行科学综合的评估。旅游资源评价就是在对旅游资源进行全面系统调查的基础上，依据科学的标准和方法衡量旅游地旅游资源的综合开发利用价值，以便为做好旅游规划奠定坚实的基础。

（1）旅游资源的评价原则

旅游资源评价工作，涉及面广，情况复杂，为了使旅游资源评价客观、公正，结果准确、可靠，一般应遵循以下基本原则：

①全面系统的原则　旅游资源的类型是多种多样的，它的价值和功能也是多层次、多方位的。这就要求在进行旅游资源评价时，不仅要注重对旅游资源本身的数量、质量和特色等因素的评价，还要把旅游资源所处区域的区位、环境、交通、经济发展水平、建设水平等开发利用条件，作为外部条件纳入评价的范畴，全面完整地进行系统评价，准确地反映旅游资源的整体价值。

②兼顾三大效益的原则　评价旅游资源，要考虑三方面的效益。一是经济效益，即

能够增加收入、促进经济发展、调整产业结构、增加就业机会、改变投资环境等；二是环境效益，对自然和人文环境的保护有促进作用，为人类提供有利于身心健康的游览、娱乐场所；三是社会效益，即能使旅游资源所在地的社会环境通过与外界的交流得到提高。总之，要通过充分合理地开发利用旅游资源，获得多方面的综合效益。

③尊重事实与动态发展的原则　旅游资源本身及其开发的外部社会经济条件，是在不断变化和发展的，这就要求在进行旅游资源评价时，不仅要从旅游资源调查的客观实际出发，做出实事求是的评价，还要用动态发展和进步的眼光看待变化趋势，对旅游资源及其开发利用前景做出积极、全面和正确的评价。

④定性与定量相结合的原则　常用的旅游资源的评价方法有定性评价和定量评价两种方法。定性评价，一般只能反映旅游资源的概要状况，主观色彩较浓、可比性较差；定量评价，是根据一定的评价标准和评价模型，将旅游资源的各评价因子经过客观量化处理，其结果具有一定的可比性。在旅游资源评价的实际工作中，应将两种方法密切结合，得出客观的评价结果。

（2）旅游资源的评价方法

旅游资源评价的核心问题是评价标准，即评价方法的选择问题。不同的评价方法所采用的标准不同，因此评价结果也会有所不同。在旅游资源基础评价方面，国内目前较具权威性的评价系统是《旅游资源分类、调查与评价》（GB 18972—2003）国家标准，该国家标准对旅游资源分类体系中旅游资源单体的评价，是采用打分评价的方法。

①评价体系　该标准依据"旅游资源共有因子综合评价系统"赋分，系统设"评价项目"和"评价因子"两个档次，评价项目为"资源要素价值""资源影响力""附加值"。其中，"资源要素价值"项目中含"观赏游憩使用价值""历史文化科学艺术价值""珍稀奇特程度""规模、丰度与概率""完整性"5项评价因子；"资源影响力"项目中含"知名度和影响力""适游期或使用范围"2项评价因子；"附加值"含"环境保护与环境安全"1项评价因子。

依据旅游资源单体评价总分，将其分为五级，从高级到低级为：

五级旅游资源，得分值域≥90分；

四级旅游资源，得分值域≥75~89分；

三级旅游资源，得分值域≥60~74分；

二级旅游资源，得分值域≥45~59分；

一级旅游资源，得分值域≥30~44分；

此外还有未获等级旅游资源，得分≤29分。

其中，五级旅游资源称为"特品级旅游资源"；五级、四级、三级旅游资源被通称为"优良级旅游资源"；二级、一级旅游资源被通称为"普通级旅游资源"。

②计分方法　评价项目和评价因子用量值表示，资源要素价值和资源影响力总分值为100分。其中："资源要素价值"为85分，含"观赏游憩使用价值"30分、"历史科学文化艺术价值"25分、"珍稀或奇特程度"15分、"规模、丰度与概率"10分、"完整性"5分；"资源影响力"为15分，含"知名度和影响力"10分、"适游期或使用范围"5分；"附加值"中"环境保护与环境安全"，分正分和负分。每一评价因子分为4个档次，其因

子分值相应分为 4 档。

8.1.3 旅游规划程序的编制

8.1.3.1 规划任务确定阶段

（1）委托方确定编制单位

委托方应根据国家旅游行政主管部门对旅游规划设计单位资质认定的有关规定确定旅游规划编制单位。通常有公开招标、邀请招标、直接委托等形式。

①公开招标 委托方以招标公告的方式邀请不特定的旅游规划设计单位投标。

②邀请招标 委托方以投标邀请书的方式邀请特定的旅游规划设计单位投标。

③直接委托 委托方直接委托某一特定规划设计单位进行旅游规划的编制工作。

（2）制订项目计划书并签订旅游规划编制合同

委托方应制订项目计划书并与规划编制单位签订旅游规划编制合同。

8.1.3.2 规划前期准备阶段

（1）旅游资源调查

对规划区内旅游资源的类别、品位进行全面调查，编制规划区内旅游资源分类明细表，绘制旅游资源分析图，具备条件时可根据需要建立旅游资源数据库，确定其旅游容量。

（2）旅游客源市场分析

在对规划区的旅游者数量和结构、地理和季节性分布、旅游方式、旅游目的、旅游偏好、停留时间、消费水平进行全面调查分析的基础上，研究并提出规划区旅游客源市场未来的总量、结构和水平。

（3）对规划区旅游业发展进行竞争性分析

确立规划区在交通可进入性、基础设施、景点现状、服务设施、广告宣传等各方面的区域比较优势，综合分析和评价各种制约因素及机遇。

（4）政策法规研究

对国家和本地区旅游及相关政策、法规进行系统研究，全面评估规划所需要的社会、经济、文化、环境及政府行为等方面的影响。

8.1.3.3 规划编制阶段

①确定规划区旅游主题，包括主要功能、主打产品和主题形象；

②确立规划分期及各分期目标；

③提出旅游产品及设施的开发思路和空间布局；

④确立重点旅游开发项目，确定投资规模，进行经济、社会和环境评价；

⑤形成规划区的旅游发展战略，提出规划实施的措施、方案和步骤，包括政策支持、经营管理体制、宣传促销、融资方式、教育培训等；

⑥撰写规划文本、说明和附件的草案。

8.1.3.4　规划征求意见阶段

规划草案形成后，原则上应广泛征求各方意见，并在此基础上，对规划草案进行修改、充实和完善。

8.1.4　旅游区规划

8.1.4.1　旅游区总体规划

城镇旅游区总体规划是旅游区详细规划的基础，是从整体的角度对旅游区的旅游资源进行优化配置，从发展旅游业的长远角度考虑的旅游产业规划设计。旅游区总体规划不仅重视自然景观的设计以及区域范围内路线与设施设计，还从市场的角度规划旅游景观和设施，设计旅游活动项目，强调资源和环境保护对旅游可持续发展的重要性，突出可操作性，尽量做到经济、社会和环境效益的综合兼顾。

（1）任务与要求

城镇旅游区总体规划的任务是以区域旅游发展战略规划为依据，分析旅游区客源市场，确定旅游区的主题形象，划定旅游区的用地范围及空间布局，安排旅游区基础设施建设内容，提出开发措施。旅游区总体规划的基本要求和特点主要有以下方面：

①产业链条的完整设计　既然从旅游产业角度出发，对其产业链条就应该有一个具体的完整的规划设计，从资源调查、市场预测、项目设计、设施建设等方面形成完善的产业体系。

②投入产出的效益分析　旅游产业的突出特点就是注重经济效益，因此投入产出的效益分析必不可少，在以保护为前提的基础上获取最大经济效益。

③规划措施的切实可行　无论是从空间、时间角度的规划，还是旅游区定位、规划实施步骤，都要突出切实可行的较强的操作性。

④经营运作的动态规划　具体的经营运作要考虑各种动态因素，如旅游景区中交通车辆的配备、各功能区之间的协调与联系等。

（2）主要内容

为完成旅游区总体规划的任务，根据《旅游规划通则》（GB/T 18971—2003），旅游区总体规划的主要内容包括：

①对旅游区客源市场的需求总量、地域结构、消费结构等进行全面分析与预测。

②确定旅游区的范围，进行现状调查和分析，对旅游资源进行科学评价。

③确定旅游区的性质和主题形象。

④确定规划旅游区的功能分区和土地利用，提出规划期内的旅游容量。

⑤进行旅游区各专项规划。

⑥研究并确定旅游区资源的保护范围和保护措施。

⑦提出旅游区近期建设规划，进行重点项目策划。

⑧对旅游区开发建设进行总体投资分析。

（3）成果要求

①规划文本。

②图件　包括旅游区区位图、综合现状图、旅游市场分析图、旅游资源评价图、总体规划图、道路交通规划图、功能分区图等其他专业规划图、近期建设规划图等。

③附件　包括规划说明和其他基础资料等。

④图纸比例　可根据功能需要与可能确定。

8.1.4.2　旅游区控制性详细规划

根据《旅游规划通则》，在旅游区总体规划的指导下，为了近期建设的需要，可编制旅游区控制性详细规划。

（1）主要内容

①详细划定所规划范围内各类不同性质用地的界线，规定各类用地内适建、不适建或者有条件地允许建设的建筑类型。

②划分地块，规定建筑高度、建筑密度、容积率、绿地率等控制指标，并根据各类用地的性质增加其他必要的控制指标。

③规定交通出入口方位、停车泊位、建筑后退红线、建筑间距等要求。

④提出对各地块的建筑体量、尺度、色彩、风格等要求。

⑤确定各级道路红线的位置、控制点坐标和标高。

（2）成果要求

①规划文本

a. 总则：制定规划的依据和原则，主管部门和管理权限。

b. 地块划分以及各地块的使用性质规划控制原则、规划设计要点和建筑规划管理通则。如各种使用性质用地的适建要求；建筑间距的规定；建筑物后退道路红线距离的规定；相邻地段的建筑规定；容积率奖励和补偿规定；市政公用设施、交通设施的配置和管理要求；有关名词解释；其他有关通用的规定。

c. 各功能区旅游资源、旅游项目和旅游市场的确定。

d. 各地块控制指标：控制指标分为规定性和指导性两类，规定性是必须遵照执行的，指导性是参照执行的。规定性指标一般有以下各项：用地性质；建筑密度（建筑基底总面积/地块面积）；建筑控制高度；容积率（建筑总面积/地块面积）；绿地率（绿地总面积/地块面积）；交通出入口方位；停车泊位及其他需要配置的公共设施。指导性指标一般有以下各项：人口容量（人/公顷）；建筑形式、体量、风格要求；建筑色彩要求；其他环境要求。

②图纸　包括旅游区综合现状图，各地块的控制性详细规划图，各项工程管线规划图等。

③附件　包括规划说明及基础资料。

8.1.4.3　旅游区修建性详细规划

根据《旅游规划通则》，旅游区修建性详细规划的任务是在总体规划或控制性详细规划的基础上，进一步深化和细化，用以指导各项建筑和工程设施的设计和施工。

（1）主要内容

①综合现状与建设条件分析。

②用地布局。

③景观系统规划设计。

④道路交通系统规划设计。

⑤绿地系统规划设计。

⑥旅游服务设施及附属设施规划设计。

⑦环境保护和环境卫生系统规划设计。

⑧竖向规划设计。

⑨工程管线综合规划设计。

(2)成果要求

①规划设计说明书　规划说明书包括现状条件分析；规划原则和总体构思；用地布局；空间组织和景观特色要求；道路和绿地系统规划；各项专业工程规划及管网综合规划；竖向规划；主要技术经济指标(一般应包括总用地面积、总建筑面积、容积率、建筑密度、绿地率等)；工程量及投资估算。

②图纸　包括综合现状图、修建性详细规划总图、道路及绿地系统规划设计图、工程管网综合规划设计图、竖向规划设计图、鸟瞰或透视等效果图等。

旅游区可根据实际需要，编制项目开发规划、旅游线路规划和旅游地建设规划、旅游营销规划、旅游区保护规划等功能性专项规划。

8.1.5　旅游资源的保护与开发

(1)城镇旅游资源保护的意义

①保护自然生态、社会文化　对于旅游资源中的自然资源，仅有部分资源是可再生的，如植被、水景，若人为干扰强度不大，可以通过自然调节和人为恢复，但耗时久、投资巨大。而更多自然资源是不可再生的，如山岩、溶洞等。对于人文资源，绝大多数是人类历史长河中遗留下来的文化遗产，一旦毁灭，不可能再生，即使付出极大的代价仿造，其意义也发生了根本性的改变。旅游资源的"易损性"和"难以再生""不可再生"的特点，使旅游资源和旅游环境的保护具有深远的历史和现实意义。同时旅游资源的保护不仅是自身的需要，也是保护我们赖以生存的自然生态环境和社会文化环境的需要。

②保护旅游资源有利于实现旅游的可持续发展　旅游可持续发展的实现，其关键在于对旅游资源的保护。这是因为"旅游是一个资源产业，一个依靠自然禀赋与社会遗产的产业"，它的发展基础是旅游资源。所以任何一个旅游地欲谋求其旅游业的长久、持续发展，必须首先谋得旅游资源的持续利用，否则由于旅游资源及环境的退化而导致的旅游地吸引力的衰竭，将直接威胁着该旅游地"生命"的延续。

③保护旅游资源及环境是我国保障旅游业健康发展的重要战略对策　1978年以来，我国在开发、利用旅游资源，发展旅游业的过程中，把旅游资源和环境保护当作旅游发展战略的重要部分，贯彻资源与环境保护这一基本国策，取得了一些成绩。但同时也存在不少问题，如部分热点旅游地污染严重，局部生态环境遭到破坏，旅游资源受到损害等，这些问题严重影响了当地旅游事业的健康发展。在今后的发展中，旅游业应始终坚持资源与环境保护这一基本国策，促进城镇旅游业的健康、稳定发展。

（2）城镇旅游资源的开发利用

不同的城镇，旅游资源特点也不尽相同。对于当地旅游资源的开发，应充分结合其特点，做到因地制宜，扬长避短，合理开发。下面就小城镇开发利用的几种常见形式作一介绍。

①开发利用城镇历史古迹 我国的五千年历史为城镇留下了丰富的历史古迹，有寺庙、宫殿、戏楼、传统民居、城堡、堡门、石碑、故居等。因此，可以充分利用现有的历史古迹，加强宣传，扩大影响，开发景点及相关的旅游产品。

②因地制宜，结合城镇生产，开发特色旅游 比如一些地区有着良好的气候、土壤条件，适宜种植花卉、水果、蔬菜，可以开发生态旅游，修建采摘园，不仅有助于增加游客对植物的观赏情趣，还可以使他们体会到收获的乐趣。

③利用当地的自然资源，开发休闲、疗养旅游型城镇 这类城镇应以优美的环境、方便的交通、充分接触大自然为主要特点。它们所特有的山、水、林、田、阳光、草地、河滩、温泉、矿泉是城市所不具备的，游客们来到这里，可以避开都市的喧闹，放松自己的身心。

④发展体育、娱乐型城镇 以当地的某种体育项目为主题，吸引爱好者前来旅游参观，参与其中，使游客从中获得乐趣与享受，如狩猎、钓鱼等。

⑤发展文化旅游型城镇 以当地的特色文化，如地方戏、地方风土人情、名人故事为主题，整合文化资源，突出当地文化特色，发展文化旅游。

⑥开发现代化城镇风貌旅游资源 有许多城镇的建设在全国处于前列，成为其他城镇模仿和借鉴的对象。因此它们可以将其现代化的城镇风貌和成功的建设模式作为旅游看点，来吸引区外游客。

⑦开发商贸旅游城镇 某些城镇经过长期的发展，成为某种产品的重要集散地，会引大批游客前来购物。

⑧开发民风、民俗旅游城镇 我国是一个多民族国家，民风、民俗各不相同，因此可以将当地的民俗、民风作为旅游开发的主题，吸引外地游客。

除此之外，各地可根据自身的情况，因地制宜、合理地发展各种特色旅游，但对现有旅游资源进行开发时，应避免盲目人工造景。

8.2 历史文化遗产保护规划

8.2.1 历史文化遗产保护的内容

历史文化遗产保护的内容主要包括 4 个方面：文物古迹的保护、历史地段的保护、古城风貌特色的保护与延续、历史传统文化的继承和发扬。

（1）文物古迹

文物古迹包括类别众多、零星分布的古建筑、古园林、历史遗迹、遗址、杰出人物纪念地，还包括古木、古桥等历史构筑物。

（2）历史地段

历史地段包括文物古迹地段和历史街区。文物古迹地段是指由文物古迹（包括遗迹）

集中的地区及其周围的环境组成的地段。历史街区是指保存有一定数量、一定规模的历史建筑物、构筑物且风貌相对完整的生活地区，该地区的整体反映某一历史时代的风貌特色，具有较高的价值。它不仅包括有形的建筑物及构筑物，还包括蕴含其中的无形文化遗产，如价值观念、生活方式、组织结构、人际关系、风俗习惯等。

（3）古城镇风貌特色

古城镇风貌特色包括古城镇空间格局、自然环境、建筑风格。古城镇空间格局指城镇的平面布局、方位轴线、道路骨架、河网水系等。古城镇自然环境指城镇的重要地形、地貌及与重要历史有关的山、水、花、木等。古城镇建筑风格指建筑的式样、高度、体量、材料、平面布局、与周围建筑的关系等。

（4）历史传统文化

历史传统文化主要包括传统艺术、民间工艺、民俗精华、名人轶事、传统产业等，是无形的历史文化遗产。

8.2.2 文物古迹保护区的划定

对现有的文物古迹，根据自身价值和环境特点，一般分为绝对保护区与建设控制地带2个层次，对有重要价值或对环境要求十分严格的文物古迹可增设环境协调区为第3个层次。

（1）绝对保护区

绝对保护区指列为国家、省、市级的文物古迹、建筑、园林等本身用地范围，所有的建筑与环境均要按文物保护法的要求进行保护，不允许随意改变原状、面貌及环境。如需要进行必要的修缮，应在专家指导下按原样修复，做到"修旧如旧"，并严格按审核手续进行报批。对绝对保护区内现有的影响文物风貌的建筑物、构筑物必须坚决拆除。

（2）建设控制地带

建设控制地带指为了保护文物本身的完整和安全所必须控制的周围地段，即在文物保护单位的范围（即绝对保护区）以外划一道保护范围，一般视历史建筑、街区布局等具体情况而定，用以控制文物古迹周围的环境，使这里的建设活动不对文物古迹造成干扰。一般而言，要控制建筑的高度、质量、形式、材料、色彩等。

（3）环境协调区

对有重要价值或对环境要求十分严格的文物古迹，在其建设控制区的外围可再划一道界线，并对这里的环境提出进一步的保护控制要求，以求得保护对象与现代建筑之间的合理空间与景观的过渡。

8.2.3 历史文化城镇保护规划

历史文化城镇保护应注重保护城镇的文物古迹和历史地段，保护和延续古城、古镇的风貌特点，继承和发扬传统文化。

编制保护规划应当分析城镇的历史演变及性质、规模等相关特点，根据历史文化遗存的性质、形态、分布等特点，确定保护内容和工作重点，并且突出保护重点。对于具有传统风貌的商业、手工业、居住以及其他街区，需要保护整体环境的文物古迹、纪念建筑集中连片的地区，或在城镇发展史上有历史、科学、艺术价值的近代建筑群等，要划定为"历史文化保护区"予以重点保护。特别要注意濒临破坏的历史实物遗存的抢救保护，但对已不存在的文物古迹不提倡重建。

保护规划成果一般由规划文本、规划图纸和附件 3 部分组成：

①规划文本　表述规划意图、目标和对规划有关内容提出的规定性要求，文本表达应当规范、准确、肯定、含义清楚。它一般包括以下内容：城镇历史文化价值概述；历史文化城镇保护原则和保护工作重点；各级重点文物保护单位的保护范围、建设控制地带以及各类历史文化保护区的范围界线，保护和整治的措施要求；对重要历史文化遗存修缮、利用和展示的规划意见；重点保护、整治地区的详细规划意向方案；保护规划的实施管理措施等。

②规划图纸　一般包括文物古迹、传统街区、风景名胜分布图；历史文化城镇保护规划总图，比例尺 1∶5 000～1∶10 000，图中标绘各类保护控制区域，各级重点文物保护单位、风景名胜、历史文化保护区的位置、范围和其他保护措施示意；重点保护区域界线图，比例尺 1∶500～1∶2 000，在现状图上，逐个、分张画出重点文物的保护范围和建设控制地带的具体分界线；逐片、分线画出历史文化保护区、风景名胜保护的具体范围；重点保护、整治地区的详细规划意向方案图。

③附件　附件包括规划说明书和基础资料汇编，规划说明书的内容包括现状分析、规划意图论证、规划文本解释等内容。

8.2.4　历史街区的保护规划

（1）历史街区的划定原则

①历史街区的范围划定应符合历史真实性、生活真实性及风貌完整性原则　街区内的建筑、街巷及环境建筑物等反映历史面貌的物质实体应是历史遗存的原物，而不是仿造的。年代久远的建筑物、构筑物成片保护至今，即使后代有所改动，但改动的部分不多，而且风格基本上是统一的。

②历史街区的范围划定应兼顾 2 个方面的要求　一方面，历史街区范围内的建设行为将受到严格限制，同时该范围也是实施环境整治、施行特别经济优惠政策的范围，所以划定的规模不宜过大；另一方面，历史街区要求有相对的风貌完整性，要求能具备相对完整的社会结构体系，因此划定范围也不宜过小。之所以强调有一定规模、在一定范围内环境风貌基本一致，是因为只有达到一定规模才能形成历史环境地区，人们从中才能感受到历史文化的气氛。

③考虑到保护管理条例的可操作性，保护层次的设定不宜过多　范围划定应考虑历史建筑、构筑物边界或建筑物所在地块的边界、地貌、植被等自然环境的整体性，风貌景观的完整性，并结合道路、河流等明显的地物地貌标志，兼顾行政管辖界线划定。

（2）历史街区保护范围的划定

历史街区的保护范围必须根据历史城镇不同地段的不同特征进行划分，并制定相应的整治要求与整治对策。

为保护各级、各类文物保护单位并协调周围环境，保护历史城镇的传统风貌，一般可划分为三级保护区。

①绝对保护区（一级保护区）　为已经公布批准的各级文物保护单位（包括待公布的文物保护单位）其本身和其组成部分的边界线以内。在此范围内，不得随意改变现状，不得施行日常维护以外的任何修理、改造、新建工程及其他任何有损历史景观的建设项目。

②重点保护区（二级保护区）　为了保护历史景观和历史环境的完整性，必须控制的周围地段以及街区内有代表性的传统建筑群、街巷空间等。在此范围内，各种建设行为须在城镇建设、文物管理等有关部门审批下进行，其建设活动应以维修、整理、修复及内部设施更新为主。建筑的外观造型、体量、材料、色彩、高度都应与传统风貌相适应，较大的建筑活动和环境变化应实行专家委员会审定制度。

③一般保护区（三级保护区）　为保护和协调城镇的风貌完好所必须控制的地区。该范围内各种建设活动，应在城镇规划、文物管理等有关部门的指导下进行，以取得与保护对象之间合理的空间景观的过渡与环境形象的统一。

（3）建筑高度控制规划

历史文化城镇内确定的历史街区，一般都有较好的传统特色风貌，而传统特色地段内建筑都不高，要维护这种宜人的尺度和空间轮廓线，就要在保护区内制定建筑高度的控制规划。在保护区外有时也有高度控制的要求，这是城镇保护中的环境景观要求，因此，需要对城镇有高度控制的规划。许多城镇由于没有控制住新建筑的高度，造成了原有优美的传统风貌或天际轮廓线的破坏。

对建筑高度的控制，除了定出檐口的高度外，还要规定建筑或构筑物的总高度，并注明包括屋顶上的附属设施如水箱等的高度。将各文物古迹、历史建筑、标志景观的保护范围所要求的高度控制，以及各点之间的视廊控制，以及传统街巷、河道两侧的高度控制都统一做在城镇用地图上。再依据城镇保护总体要求，对历史街区、自然风景区的高度层次进行控制规划，两项内容叠加综合，并参照现状地形、地貌，以及其他建设开发控制规划进行适当调整，即可做出城镇保护的高度控制规划图。

8.2.5　历史文化遗产保护的法律制度

随着宪法、文物保护法及相关法律的颁布实施，标志着以文物为中心的保护制度在我国已趋于成熟。目前，历史文化城镇保护以地方性法规制定为主，国家也已颁布了历史文化城镇保护规划编制及审批方面的有关文件。我国历史文化遗产保护制度在现有的法律框架中，可分为全国性法律、法规及法规性文件和地方性法规及法规性文件 2 个层次。依照内容分为文物保护、历史文化保护区保护、历史文化城镇保护 3 个方面。

（1）法律、法规

历史文化保护区及历史文化名城都适用的法律：1979 年《中华人民共和国宪法》第二十二条，1982 年《中华人民共和国刑法》第一百七十四条，1989 年《中华人民共和国城市规划法》，1989 年《中华人民共和国环境保护法》。

关于文物保护的主要法律、法规与文件：1982 年《中华人民共和国文物保护法》和

1992年《中华人民共和国文物保护法实施细则》。

关于历史文化名城保护的相关法规与文件：1982年《关于保护我国历史文化名城的指示的通知》；1983年《关于加强历史文化名城规划工作的通知》；1986年《关于公布第二批国家历史文化名城名单通知》；1984年《关于审批第三批国家历史文化名城和加强保护管理的通知》；1994年《历史文化名城保护规划编制要求》。

（2）地方性法规及规章

由于我国地域广大，各地情况千差万别，因而在全国性法律法规的框架下制定地方性法规及规定很有必要，在现实操作中取得了良好的效果。

总而言之，历史文化遗产的保护工作是一项长期性的工作，是延续历史之脉，实现社会稳定和可持续发展的需要，切实保护与合理利用历史文化遗产是世界各国城镇建设的战略性发展方向。

本章小结

本章主要对作为小城镇总体规划的组成部分的小城镇旅游及历史文化遗产规划进行了介绍和论述。旅游及历史文化遗产保护规划主要介绍了旅游资源的保护与开发规划的任务及内容、旅游资源的调查与评价、旅游规划编制的程序、旅游区规划及旅游资源的保护与开发；历史文化遗产保护内容和保护规划等内容。

思 考 题

1. 旅游规划的任务包括哪些？旅游规划编制的程序包括几个阶段？
2. 历史文化遗产保护的内容包括哪几个方面？

推荐阅读书目

1. 小城镇规划与设计. 王宁，王炜，赵荣山. 科学出版社，2001.
2. 村镇规划. 金兆森. 东南大学出版社，1999.

第 9 章

小城镇园林绿地系统规划

小城镇园林绿地系统是指城镇中由各种类型园林绿地所组成的生态系统，是用于改善城镇环境，抵御自然灾害，为居民提供生活、工作和休闲游憩的场所。

小城镇园林绿地系统由一定质与量的各类园林绿地相互联系、相互作用而形成的绿色有机整体，是城镇中不同类型、性质、规模、功能的各种绿地（包括城镇规划用地平衡表中直接反映和不直接反映的）共同组合构建而成的城镇绿色环境体系。

9.1 小城镇园林绿地系统的基本功能

（1）改善和保护环境功能

20 世纪 80 年代以来，随着中国改革开放的深入，以乡镇企业为主的乡镇经济发展迅猛，极大地推动了区域经济的发展，乡镇企业为中国农村经济社会的进步作出了重要贡献。但不可否认，无序扩张的乡镇企业生产中产生的废气、废水、废渣、烟尘和噪声也日益增加，严重影响着居民的生产及生活环境。园林绿地系统是小城镇生态环境体系的有机组成部分，它具有净化空气、保护水体、改良土壤、降低噪声等生态环境效益。

众所周知，绿色植物是地球氧气的主要制造者，同时，植物对空气中粉尘、细菌及有害气体均有较强的吸附、杀灭和化解作用。

据有关测定结果表明，每公顷阔叶树林在生长季节每天可吸收二氧化碳 1 000kg 和生产氧气 750kg，可供 1 000 人一天中呼吸氧气的所用；1hm² 的柏树林每天能分泌约 30kg 的杀菌素，可杀死白喉、肺结核、伤寒、痢疾等病菌；40m 宽的林带可降低噪声 10~15dB，若公路两侧乔灌木混植宽度为 15m 的绿化带，可降低道路交通噪声的 1/2；当发生火灾、地震乃至战争时，园林绿地能发挥实用功能，成为阻隔火源、容纳避难人群和削减放射性污染的最佳屏障与空间。

另外，绿地还有改善小城镇局部气候，如调节温湿度、通风防风的作用。研究结果表明，当夏季气温达 27.5℃ 时，草坪表面温度为 22~24.5℃，比裸露土地的温度低 6~7℃，比柏油路面低 8~9℃；而冬季森林里的气温比无林地区域的气温高 0.1~0.5℃。上述数据表明了园林绿地能有效地调节物体表面温度和湿度。在调节湿度方面，研究结果，植物覆盖尤其乔木林分布的区域，其空气的相对湿度和绝对温度都比地表裸露的区域大。如 1hm² 阔叶林在夏季约 3 个月时间内可蒸腾水分 2 500t，比相同面积裸露土地的蒸腾量高 20 倍；夏季绿地相对湿度比非绿化的区域高 10%~20%。

小城镇的带状绿地常常是绿色的通风走廊，特别是当绿带走向与夏季主导风向一致时，可把郊外清新空气引入城镇，为炎热的镇区中心创造良好的通风条件；而在冬季，当防风林带与寒风方向垂直时，林带可减弱风速，从而减少寒风对城镇的危害。

（2）休闲游憩功能

园林绿地是一种环境优美的空间境域，是居民理想的室外活动场地，居民日常大部分游憩如文娱、体育、儿童活动等均可在园林绿化环境中完成；园林绿地也是文化宣传、科普教育的理想场所，如风景名胜区、纪念性公园等可利用展览区、陈列室、纪念馆、宣传廊、园林题咏等多种形式进行宣传和教育活动。另外，小城镇常地处大自然环境中，其中可能分布的风景区、自然保护区以及周边的山山水水都是旅游、度假、休养或疗养的理想去处，尤其随着人们物质文化生活水平的不断提高及休息时间的增加，小城镇园林绿地的游憩功能将会得到更大的发挥。可见，小城镇园林绿地系统在提供游憩场所、陶冶居民性情、防灾减灾等方面作用十分明显。

（3）景观功能

园林绿地与建筑、道路、地形有机联系在一起，绿荫覆盖，生机盎然，构成小城镇景观的轮廓线。所以，园林绿化质量与水平是美化镇容村貌、丰富城镇面貌的关键。另外，绿化还有衬托建筑、增加其艺术效果的作用，通过采用园林艺术的各种手法，可利用植物来突出建筑物的个性，增强建筑物的艺术感染力。同时绿化在风景透视、空间组织、季节变化、体形色彩对比等方面，与建筑物相互衬托，共同体现环境景观。

（4）示范带动功能

小城镇被认为是"城市之尾，乡村之首"，其绿地系统是保护和改善城镇人居环境，尤其是完善城乡空间环境的生态系统和提高城镇的生态文明，为城乡经济、社会、文化的持续稳定发展服务，以创造和保障城乡居民安全、健康、舒适的空间环境和公正的社会环境，绿地既具有城镇自身环境建设的意义，又能够对社会主义新农村建设产生重大的示范辐射作用。

9.2 园林绿地的类型和组成要素

9.2.1 园林绿地的类型

园林绿地系统是小城镇绿色环境体系，其组成内容丰富多样，因城市或地区而异，其分类方法也多种多样，国内外许多学者开展过大量的研究和探讨，取得各具特色的成果并加以推广应用。

例如，俄罗斯城市绿地系统一般包括城市居住区与市内公园、花园、小游园、林荫道、公共建筑物环境绿化、企事业单位和公用场所绿地、郊区森林、森林公园、陵墓、苗圃、果园、菜园、市郊防护林、居住区与工业区隔离林带、水源涵养林、保土林等。而日本的城市绿地系统由公有绿地和私有绿地两部分组成，内容包括公园、运动场、广场、公墓、水体、山林农地、寺庙园地、公用设施园地、庭园、苗圃试验用地等绿地。在中国，城市绿地系统过去多指园林绿地系统，一般由城市公园、花园、道路绿地、单位庭院附属绿地、居住区环境绿地、湿地、园林圃地、经济林、防护林等各种林地，以及城市郊区风景名胜区游览绿地等各种城市园林绿地所组成。

从不同国家和城市的绿地系统的组成内容看，尽管有一些差异，有些名称也不一致，但总的来说，组成城市绿地系统的内容还是基本一致的。

根据中华人民共和国行业标准《城市绿地分类标准》（CJJ/T 85—2002），城市绿地分为公园绿地、生产绿地、防护绿地、附属绿地及其他绿地 5 大类。目前我国尚未制订针对小城镇园林绿地统一的分类标准，但可参照和借鉴这一标准，结合我国小城镇的实际并根据其功能和性质，将小城镇园林绿地可分为公共绿地、生产绿地、防护绿地和专用绿地 4 种类型。

（1）公共绿地

公共绿地（public park）是指小城镇内向公众开放，配备一定游憩设施的绿化用地及水域。例如纪念性公园、动物园、植物园、古典园林、风景名胜区绿地等公园绿地，通常其内设有一定的游憩设施，另外，宽度≥5m，用于绿化美化道路、江河湖海岸带、城墙等狭长的带状绿地也归属于公共绿地，如广西桂林市兴安县沿灵渠的滨水绿地即属此类。此类绿地参与城镇总体规划的用地平衡。

（2）生产绿地

生产绿地（nursery）是指为城市绿化提供苗木、花卉、草皮、种子等圃地。此类绿地在小城镇中比较常见，尤其地处大中城市附近的小城镇，其生产绿地常是城市绿化苗木的生产基地。生产绿地参与了城镇总体规划的用地平衡。

（3）防护绿地

防护绿地（green buffer）是指在城镇中具有卫生、隔离和安全防护功能的绿地。包括卫生隔离林带、道路防护绿地、水源保护区、自然保护区、高压线走廊绿带、防风林带、城镇组团隔离带、湿地、垃圾填埋场恢复绿地等。防护绿地参与了城镇总体规划的用地平衡。

（4）附属绿地

附属绿地（attached green space）是指小城镇建设用地平衡表中绿地以外其他各类建设用地的配套绿地，又称为专用绿地。包括居住用地、公共设施用地、工业用地、仓储用地、对外交通用地、道路广场用地、城镇市政设施用地和特殊用地中的绿地等。此类绿地不参与城镇总体规划的用地平衡。

9.2.2　园林绿地的组成要素

园林绿地类型丰富，但它们都是由植物、山石、建筑、水体等元素有机联系所构成，这些元素是构成园林绿地的基本物质要素。

（1）植物

植物是指园林绿地建设中所需的一切植物材料。随着城市化与工业化进程的加快、科技的发展以及人们生活水平的提高，人们日趋青睐源于自然界的植物，因而在现代园林中，植物已取代建筑而成为园林最主要的构成要素，甚至有学者认为它是园林"灵魂性"的要素。

园林植物可大致分为乔木、灌木、藤本植物、竹类、花卉、草坪植物和地被植物等

7 类。

①乔木 具有植株高大、主干明显、分枝点高等特点。如油松、南洋杉、杨树、榕树、核桃、泡桐等。根据植株高矮，乔木可分为大乔木（≥20m）、中乔木（8~20m）和小乔木（<8m）；依据生物学特性可分为常绿乔木和落叶乔木；根据叶形又可分为阔叶乔木（指叶片宽大，被子植物中的乔木多为此类）和针叶乔木（指叶片纤细如针状、鳞形等，裸子植物中的乔木多为此类）。

②灌木 没有明显的主干，常自基部分枝，一般呈丛生状，如九里香、连翘、木槿等。根据生物学特性可分为常绿灌木和落叶灌木；按植株高低可分为大灌木（≥2m）、中灌木（1~2m）和小灌木（<1m）。

③藤本植物 是指茎干纤细或柔弱而不能直立，必须依靠其某部分器官，或靠蔓延作用而攀附他物的植物，如爬山虎、常春藤、葡萄等。根据生物学特性，藤本植物可分常绿藤本和落叶藤本2类。

④竹类 是指禾本科中的木本植物，竹秆木质浑圆，中空而有节，常呈绿色，如毛竹、刚竹、马蹄竹等。但也有极少数种类竹秆呈方形，或几乎实心，或呈现其他颜色及形状，如方竹、紫竹、龟甲竹等。

⑤花卉 指姿态优美、花色艳丽、花香馥郁的草本或木本植物。木本花卉如榆叶梅、桃花、含笑等，而草本花卉如郁金香、睡莲、美人蕉等。根据生物学特性，花卉大致可分一年生花卉、二年生花卉和多年生花卉。一年生花卉常于春季播种，当年夏秋开花，故也称春播花卉；二年生花卉常于秋季播种，次年春季开花，故也称秋播花卉；多年生花卉栽植后可多年生长，生活史过程中只要条件适宜，则几乎能够年年开花。根据地下部分是否变态膨大，多年生花卉又可分球根花卉和宿根花卉2类。

⑥草坪植物 草坪是指由人工建植或人工养护，用于供观赏、休闲、游憩及体育活动的草地。草坪植物是指植株比较低矮，适宜于建植草坪的植物，又称草坪草，如沟叶结缕草、狗牙根、野牛草等。

⑦地被植物 指植株低矮（≤50cm），株丛紧密，用以覆盖园林地面，构成绿地景色，并避免"黄土露天""杂草滋生"等现象的植物。草本、灌木、藤本植物均有可能作为地被植物，如巢蕨、红背桂、地锦等。

（2）山石

山石是园林的构成要素之一，园林中的山石泛指各种堆山和置石。堆山包括地形的改造与重塑、堆叠假石山等。自然的土地需要加工、修饰、整理，可以形成一定的地形或假山。堆山和置石均属中国园林特色，是人化景观的艺术概括。不管古典园林还是现代园林，堆山和置石仍然是园林建设的主要内容。

（3）园林建筑

园林建筑泛指在园林绿地中，既有使用功能，可供观赏的景观建筑或构筑物。在现代社会，园林已发展到主要体现其生态环境功能的阶段，园林建设中强调以植物造景为主，园林建筑尽可能减少到最低限度。即使如此，我们也不能否认建筑在园林造景中的重要地位，它仍然是园林的构成要素之一。园林建筑种类丰富，根据其形式、使用功能可分为多种类型。

①按传统形式，园林建筑可分亭、廊、舫、榭、厅、堂、楼、阁、殿、斋、馆、轩、塔等。

②根据使用功能，园林建筑可分为文教宣传类园林建筑、文娱体育类园林建筑、服务类园林建筑、点景游憩类园林建筑、园林管理类建筑、园林小品等。

a. 文教宣传类建筑如宣传窗、动物舍、盆景、水景园、温室、荫棚、展览馆、阅览室等；

b. 文娱体育类建筑如露天演台、球馆、游艺场等；

c. 服务类建筑如大门、茶室、餐室、小卖部等；

d. 点景游憩类建筑如亭、廊、舫、榭、园桥、园路等；

e. 园林管理类建筑如办公楼、蓄水池等；

f. 园林小品如院墙、栏杆、漏窗、花墙、园灯、园椅、园桌等。

（4）水体

水是园林绿地不可缺少的重要组成部分，水体可使园林产生生动活泼的景观，形成开阔的空间和透视线，成为造景的重要因素。根据形状，水体可分自然式水体和规则式水体2种。

自然式水体是天然的或模仿天然水体形态的河、湖、溪、涧、泉、瀑等，在园林中多随地形而变化。

规则式水体是人工开凿成几何形状的水面，如运河、水渠、水池、喷泉、瀑布等。

按动静状态，园林水体还可分为动态水体（如喷泉、瀑布等）和静态水体（如湖泊、池沼等）2类。

9.3 园林绿地指标及其规划

9.3.1 园林绿地指标的意义

园林绿地指标是指小城镇园林绿化的数量规模和质量水平。为便于城镇绿化的规划、建设及管理，提高城镇园林绿化水平，有必要制订园林绿地指标。园林绿地指标的意义主要表现在：用于反映绿地的质量与绿化效果，评价城镇环境质量和居民生活水平；作为城镇总体规划各阶段调整用地的依据之一，评价规划方案的经济性及合理性；指导城镇各类绿地的规划与设计，估算城镇建设的投资规模；统一全国计算口径，为园林绿化的科研和决策提供可比数据，同时有利于国际比较及交流。

衡量一座城镇园林绿化水平的高低，首先是看其绿地的数量，其次是看绿地质量，最后看绿化效果（绿化艺术），即看自然和人工环境的协调程度。根据我国小城镇的环境特点及现状，一般采用人均公共绿地面积、绿地率和绿化覆盖率3个指标（俗称"三绿"指标）衡量城镇绿化水平。

9.3.2 小城镇园林绿地指标的计算

（1）人均公共绿地面积

人均公共绿地面积是小城镇每个居民平均占有的公共绿地面积，其计算公式为：

$$人均公共绿地面积(m^2) = 镇区公共绿地总面积/镇区总人口$$

式中，公共绿地面积是小城镇所有各项公共绿地的面积之和；小城镇总人口是指城镇内常住人口总数。

另外，有时也用小城镇公共绿地比例这一指标。该指标是指小城镇公共绿地占建设用地的比例。一般而言，中心镇、一般镇要求公共绿地比例为 2%~6%，附近有旅游区或绿化基础较好的城镇，指标可要求高一些。

（2）小城镇绿地率

小城镇绿地率是小城镇各类绿地的总面积占镇区建设用地面积的比率。其计算公式为：

$$小城镇绿地率(\%) = (城镇绿地面积之和/镇区建设用地面积) \times 100\%$$

（3）城镇绿化覆盖率

城镇绿化覆盖率是指城镇范围内绿化覆盖总面积（小城镇内植物垂直投影总面积）在小城镇建设用地范围内所占面积的比例，通常用百分比表示。其计算公式为：

$$绿化覆盖率(\%) = (城镇绿化覆盖总面积/镇区用地面积) \times 100\%$$

9.3.3 小城镇园林绿地指标的规划

园林绿地指标的规划和确定，受到小城镇的性质、规模、自然环境条件、经济社会发展水平、建设用地分布现状、建筑现状、园林绿地现状及基础等众多因素综合影响，为此，在确定园林绿地指标时，应该考虑这些影响因素，另外还应以国内外园林绿地水平、城镇环境保护的要求、居民游览及文化休息需要等为主要依据。

科学研究表明，当绿地率在 50% 以上时，城镇环境才宜居，一个地区的绿化覆盖率至少在 30% 以上，才能发挥改善气候的作用，因而从环境保护角度出发，一般城镇的绿化覆盖率以不低于 30% 为宜。由于各个国家和地区的经济、社会发展状况和自然条件差别较大，因此，各地应因地制宜地确定绿化目标。

2001 年《国务院关于加强城市绿化建设的通知》提出：到 2005 年，全国城市规划建成区绿地率达 30% 以上，绿化覆盖率 35% 以上，人均公共绿地面积达到 8m² 以上，城市中心区人均公共绿地达到 4m² 以上；到 2010 年，城市规划建成区绿地率达 40% 以上，人均公共绿地面积达到 8m² 以上，城市中心区人均公共绿地达到 6m² 以上。

针对小城镇，我国住房和城乡建设部根据我国具体情况规定：城乡新建区绿化用地面积应不低于总用地面积的 30%，旧城改建区绿化用地面积应不低于总用地面积的 25%。

上述指标是根据我国目前的实际情况，经过努力可以达到的水平标准，距离全面满足生态环境需要的标准还相差甚远，它"只是规定了指标的下限"，因此，小城镇的绿化指标可参考《城市绿化规划建设指标的规定》和《城市道路绿化规划与设计规范》（CJJ 75—1997），并结合本地区的自然、社会、经济、环境保护等方面的实际需求来制定，但指标不低于上述标准。

9.4　小城镇园林绿地系统的规划布局

9.4.1　园林绿地系统规划的内容

园林绿地是城镇建设用地的重要组成部分，在小城镇总体规划阶段，绿地系统规划的主要任务是根据城镇发展的要求和具体条件，从有效改善环境，满足居民对环境质量的需要和创造优美的景观出发，研究、制定小城镇各类绿地的类型、面积及指标定额，并选定主要绿地的用地位置和范围，合理安排园林绿地系统，作为指导小城镇各类绿地详细规划和建设管理的主要依据。

小城镇园林绿地系统规划的主要内容包括：

①依据城镇经济社会发展规划和总体规划的战略要求，确定园林绿地系统规划的指导思想和规划原则。

②调查、分析与评价绿地系统现状、发展条件及存在问题。

③研究确定城镇园林绿地系统的发展目标与主要指标。

④参与研究城镇的用地布局，确定绿地系统的布局结构。

⑤确定公共绿地、生产绿地、防护绿地的位置、范围、性质及主要功能。

⑥划定镇域范围内需要保护、保留和建设的绿地，即生态景观控制区。

⑦确定园林绿化分期建设步骤和近期实施项目，并提出实施管理的建议。

⑧编制小城镇园林绿地系统规划的图纸和文件。

小城镇园林绿地系统规划的期限应与城镇总体规划的相适应，一般是近期 5 年，远期 20 年。

9.4.2　园林绿地系统规划的原则

园林绿地系统规划是小城镇总体规划的重要内容，其规划方案的编制一般应遵循以下基本原则：

（1）整体部署，统一规划

中国土地资源缺乏，尤其人均耕地有限，城镇建设用地十分紧张，因此，在考虑城镇园林绿地布局时，应坚持"整体部署，统一规划"的原则。一方面要合理选择各类绿化用地，使园林绿地更好地发挥改善气候、净化空气、防灾减灾、美化环境等生态功能；另一方面，应该注意节约土地，不占或少占良田，在满足绿化植物正常生长的基础上，尽量利用荒地、山地、坡地、低洼地、江湖和不宜用于建筑的Ⅲ类建设用地或破碎地形布置绿地。同时在规划时，要使园林绿地规划与工业区布局、公共建筑布局、居住区详细规划、道路系统规划等密切协作和配合。

（2）结合现状，因地制宜

中国地域辽阔，地形地貌复杂，城镇的自然环境多样性丰富，条件差异大，同时各地的历史文化、民俗民情、经济条件和社区发展水平各不相同，城镇的性质、规模、布局、形式各具特点，绿化基础和规划指标的选择也不一样，因此，园林绿地系统规划应从城镇的实际出发，切忌生搬硬套。

（3）植物造景，适地适树

中国地跨寒带、温带、亚热带、热带等气候带，城镇的自然环境复杂多样，孕育着丰富的植物多样性，各地绿化植物种类千差万别，植物的生物学特性、生态习性差异大。因此，城镇园林绿化应以植物造景为主，充分利用各地丰富的植物种质资源，以丰富园林绿地系统的生物多样性，同时，各城镇绿化植物的选择应从实际出发，根据植物的生物、生态学特性及本地的自然生态环境条件，因地制宜地规划绿化植物。尤其应该坚持以乡土植物为主、外域植物为辅的原则，制定合理的乔、灌、草、藤比例，配置以乔灌木为优势的植物群落，同时考虑绿地的景观价值、生态效益和经济意义。

（4）远近结合，突出特色

根据城镇经济水平、建设条件、施工技术及项目的轻重缓急，园林绿地系统规划中既要有近期安排，也应有长远目标，使规划方案得以逐步实施。例如，远期规划为公园的地段，近期可先规划建设成苗圃，既为其将来改造建设成公园奠定绿化基础，又有控制用地绿线的作用。各类城镇的园林绿化应突出地方特色，例如，北方城镇园林绿化多以防风固沙为主要目的，突出其防护功能；南方城镇则应以通风、降温为主要功能，突出"透""秀"等园林景观特色；具有风景疗养为主要功能的城镇，应以自然、秀丽、幽雅为主要特色；而历史文化名镇，则应该以名胜古迹、历史脉络、传统文化为主线，绿化要与其自然、人文景观相协调，以丰富名镇的历史文化内涵。

（5）均衡布局，完善体系

园林绿地系统是小城镇总体布局的重要元素之一，规划中应结合其他功能用地和专项规划来布局，兼顾全面，均衡布置，使绿地系统与城镇的总体功能布局及自然环境相协调。城镇内各级各类绿地，如公园、居住小区绿地、街头绿地、滨河绿地、保护绿地、生产绿地、道路绿地和遍及镇区的各种单位附属绿地等，应该相互联系，连成有机的绿色网络，实现绿化的"点、线、面"相结合，构建类型丰富、层次复杂而完整的绿地系统，以充分发挥绿地的生态功能，丰富镇区景观，营建城镇宜居环境。

（6）统筹安排，近期建设与远期规划相结合

在园林绿地系统规划中，考虑城镇人口规模和建设规模不断扩张的因素，需要制订合理的分期建设计划，始终保持城镇在今后扩大中能够供绿化的一定用地规模，确保各类绿地的增幅不低于城镇的发展速度。随着人们生活水平的提高，对环境绿化的需求将日趋加大，因此，规划中不能只看眼前利益，而应该着眼未来，适度超前，规划和保护好一定的绿化预留地，为城镇园林绿化的可持续发展提供用地条件。

（7）坚持经济原则，兼顾综合效益

总体而言，目前中国多数小城镇的经济发展水平偏低，社会保障体系也尚需完善，因此，在今后一段相当长的时期内，小城镇的园林绿化建设必须坚持经济性原则，应考虑多规划建设一些养护管理要求比较粗放的绿地，在充分发挥环保、游憩、美化等作用的前提下，从绿化的主题、功能、植物造景等方面多下功夫，在保证城镇有限绿地生态环境功能的同时，兼顾绿地的经济效益和社会效益。

9.4.3　小城镇园林绿地布局

园林绿地布局是指按小城镇园林绿地系统规划的要求，对各类园林绿地进行的合理安排。它是园林绿地的内部结构与外在表现的综合体现。绿地布局的主要目的是使各类园林绿地合理分布、紧密联系，以形成有机结合的小城镇园林绿地系统。

园林绿地布局与小城镇自然环境、地形地貌等因素有密切关系，并受小城镇的历史积淀、乡土文化、民俗民情以及小城镇规划区的规模、结构、功能等因素的直接影响。因此其布局也应遵循均衡性、因地制宜、特色性、节约性以及长期与近期相结合等基本原则，以保证小城镇园林绿化事业的可持续发展。

小城镇园林绿地布局形式主要有块状绿地、带状绿地、楔形绿地、环状绿地、混合绿地5种。

（1）块状绿地布局

块状绿地是指大小不等、封闭而常常独立存在的绿地。这种布局形式可以灵活安排，均匀分布，方便居民使用，对改善小城镇生态环境有一定作用，但对构成城镇整体艺术面貌意义不大，如在南方地区一些城镇中因地形起伏而形成的一些山丘，这些山丘绿地常常成为小城镇的小公园、小花园或所谓的"风水林"。

（2）带状绿地布局

带状绿地是指呈直线或曲线且有一定宽度的绿带。这种布局形式常用于城镇的道路沿线、湖河水系沿岸或旧城墙沿边的绿化，结合各种防护林带交织构成绿色网络，一般以乔木为主，配以灌木，有条件时布置一定的游憩设施和小品，形成花园式林荫道或江河湖海滨的带状公园绿地等。带状绿地布局比较容易体现城镇的艺术面貌，而且此类绿地与居民接触面广，对小城镇绿化美化有显著作用。这种绿地常见的如华北平原地区一些小镇的防风林带以及江南地区一些城镇的滨水绿带。

（3）楔形绿地布局

利用穿过城镇的河流、山林、干道等，从城郊由宽而狭，如同一个楔子伸入镇区，形成绿色廊道，使郊外大面积的林地与镇区内各类绿地相互联系，让郊野新鲜空气通过绿色廊道输送到城镇中心区。这种形式布局的绿地具有能够较好地改善城镇小气候、体现城镇艺术面貌等优点。

（4）环状绿地布局

城镇环形道路系统、旧城墙、护城河等通常呈环形，对其沿线因地制宜加以绿化，并使之与城镇各类块状绿地相串联，即可自然形成环状绿地。环状绿地布局有利于城镇旅游路线的组织和安排，常见于江南水乡一些古镇。

（5）混合绿地布局

混合绿地布局是指由块状、带状、环状、楔形绿地相结合而构成的绿色网络，容易构成"点、线、面"相结合的绿地系统。这种绿地布局有利于城镇生态环境和环境卫生的改善，也有利于丰富小城镇的景观。例如，位于湘桂走廊的广西桂林市北部地区许多小镇常采用混合式绿地布局。

9.5 小城镇园林绿地的植物规划

园林绿化植物规划是小城镇园林绿地系统规划的重要组成部分，它既是指导园林绿化苗木生产计划的依据，又是园林绿地规划、设计、施工及养护管理的科学依据。植物规划关系到绿化成效的快慢、绿化质量的高低以及绿化综合效益的发挥。绿化植物尤其树木种类选择得当，则植株生长健壮，绿地效益就好；如果选择失当，物种因不适应当地环境而生长表现不良，则需重新变更种类，城镇绿化面貌就难以按计划得以形成与改善，而且苗木生产也会受到极大影响，这既造成成景时间的延长，又浪费建设资金。因此，园林绿化植物规划显得尤其重要，它是城镇绿化建设的基础性工作，只有体现科学性和实用性，规划方可真正为园林绿化建设服务。

在总结前人园林绿化植物规划经验与教训的基础上，提出编制城镇园林绿地植物规划应遵循以下基本原则。

（1）规划应以绿化植物资源调查成果为依据

要编制好一座城镇的园林绿化植物规划，必须首先了解该城镇的园林绿化植物应用现状以及所在区域野生观赏植物资源情况，为此要求在编制规划前，认真组织城镇园林绿化植物调查，并以调查成果作为植物规划的基础，

一座城镇绿化植物规划方案的制订，只有以植物调查的成果为依据和基础，所制订的规划方案才可能是科学可行的。绿化植物调查内容应包括城镇现有绿化植物资源及其应用情况、镇域自然分布的野生观赏植物资源及其应用前景、绿化植物尤其绿化树种应用的经验及教训等，未经调查研究而制定的植物规划，往往因主观性强而脱离实际，最终难以发挥规划应有的作用。

（2）规划应遵循自然规律，并充分发挥人的主观能动性

绿化植物规划中应充分考虑城镇及其所在区域的自然环境条件，如地理位置、地形、地貌、气候、地质、土壤、植被（含自然植被和人工植被）等因素。在分析当地自然环境因素与植物关系时，尤其应该注意其最适宜条件和极限条件，如气温的最适宜范围及最低温、最高温等极端温度。在选择植物种类时，不仅重视本地自然分布的植物种类，而且还应发挥人的创造性，以科学的态度，通过引种驯化试验，谨慎地引进一些外地乃至外国优良的绿化树种，以丰富小城镇绿地系统的生物多样性及园林绿化景观。

（3）规划应坚持"适地适树"，保证树种选择的科学性

适地适树是指根据园林绿化用地的环境条件，因地制宜地选择生态习性与该环境条件相适应的树种，以实现树（植物）与地的协调。适地适树可通过选择种树、改地适树、适地接树、适地改树等方法和途径来实现。适地适树不仅是林业、农业生产应遵循的原则，而且也是园林绿化建设必须坚持的基本原则。

一般而言，适地适树要求根据气候、土壤、地形等生态环境条件以及人文历史条件来选择绿化树种（植物）。乡土植物通常对镇域自然环境条件的适应性较强，同时其抗逆性强、易繁栽、便管理、成活高、苗源广，容易体现绿地的地方特色，也深受当地居民的喜爱，因此绿化建设应该以乡土树种为主，把它们作为本地城镇绿化的骨干树种。但

值得注意的是，并非所有乡土树种都可供园林绿化建设，应该结合绿化实际因地制宜地加以筛选。外来树种大多是因为某些优点突出而被引种到本地，因此除乡土树种外，外来树种也不应被忽视，应该适度地从经过长期引种、实践证明能适应当地自然环境的外来树种中选择绿化树种。实际上，城镇中众多建筑之间形成了大量的小气候环境，这为引种丰富的树种提供了十分有利的条件。所以，绿化树种规划中须以乡土树种为主，同时应注意适当选择外来树种。

在城镇园林绿化建设中，适地适树除考虑自然与生态方面的条件外，还应考虑包括符合园林绿化综合功能及居民的喜好、习惯等内容。

(4) 规划应符合小城镇性质，突出其特色风貌

小城镇的性质主要表现在其地理位置、功能、历史文化、产业结构及支柱产业等方面，城镇性质因地而异，不同性质的城镇对绿化景观的要求不同，一个优秀的绿化树种（植物）规划方案，应体现不同性质城镇的特点和要求。地方特色的表现，通常有两个途径，一种是以当地著名、为人们所喜爱的几种树种（骨干树种）来表现，另一种是以某些特殊的配置应用手段或方式来表现。在树种规划中，应根据绿化植物调查结果，确定几种在当地生长良好而又为广大居民所喜爱的树种作为体现当地绿化景观的特色树种。例如，云南省西双版纳州的一些小镇利用菩提树、铁刀木，广西大新县城应用龙眼等树种作为主要绿化树种，就能够表现比较强的特色性；又如华北地区一些小城镇将白皮松作为特色树种加以应用，也取得很好的效果。在确定该地特色树种时，一般可从当地的古树名木、乡土树种和外域树种中加以选择，选用那些确实好且具有广泛群众基础的树种。

值得强调的是，即使处于相同自然地域内的城镇，虽然其乡土树种相似，外来植物也差别不大，但因其人文背景不同，所以在园林绿化面貌上也常常具有自己的地方特色。

(5) 坚持速生树与慢生树相结合，保持从近期至远期绿化的效果

在园林绿化建设中，根据生长速度的差异，将园林树木划分为速生树、慢生树和中生树3类。速生树是指20年高生长能达到20m的树种，又称快长树，如桉树、杨树、杉木、木棉等；慢生树是指20年高生长在10m以下的树种，又称缓生树，如苏铁、罗汉松、柏木等；中生树是指20年高生长在10~20m的树种，如马尾松、核桃、红桂木等。

速生树种生长快，早期绿化效果好，容易成荫，但寿命常常比较短，往往在20~30年后即衰老；而慢生树则早期生长较慢，绿化效果来得晚，但其景观却真正能够体现"百年大计"，通常是园林绿地景观积淀的优良树种。规划中以速生树与慢生树相结合，既可以保证近期绿化效果的较快形成，又能够呈现远期良好而特色的绿化景观。

在我国多数小城镇绿化之初，往往希望在短期内就有效果，所以常常选用速生树种。但随着时间的推移，其绿化功能就凸显难以满足小城镇生态环境改善及景观建设的需要。因此，在制定绿化树种规划时，必须考虑园林绿化建设的实际问题，同时注意考虑速生树和慢生树的衔接问题。而近期新建的小城镇，则应以速生树种为主，搭配部分珍贵的慢生树种，有计划分期分批地逐步过渡。

（6）坚持苗木繁育的科学规划，切实保证规划方案的实施

苗木是绿化建设的基础材料，为此国家的有关规定要求每座城市应建设一定规模的生产绿地，一般要求生产绿地面积占城市建成区面积的比率（生产绿地率）不少于2%。但对于小城镇，尤其位于城市附近的小城镇，常常是城市绿化苗木及花卉的生产基地，其生产绿地率往往会比较大。因此，在小城镇绿化植物规划，应包括科学合理的绿化苗木繁殖培育规划，既保证城镇自身绿化建设苗木的自给率，又能够发挥城镇的资源优势，优化农业产业结构，发展特色花卉业，以促进镇域经济社会的持续发展，同时也为区域城市提供适用的绿化苗木及花卉产品。

本章小结

本章主要介绍了小城镇园林绿地系统规划，小城镇园林绿地系统的基本功能、类型和组成要素、园林绿地规划指标、规划布局及植物规划原则。

思 考 题

1. 小城镇园林绿地的指标有哪些？
2. 小城镇园林绿地布局形式主要有哪些？其主要特点及适用条件是什么？

推荐阅读书目

1. 小城镇规划原理. 陈丽华，苏新琴. 中国建筑工业出版社，2007.
2. 城市规划资料集第三分册小城镇规划. 华中科技大学建筑与城市规划学院. 中国建筑工业出版社，2002.
3. 旅游规划（第2版）. 任黎秀. 中国林业出版社，2002.

中华人民共和国建设部.2003.CJJ/T 85—2002 城市绿地分类标准[S].北京：中国建筑工业出版社.

中华人民共和国建设部.2007.GB 50188—2007 镇规划标准[S].北京：中国建筑工业出版社.

中华人民共和国建设部.2006.GB 50013—2006 室外给水设计规范[S].北京：中国计划出版社.

国家技术监督局，中华人民共和国建设部.1995.GB 50220—1995 城市道路交通规划设计规范[S].北京：中国标准出版社.

中华人民共和国建设部.2006.GB 50013—2006 室外给水设计规范[S].北京：中国计划出版社.

中华人民共和国住房和城乡建设部.2017.GB 50282—2016 城市给水工程规划规范[S].北京：中国计划出版社.

中华人民共和国住房和城乡建设部.2016.GB 50289—2016 城市工程管线综合规划规范[S].北京：中国建筑工业出版社.

中华人民共和国建设部.2002.GB/T 50331—2002 城市居民生活用水用量标准[S].北京：中国建筑工业出版社.

中华人民共和国建设部.2006.GB/T 50028—2006 城镇燃气设计规范[S].北京：中国建筑工业出版社.

中华人民共和国建设部.2010.GB/T 50015—2003 建筑给水排水设计规范(2009 年版)[S].北京：中国计划出版社.

中华人民共和国国家质量监督检验检疫总局.2003.GB/T 18971—2003 旅游规划通则[S].北京：中国标准出版社.

中华人民共和国国家质量监督检验检疫总局.2003.GB/T 18972—2003 旅游资源分类、调查与评价[S].北京：中国标准出版社.

中华人民共和国建设部.2016.GB 50014—2006 室外排水设计规范(2016 年版)[S].北京：中国计划出版社.

陈丽华，苏新琴.2007.小城镇规划原理[M].北京：中国环境科学出版社.

陈有华，赵民.2000.城市规划概论[M].上海：上海科学技术文献出版社.

陈有民.2005.园林树木学[M].北京：中国林业出版社.

单德启.2004.小城镇公共建筑与住区规划[M].北京：中国建筑工业出版社.

董黎明，冯长春．1989．城市土地综合经济评价的理论方法初探[J]．地理学报，44（3）：323－333．

董雯，张小雷，雷军，等．2006．新疆小城镇人口规模预测[J]．干旱区地理，29（3）：427－430．

窦志清，邓清南，等．2003．中国旅游地理[M]．重庆：重庆大学出版社．

杜白操，张万方．2004．小城镇规划设计施工指南[M]．北京：中国建筑工业出版社．

段学军，陈雯．2003．江苏省可持续发展分析、评价与战略对策[J]．长江流域资源与环境，12（3）：199－204．

房山区人民政府．2003．房山区长沟镇生态环境规划[M]．北京：北京市环境保护科学研究院．

冯华．2001．21世纪的热点——发展小城镇　推进城市化[M]．北京：科学出版社．

高文杰．2004．新世纪小城镇发展与规划[M]．北京：中国建筑工业出版社．

顾朝林，柴彦威，蔡建明，等．1999．中国城市地理[M]．北京：商务印书馆．

国家环境保护总局．2002．小城镇环境规划编制技术指南[S]．北京：中国环境科学出版社．

韩会玲，程伍群，刘苏英，等．2001．小城镇给排水[M]．北京：科学出版社．

韩延星，张珂，朱纮．2005．城市职能研究述评[J]．规划师，8（21）：68－70．

何丽，等．2004．旅游规划概论[M]．北京：旅游教育出版社．

胡开林，叶燎原，王云珊．1999．城镇基础设施工程规划[M]．重庆：重庆大学出版社．

华中科技大学建筑城规学院，等．2004．城市规划资料集[M]．北京：中国建筑工业出版社．

华中科技大学建筑城规学院．2005．小城镇规划[M]．北京：中国建筑工业出版社．

华中科技大学建筑与城市规划学院．2002．城市规划资料集第三分册小城镇规划[M]．北京：中国建筑工业出版社．

贾建中．2001．城市绿地规划设计[M]．北京：中国林业出版社．

贾有源．1992．村镇规划[M]．北京：中国建筑工业出版社．

建设部城市建设研究院．2004．风景园林绿化手册[M]．北京：中国标准出版社．

金英红，周云．2003．小城镇人口成分分析[J]．城市问题，114：53－55．

金英红．2002．小城镇规划建设管理[M]．南京：东南大学出版社．

金兆森，张晖．2005．村镇规划[M]．2版．南京：东南大学出版社．

金兆森．2005．城镇规划与设计[M]．北京：中国农业出版社．

冷御寒．2005．小城镇规划建设与管理[M]．北京：中国建筑工业出版社．

黎云，李郇．2006．我国城市用地规模的影响因素分析[J]．城市规划，30（10）：14－18．

李德华．2001．城市规划原理[M]．3版．北京：中国建筑工业出版社．

李嘉乐. 1999. 园林绿化小百科[M]. 北京：中国建筑工业出版社.

李旭宏. 1997. 道路交通规划[M]. 南京：东南大学出版社.

林初升，马润潮. 1990. 我国小城镇功能结构初探[J]. 地理学报，45(4)：412-420.

刘青松，张咏. 1999. 小城镇建设与环境保护[M]. 南京：江苏人民出版社.

刘亚臣，汤铭潭. 2004. 小城镇规划管理与政策法规[M]. 北京：中国建筑工业出版社.

卢新海，张军. 2006. 现代城市规划与管理[M]. 上海：复旦大学出版社.

卢新海. 2005. 园林规划设计[M]. 北京：化学工业出版社.

吕晓剑，长春，怀成. 2005. 武汉江湖区土地资源评价研究[J]. 地理科学，25(6)：742-747.

骆中钊，李宏伟，王炜. 2004. 小城镇规划与建设管理[M]. 北京：化学工业出版社.

骆中钊，张野平，徐婷俊，等. 2006. 小城镇园林景观设计[M]. 北京：化学工业出版社.

马锦义. 2002. 论城市绿地系统的组成与分类[J]. 中国园林(1)：23-26.

裴杭. 1992. 城镇规划原理与设计[M]. 北京：中国建筑工业出版社.

邱道持，刘力，粟辉，等. 2004. 城镇建设用地预测方法新探——以重庆市渝北区为例[J]. 西南师范大学学报，29(1)：146-150.

任福田，肖秋生，薛宗蕙. 1991. 城市道路规划与设计[M]. 北京：中国建筑工业出版社.

邵建英，王珂，肖志豪，等. 2006. 镇建设用地预测方法研究[J]. 江西农业大学学报，28(3)：472-476.

宋家泰，等. 1985. 城市总体规划[M]. 北京：商务印书馆.

孙更生，米照宏，等. 2001. 中国土木工程师手册(下册)[M]. 上海：上海科学技术出版社.

谭纵波. 2005. 城市规划[M]. 北京：清华大学出版社.

汤铭潭，宋劲松，刘仁根，等. 2004. 小城镇发展与规划概论[M]. 北京：中国建筑工业出版社.

汤铭潭. 2005. 小城镇规划技术指标体系与建设方略[M]. 北京：中国建筑工业出版社.

田明，张小林. 1999. 我国乡村小城镇分类初探[J]. 经济地理，19(6)：92-96.

同济大学. 1991. 城市规划原理[M]. 2版. 北京：中国建筑工业出版社.

王浩. 2003. 城市生态园林与绿地系统规划[M]. 北京：中国林业出版社.

王宁，等. 2001. 小城镇规划与设计[M]. 北京：科学出版社.

王宁，李宏伟，王力. 2002. 城镇规划与管理[M]. 北京：中国物价出版社.

王宁. 2002. 城镇规划与管理[M]. 北京：中国物价出版社.

王士兰. 2004. 小城镇城市设计[M]. 北京：中国建筑工业出版社.

王炜，纪江海，冯洪海，等. 2001. 城镇规划中人口规模分析与预测[J]. 河北农业大学学报，24（3）：83 – 85.

王宇清．2001．供热工程[M]．哈尔滨：哈尔滨工业大学出版社．

王雨村，杨新海．2002．小城镇总体规划[M]．南京：东南大学出版社.

吴文恒，牛叔文，杨振．2006．河谷型城市兰州中心城区人口规模初步研究[J]．人文地理，2：119 – 123.

夏建．2001．小城镇中心城市设计[M]．南京：东南大学出版社．

谢志强．2007．从城乡统筹看发展小城镇的重要意义[OL]．北京：人民网．

许学强，周一星，宁越敏．1997．城市地理学[M]．北京：高等教育出版社．

颜亚玉．2001．旅游资源开发[M]．厦门：厦门大学出版社．

杨赉丽．1999．城市园林绿地规划[M]．北京：中国林业出版社.

杨丽霞，杨桂山，苑韶峰．2006．数学模型在人口预测中的应用——以江苏省为例[J]．长江流域资源与环境，15（3）：287 – 91.

叶堂林．2004．小城镇建设的规划与管理[M]．北京：新华出版社．

袁宝成．2006．关于在我国系统开展生态城市建设的刍议[OL]．沈阳环保产业网．http：//www. syepi. com/hbkx/default. asp？cmd = show&id = 690

袁兮，吴瑛，武友德，等．2003．生态城市的指标体系及创建策略[J]．云南地理环境研究，15（1）：15 – 18.

袁中金，王勇．2001．小城镇发展规划[M]．南京：东南大学出版社．

张军．1997．小城镇规划中的"不定性"及其对策研究[J]．城市规划汇刊，6：42-45.

张军．1998．小城镇规划的区域观点与动态观点[J]．城市发展研究，1：18 – 21.

张占军，王令超．1997．城镇土地多因素综合评价的理论与方法[J]．地域研究与开发，16：10 – 13.

赵焕臣，许树柏，和金生．1986．层次分析法[M]．北京：科学出版社．

赵小敏，王人潮．1996．城市合理利用规划的系统动力学仿真[J]．浙江农业大学学报，22（1）：148.

赵小敏，王人潮．1997．城市合理用地规模的系统分析[J]．地理学与国土研究，13（1）：18 – 21.

浙江省建设厅．2003．城市规划制图标准[S]．北京：中国建筑工业出版社．

中国城市规划设计研究院，中国建筑设计研究院，沈阳建筑工程学院．2002．小城镇规划标准研究[M]．北京：中国建筑工业出版社.

中国城市规划设计研究院、建设部城乡规划司．2006．城市规划资料集第三分册：小城镇规划[M]．北京：中国建筑工业出版社．

周一星，孙则昕．1997．再论中国城市的职能分类[J]．地理研究（1）：11 – 22.

周一星．1995．城市地理学[M]．北京：商务印书馆．

Harris C D. 1943. A functional classification of cities in the United States[J]. Geographical Review, 33：86 – 99.

Nelson H J. 1955. A service classification of American cities[J]. Economic Geography, 31：189 – 210.

附 录

附录一 新军屯镇规划^①

1997 年，新军屯镇由唐山市规划建筑设计研究院进行了总体规划的编制，经过 5 年的实施，随着经济和社会的发展与进步，镇政府提出对新军屯镇规划进行修编。

第一章 总则

第一条 规划依据

1. 《中华人民共和国城市规划法》
2. 《村镇规划标准》(GB 50188—1993)(最新标准已更新至 2017 版)
3. 《村镇规划编制办法》(试行)(建村〔2000〕36 号)
4. 《河北省村镇规划技术规定》
5. 《丰润县域城镇体系规划》(2001—2020 年)
6. 《丰润县国民经济和社会发展第十个五年计划》
7. 《丰润县国民经济统计资料》(1996—2001 年)
8. 《丰润县土地利用总体规划》(丰润县人民政府，1998.4)
9. 《唐山市小城镇发展战略规划》(中国城市规划设计研究院、唐山市建委编，1998.6)
10. 《唐山市域小城镇基础设施发展规划》(中国社会科学院城市发展与环境研究中心，唐山市小城镇发展战略规划课题组编)
11. 《新军屯镇规划》(唐山市城乡规划设计研究院，1996 年)

第二条 规划范围

1. 新军屯镇总体规划范围为：镇行政辖区(镇区和 32 个村庄)，镇域总面积 51.8km²，总人口 40 137 人。

2. 新军屯镇区建设规划范围为：东至南环路的东口，西至西环路口以西 210m，南至南环路，北至化肥厂北缘，规划用地面积 289.9 hm²。

第三条 规划期限

近期：2002—2005 年；中期：2006—2010 年；远期：2011—2020 年。

---

① 注：附录一中所涉标准均已更新到 2017.

第四条 规划原则

1. 贯彻实施"小城镇，大战略"的指导思想，力求创新，着力吸纳农村剩余劳动力，为新军屯镇的经济发展和社会进步服务。

2. 繁荣农村经济，加快城镇化进程，提高人民生活水平，全面推动小康社会的进程。

3. 规划中结合新军屯镇的特点，加强公共服务设施建设，发挥小城镇接近自然的优势，以人为本、体现特色，使居民生活既充满田园气息，又能享受现代城镇文明，形成田园诗般的生活环境。

4. 遵循可持续发展的原则，充分利用、有效地节约能源；保护环境，防止污染；实现农业、城市消费之间的良性循环，保护新军屯镇水土、绿化、动物等生态环境。

5. 统筹兼顾，合理进行产业布局，开拓农村市场，搞活农产品流通，健全农产品市场体系。保护和提高粮食综合生产能力，实现循环型"绿色农业"；建立集中的工业小区，积极发展商业服务业，建立健全农业社会服务体系。

6. 合理使用和节约土地，通过挖潜改造，提高土地集约化程度和土地使用效率。

7. 合理利用原有建筑及设施，节约建设资金，通过多渠道筹集资金，加强基础设施建设，形成多元化的经营模式。

8. 充分考虑周边其他村镇与新军屯镇的相互影响，互利互补，推动区域经济发展和城镇建设。

9. 以镇区建设为基础，带动全镇的发展。科学规划、合理布局同发展工业企业和农村服务业相结合，引导农村剩余劳动力合理有序流动。走中国特色的城镇化道路，创造方便生活、有利于发展进步的城镇环境。

10. 近期建设与远期发展相结合，处理好保护、改造和新建的关系。

第五条 规划重点

1. 镇域村镇体系规划。
2. 镇域范围内的重要基础设施布置。
3. 镇区建设规划。
4. 镇区近期建设规划。

第二章 新军屯镇总体规划

第六条 新军屯镇性质的确定

至 2020 年，将新军屯镇建设成为以现代化农业为基础，以钢铁加工、建材、化工和农产品加工业为主导产业，形成工贸并举的、对周边地区具有较强拉动力和影响力的城郊型综合性小城镇。

第七条 新军屯镇经济、社会发展目标

1. 新军屯镇未来经济发展的战略目标

至规划期末，形成适合新军屯镇特点的，以农业为基础、工业为支柱，工贸并举，与城郊型综合小城镇相适应的，具有较强经济规模和综合实力的农村经济体系。

计划到 2005 年国民生产总值达到 10 亿元，年均增长速度 12%；三大产业结构比例为：20:50:30，工业总产值达 14 亿元，年均增长速度 13%。到 2010 年国民生产总值达到 16 亿元，年均增长速度 10%；三大产业结构比例为：15:45:40，工业总产值达 24 亿元，年均增长速度为 12%。到 2020 年国民生产总值达到 28 亿元，年均增长速度 6%；三大产业结构比例为：10:40:50，工业总产值达 47 亿元，年均增长速度为 7%。

2. 新军屯镇社会发展主要目标

到 2020 年全镇的人民生活水平将有较大改善，各项设施配套更加完善，人民的医疗保健水平和文化素养进一步提高，完成我国小康社会的基本任务，镇区将建设成现代化的文明富裕的小城镇。具体发展指标见附表 1 和附表 2。

附表 1　新军屯镇社会发展目标一览表

| 时限 | 人均收入（元） | | 城市化水平（%） | 人均住房面积（m²） | | 自来水入户率（%） | 电话普及率（户/每百户） | | 道路铺装率（%） | | 人均绿地（m²/人） | | 每百人医生数 |
	镇区	镇域		镇区	镇域		镇区	镇域	镇区	镇域	镇区	镇域	
2005	7 000	5 000	30	15	20	30	40	30	40	20	2	1	1.5
2010	11 000	8 000	35	20	25	60	70	50	70	40	5	3	3.5
2020	25 000	25 000	50	30	30	100	95	80	100	80	8	6	5

附表 2　2020 年教育发展规划一览表

项　　目	镇区标准(%)	镇域标准(%)
学龄前儿童入园率	85	80
小学入学率	100	100
初中入学率	100	100
高中入学率	95	90
成人识字率	99	98

第八条　产业布局

结合该镇实际情况和现有基础，按地域区片及村镇体系关系，在保护和提高粮食综合生产能力的基础上，协调发展二、三产业，主导产业空间布局如下：

1. 镇区（新军屯）及溪歌庄、王道庄、黄辛庄、龙潭坨等镇区及周边村庄

主导产业：商业服务业、运输业集中在镇区内布置；轻工业形成小区，在镇区以东布置；养殖业在溪歌庄、王道庄等村布置；化肥厂在原地进行技术改造，在化肥厂西侧安排工业用地，发展和接受外来较小污染的工业。

2. 河浃溜及大坡村

农产品加工业、服装加工业及相应的服务业，在河浃溜村布置；大坡庄村布置养殖业；成人教育学校附近布置高科技农业示范园。

3. 岳实庄、黄粟坨村及古梁坨、尚张庄村

岳实庄发展蛋、肉鸡养殖及肉鸡分割加工；黄粟坨发展棚菜种植；古梁坨以棉布加工业为主。

4. 塔六庄村

奶牛、蛋肉鸡养殖及棚菜种植。

5. 郑八庄村及梁庄子村

轻工业(黑白铁加工)、奶牛养殖主要在郑八庄村布置,西瓜种植主要布置在梁庄子村。

6. 鲁各庄村及索辛庄、新董庄、南堡庄村

粮食加工(三野牌面粉),粉丝加工和生姜生产及深加工基地,并扩大生姜产量,带动周围其他村庄经济的发展。

7. 杨家庄及阁门口、张辛庄、唐家庄、胡家庄、张秀庄

发展钢铁铸造加工、水泥工业,在张秀庄西侧建立工业小区;在阁门口村建立瓜菜种植基地,在阁门口村、唐家庄村建立温室大棚种植园。

8. 里堡寨、报喜坨、保全庄及山王寨村

发展钢铁业、水泥生产及水泥制品加工业,工业小区布置在里堡寨村北;建立山(王寨)、保(全庄)、报(喜坨)、杨(家庄)一线的优质玉米、小麦等粮食生产基地;建立健全以山王寨、报喜坨的生猪和波尔山羊为主体的养殖基地。

第九条　村镇体系

1. 规划将全镇域划分为1个镇区、1个副中心、6个中心村、12个基层村的四级村镇体系结构(附表3)。镇区位于镇域的南部,是全镇的政治、经济、文化、信息和人口集聚的中心;河淶溜村作为副中心,为镇域北部区域农业及工业生产和农村经济生活服务;中心村分片布置,为农民生活和农业生产服务,并对周围村庄起到一定的辐射和带动作用;基层村,分布于中心村周围,是从事农业生产的基本单位,其公共服务设施用于保障本村村民的基本生活需要。副中心、中心村是未来村庄建设的重点,也是将来合村并点的基础。

附表3　新军屯镇村镇体系结构表

等级	数量	名　称
镇区	1	新军屯镇(新军屯村)
副中心	1	河淶溜
中心村	6	(1)岳实庄、黄粟坨;(2)塔六庄(小河溜、塔王庄、塔马庄、塔侯庄、塔杨庄、塔曹庄);(3)郑八庄;(4)鲁各庄;(5)杨家庄、阁门口、张辛庄、唐家庄;(6)里堡寨
基层村	12	(1)古梁坨、尚张庄;(2)大坡庄;(3)索辛庄、南堡庄、新董庄;(4)梁庄子;(5)溪歌庄;(6)黄辛庄;(7)张秀庄、胡家庄;(8)王道庄;(9)龙潭坨;(10)山王寨;(11)保全庄;(12)报喜坨

第十条　村庄建设规划

随着经济社会的进一步发展和农业现代化、产业化的升级,合村并点是未来村庄的发展趋势,因此提出了合村并点的建议。尚张庄村并入古梁坨村、黄新庄村并入鲁各庄村或镇区;小河溜村、塔王庄村、塔马庄村、塔侯庄村、塔杨庄村、塔曹庄村合并,索辛庄村、南堡庄村、新董庄村合并,张秀庄村、胡家庄村合并,唐家庄、杨家庄、阁门口、张辛庄合并。

第十一条　人口规模、建设用地

1. 镇域人口规模

镇域现状人口 40 137 人(包括镇区外来人口,临时居住人口),至 2020 年人口规模预测为 55 000 人。

2. 镇区人口规模

现状人口 9 500 人,2005 年预测人口 13 000 人,至 2020 年人口规模预测为 28 000 人。

3. 建设用地(附表 4)

(1)规划期末镇域总建设用地 825hm²。

(2)镇区建设用地指标为 103m²/人。规划期末建设用地为 289.6hm²。

(3)各村建设用地指标为 130m²/人。规划期末建设用地为 357hm²。

(4)工业小区总用地为 170hm²。污水处理厂用地等基础设施用地 8.4hm²。

附表 4　新军屯镇各居民点人口用地一览表

村镇体系	居民点名称		现状人口(人)	现状建设用地		规划人口(人)	规划建设用地	
				建设用地(hm²)	人均用地(m²)		人均用地指标(人)	规模(hm²)
镇区	新军屯		9 500	132.5	139.5	28 000	103.4	289.6
副中心	河浃溜		2 073	50	241.2	2 650	130	34.5
中心村	1	岳实庄	1 635	34.1	208.6	1 800	130	23.4
		黄栗坨	1 038	16.5	159.0	1 100	130	14.3
	2	小河溜溜	343	6.7	195.3	380	130	4.9
		塔王庄	308	5.7	185.1	340	130	4.4
		塔马庄	253	4.9	193.7	280	130	3.6
		塔侯庄	722	8.3	115.0	780	115	9.0
		塔杨庄	612	13.4	219.0	670	130	8.7
		塔曹庄	327	5.2	159.0	360	130	4.7
	3	郑八庄	1 925	33.4	173.5	2 010	130	26.1
	4	鲁各庄	1 816	38.1	209.8	1 200	130	15.6
	5	杨家庄	2 163	42.3	195.6	2 280	130	29.6
		阎门口	465	6.5	140.0	510	130	6.6
		张辛庄	426	8.6	201.9	470	130	6.1
		唐家庄	582	8.0	137.5	640	130	8.3
	6	里堡寨	1 636	26.3	160.8	1 700	130	22.1
基层村	1	古梁坨	926	24.2	261.3	680	130	8.8
		尚张庄	310	9.5	306.5	230	130	3.0
	2	大坡庄	1 819	41.3	227.0	1 240	130	16.1
		索辛庄	702	11.7	166.7	520	130	6.8
	3	南堡庄	570	9.0	157.9	420	130	5.5
		新董庄	338	5.8	171.6	250	130	3.3

（续）

村镇体系	居民点名称		现状人口（人）	现状建设用地		规划人口（人）	规划建设用地	
				建设用地（hm²）	人均用地（m²）		人均用地指标（人）	规模（hm²）
基层村	4	梁庄子	1 185	26.3	221.9	870	130	11.3
	5	溪歌庄	1 858	29.8	160.4	1 270	130	16.5
	6	黄辛庄	238	5.0	210.1	170	130	2.2
	7	张秀庄	685	11.2	163.5	500	130	6.5
		胡家庄	821	13.7	166.9	600	130	7.8
	8	王道庄	703	14.7	209.1	520	130	6.8
	9	龙潭坨	1 121	17.1	152.5	820	130	10.7
	10	山王寨	1 387	24.7	178.1	1 010	130	13.1
	11	保全庄	614	9.5	154.7	450	130	5.8
	12	报喜坨	1 036	16.7	161.2	760	130	9.9
合计			40 137	710.7	177.1	55 480	116.7	645.7

第十二条 道路交通规划

1. 镇域南部经过镇区的唐玉宝公路镇区段（东西大街），道路红线为32 m，建筑控制线40 m，作为镇域的主要出入口；改造南环线，主要解决货运和过境交通。

2. 本规划期内建设贯穿镇域南北向的3条道路，与欢喜庄乡、三女河乡相连，同时建设4条东西向的村间道路，形成"三纵五横"（包括穿过镇区的唐玉宝公路）的道路网格局，为农业生产和农民生活服务。

3. 修整田间道路，适当拓宽路面，提高路面等级，为农村生产、生活服务。

4. 在完善镇域道路的同时，开设镇区与各村间的公交线路。

第十三条 公用工程设施规划

1. 给水规划

本规划期内，在镇区建设自来水厂，在保证镇区供水同时，对距镇区较近的溪歌庄、黄新庄、鲁各庄、王道庄、龙潭坨、张辛庄等几个村庄实行集中供水。同时，镇域以中心村为基础，建立集中供水系统，生活用水量标准为100 L/（人·d）。化工厂等企业自备水源。

2. 排水规划及污水处理

（1）镇区内逐步建立完善的排水系统，远期实现雨、污分流制，在已建的排水管道总出口位置建设污水处理厂；至规划期末污水处理率达到90%，污水经处理后排入泥河。

（2）近期各村生活污水适当集中，经化粪池处理，排入附近坑塘。中远期，河浃溜及各中心村设置污水处理罐，经污水处理后，排入附近的坑塘或水体，并逐步建立管道排水系统。基层村采用明沟排水。

（3）近期工业污水由各企业进行处理，达标后排放到附近水体，监管部门应强化管理。

（4）利用东欢坨矿井的排水和雨水就近排入坑塘，补充地下水或用于农田灌溉。

3. 电力

新军屯镇区西侧现有 110kV 变电站一座。变电站根据用电发展扩容；现农村电网改造已完成，本规划期电力线路不做调整。

4. 电信

本规划期末，镇区电话普及率达 95 部/百户以上（包括移动电话），有线电视达 95 台/百户以上；各村电话普及率达 80 部/百户以上（包括移动电话）。至 2020 年电话交换机容量应达到 2 万门。

5. 环卫设施规划

远期镇区在污水处理厂附近设垃圾处理厂，近期各居民点设垃圾收集点。利用镇域内废弃坑塘设置垃圾填埋场；各居民点在适当位置设置公厕。

6. 燃气规划

改变燃料结构，逐步实现燃气供应系统化。镇区近期以燃煤和罐装液化气为主，远期发展管道燃气。对养殖业较发达的村庄，引导村民利用作物秸秆、牲畜粪尿及垃圾中的有机物，集中或分散建沼气池，生产沼气，作为生活燃料的补充。

7. 集中供热

镇区和有条件的村庄，逐步实行集中供热。在镇区建设供热站，规划期末镇区集中供热率达 70%。

第十四条 公共服务设施规划

镇域公共服务设施重点配置镇区、副中心及中心村 3 个层次，配置内容主要包括政府组织建设的项目，如学校、托幼、医院（卫生所）、文化活动站等公益性建筑，其他商业服务类项目等由市场调节设置。各类公共服务设施项目配置见附表 5。

附表 5 新军屯镇公共服务设施配置一览表

类别	项目	镇区	副中心	中心村	基层村
一 行政 管理	1. 人民政府、派出所	●	—	—	—
	2. 法庭	●	—	—	—
	3. 建设、土地管理机构	●	—	—	—
	4. 农、林、水、电管理机构	●	—	—	—
	5. 工商、税务所	●	●	—	—
	6. 粮管所	●	—	—	—
	7. 交通监理站	●	—	—	—
	8. 居委会、村委会	●	●	●	●
二 教育 机构	9. 高级中校	●	○	—	—
	10. 初级中学	●	●	—	—
	11. 小学	●	●	—	○
	12. 幼儿园、托儿所	●	●	●	○

（续）

类别	项　目	镇区	副中心	中心村	基层村
三 文体 科技	13. 文化站、青少年之家、老人之家	●	●	●	○
	14. 体育场	●	—	—	—
	15. 科技站	●	●	○	—
四 医疗 保健	16. 卫生院	●	●	—	—
	17. 卫生所	●	●	●	○
	18. 防疫、保健站	●	●	—	—
	19. 计划生育指导站	●	○	○	—
五 集贸设施		●	●	●	—

注：●必设项目；○选设项目；—不设项目。

第十五条　环境保护规划

1. 镇域工业污染源主要为化肥厂、水泥厂和铸造厂等企业。企业自身应进行环保达标改造，环保部门加强监测。化肥厂、水泥厂与生活区之间设防护隔离带，钢铁加工企业逐步迁入工业小区，集中防护。

2. 农业污染主要是农药、化肥的施用及塑料薄膜污染，应减少农药、化肥施用量，引导农民使用可降解塑料膜，随着产业结构调整，逐步形成无公害农业和绿色农业。养殖业逐步形成养殖小区并与村庄保持适当距离，建立绿化防护隔离带。

3. 在有污染的工业企业外围建设绿化隔离带；沿路、沿河建设线状的绿化系统。绿化各居民点内的坑塘、水体，改善环境质量。

第十六条　防灾规划

1. 防震减灾

镇域内所有永久性建筑物和构筑物均执行基本烈度 8 度抗震设防标准。各居民点用地布局时，适当考虑疏散和避难场地。

2. 防洪规划

根据河北省村镇规划编制办法，新军屯镇区建设采用 20 年一遇的防洪标准，泥河河堤按照此标准设防。

3. 消防规划

镇区内建消防站一处，并在主干道上设置室外消火栓。

第三章　镇区建设规划

第十七条　规划原则

1. 坚持"以人为本"和"可持续发展战略"，创建环境整洁、富有朝气的和现代化的小城镇。

2. 以全面建设小康社会为目标，创建生活富裕、精神文明的丰润区南部的新型中心镇，着力吸引农业剩余劳动力。

3. 在原址基础上进行旧城改造、节约用地、合理布局，充分利用现有建设用地和各项设施。

第十八条　镇区路网及交通设施规划

1. 在道路现状的基础上，完善路网结构，形成以东西大街为生活性主干道（红线32m，建筑控制线40m），以3条南北向和1条东西向的二级道路为生活性道路，并与改造后的环路形成格网式的道路骨架。南环线向东延伸，连接唐玉宝公路，向西至阁门口再向北延伸，连接唐玉宝公路，成为主要过境、货运道路，作为远期的交通性干道。

道路竖向规划结合地形合理确定道路标高，同时满足排水和两侧建筑布置要求。

2. 镇区共布置3处公共停车场地，集贸市场和大型公共建筑自行解决停车场地。保留镇区东西2个加油站。

第十九条　居住建筑用地

根据现状居住形态和特点以及小城镇建设的需要，规划居住用地分为2类。

村民住宅用地：安排在现有村庄的南北侧，严格控制宅基地面积，以集体开发建设为主，同时配套基础设施。

居民住宅用地：近期住宅用地安排在镇区东南角，布置不同档次、不同层数的商品住宅，解决二、三产业就业人口的居住问题。这些商品住宅以组团的形式进行开发，配置相应的公共服务设施。

第二十条　公共服务设施用地

结合现状建设情况，将主要公共服务设施布局于镇区东西大街和南北大街两侧，形成以十字街为中心的商业中心。

1. 商业金融

以现状"十字街"为基础，向东西南北方向进一步延伸，形成镇区的商业中心，沿街仍保留东大街的家电、摩托等众多店铺，西大街的陶瓷建材门市。近期内建设南、北大街，使商业向纵深方向发展。金融机构在现有信用社、农行等网点基础上进一步增加。将现状西市场建设成为以家具、建材、木材、陶瓷等为主的市场，东市场仍作为日用百货市场。在原废品收购站的西侧建设摩托专业市场。在规划的生活仓库东侧，近期可安排废旧钢材市场。

2. 医疗卫生

保留现状新军屯医院，远期在镇区东部另建一所医院，形成以镇域和周边乡镇服务的医疗中心。

3. 文教和体育设施

在现状基础上增建2所标准规模小学（12个班）；增加幼儿园2所。继续改造现有学校的建筑和设施，使其逐步达标。在镇区东侧规划中学1所，其体育场地为全镇所共用；在规划行政办公用地北侧布置职业教育中心1处。

4. 行政办公用地

出让或转让现政府办公楼及场地，将镇政府迁移至原燕山塑料厂处，并将相联系紧密的行政管理部门集中于此。

第二十一条　绿化用地

充分利用镇区内现有坑塘、空闲地作为绿化用地，形成点、线、面的绿化系统，也可兼作为防灾避难场所。规划中设置两处镇级公共绿地，分别位于小学南侧和信用社北侧。在居住小区规划中应根据指标另行安排小片绿化用地。规划期末人均绿地面积 $8.08m^2$。

沿南环路北侧设置不小于 20m 的绿带，减少过境交通对北侧居住建筑的影响。沿规划工业区的东侧和南侧各布置不少于 30m 的分隔带。水厂周边设置宽度不少于 50m 的分隔带。在工业用地与其他用地之间加设绿化隔离带。

第二十二条　工业用地

保留现状化肥厂并进行达标治理，在其西侧安排生产建筑用地，发展无污染工业，形成工业区。

第二十三条　仓储用地

在镇区西南角建设 1 座生活仓库，原有粮库保留。集贸市场和专业市场的仓库在其用地内解决。

第二十四条　道路广场用地

规划镇区道路用地共 $42.54hm^2$，保留钟楼前的广场，并在近期进行整治开发。

第二十五条　景观设计

整体景观设计应与民族特色和现代化景观相协调，重点控制"一心两点"（十字街商业中心区和行政区节点、集货市场节点）的景观设计。

东西大街主要布置较大型公共建筑，形成镇区现代化风貌的景观轴；南北大街形成传统风貌的景观轴。通过绿化形成"一线两点"（镇区南部一线沟塘改造绿地、镇区南北各一块公园绿地）的景观轴。

第二十六条　近期建设项目

近期建设项目要有：镇政府的搬迁改造；镇区东南部高、中、低档住宅小区的建设；改造东、西集贸市场、家具市场、建材市场和建设摩托市场；拓宽改造南北大街、电信局西侧的南北向的大街、镇区东侧龙潭坨至鲁各庄的道路；结合东西大街的改造，完善道路绿化、钟楼前广场、路灯、排水等基础设施的建设。利用坑塘及部分闲散地进行初步绿化，为将来的公共绿地建设打下基础。

第二十七条　远景建设发展方向

镇区远景用地的发展方向以向北为主，适当向南、向东西方向发展。考虑现状和远期规划，附近几个村庄离镇区较近，其生活和生产设施的进一步共享，远景镇区将包括溪歌庄、黄辛庄、胡家庄、张辛庄、龙潭坨、王道庄等几个村庄。扩大镇区规模，促使人口更大程度地集聚。

第二十八条　现状及规划用地平衡表

镇区规划总用地为 $289.6hm^2$，人均建设用地为 $103.4m^2$。东、南、西工业小区的面积不计入镇区建设用地（附表6、附表7）。

附表6　新军屯镇现状用地平衡表（人口规模为 9 500 人）

用地代号	用地名称	面积（hm²）	比例（%）	人均（m²/人）	备　注
R	居住建筑用地	46.48	35.1	48.93	

（续）

用地代号	用地名称	面积(hm²)	比例(%)	人均(m²/人)	备　注
C	公共建筑用地	16.82	12.7	17.71	
M	工业用地	25.38	19.2	26.72	
W	仓储用地	2.47	1.9	2.6	
T	对外交通用地	0.19	0.1	0.2	
S	道路广场用地	6.28	4.7	6.61	
U	工程设施用地	2.17	1.6	2.28	
E	闲置地和其他用地	32.71	24.7	34.4	包括坑塘、空地等
合计	建设总用地	132.5	100	139.5	

附表7　新军屯镇规划用地平衡表（规划人口为 28 000 人）

用地代号		用地名称	面积(hm²)	比例(%)	人均(m²/人)	备　注
R		居住建筑用地	136.4	47.07	48.71	
C		公共建筑用地	41.29	14.30	14.75	
其中	C1	行政管理用地	5.03	1.74	1.80	
	C2	教育机构用地	7.46	2.75	2.66	不包括镇初中
	C3	文体科技用地	3.13	0.11	1.12	
	C4	医疗保健用地	1.57	0.52	0.56	
	C5	商业金融用地	14.01	4.83	5.00	
	C6	集贸市场用地	9.46	3.34	3.38	
G		绿化用地	24.23	8.36	8.65	
	G1	公共绿地	16.76	5.78	5.99	
	G2	防护绿地	7.47	2.58	2.67	
M		工业用地	32.66	11.26	11.66	
W		仓储用地	2.87	0.99	1.03	
T		对外交通用地	6.20	2.13	2.21	不包括公交站场
S		道路广场用地	42.54	14.68	15.20	
U		工程设施用地	3.61	0.13	1.29	
合计		建设总用地	289.60	100.00	103	

第四章　镇区专项工程规划

第二十九条　防震减灾规划

按《建筑抗震设计规范》(GB 50011—2010)(现已有 2016 年版)规定，新军屯镇地处抗震设防烈度为 8 度地区，因此要求镇内各类建筑设施应按 8 度设防。

1. 避难场所

规划中按人口密度、合理的服务半径，结合镇区内绿地、公园、体育场、学校等空旷场所，作为临时避难和搭建避难棚之用。

2. 避难通道

将镇区内的生活干道和交通干道与避难场地相连，保证灾害发生时道路通畅，沿街建筑应后退道路红线 4~10m。

第三十条　消防规划

根据《消防站建筑设计标准》和《城镇消防站布局与技术规定》在镇区西部，工业区南侧规划一处小型消防站，占地面积 0.38hm²。消防给水与镇区供水统一考虑，镇区主要道路上需设置室外消火栓。消火栓间距为 120m。

第三十一条　环境保护规划

1. 规划原则

坚持经济建设、城镇建设和环境建设"同步规划、同步实施、同步发展"的方针，控制环境污染的发展和生态环境的恶化，实现社会效益、经济效益和环境效益的统一。

2. 治理目标

治理目标：镇区噪声白天控制在 60dB 以下，夜间控制在 50dB 以下；环境空气质量达到国家环境空气质量二级标准（GB 3095—2012）；生活饮用水标准达到国家《生活饮用水卫生标准》（GB 5749—2006）；污水排放执行国家 1996 年颁布的《污水综合排放标准》。

3. 环卫设施规划

在镇区设置 3 座封闭式垃圾转运站，每处用地 100m²，与周围建筑物间距不小于 5m。居住区内应设置固定的垃圾收集点，服务半径不超过 70m，及时将垃圾清运至规划的垃圾处理场。

合理布置公共厕所，镇区内主要街道、广场、市场、大型共建等公共活动场所应设置公厕，主要道路和繁华地段设置间距 300~500m，一般道路设置间距 700~800m。

镇区主要道路设置果皮箱，繁华地段设置间距为 50m，一般地段设置间距 50~80m。加快环卫队伍和设施的建设，市场区域内应设有专门的环卫人员。

第三十二条　给水工程规划

1. 用水量标准

按《河北省村镇规划技术规定》居民生活最高的用水量标准，选取为 150L/（人·d），公建用水量标准取生活用水量的 20%，即 30 L/（人·d），浇洒绿地用水量标准取 2.0L/（m²·d），浇洒道路用水量标准取 1.5L/（m²·d），消防用水量按同一时间发生 2 处火灾考虑，一次火灾按持续 2h 计算。

2. 用水量计算

镇区规划期末人口为 2.8 万人，日变化系数 1.5，时变化系数 2.4，用水普及率 100%，则最高日用水量为 7 374 t/d。

3. 配水厂规划

在镇区北部规划一处配水厂，采用地下水作为供水水源，占地面积 1.7hm²，其水源地待进行详细勘测后再确定具体位置。工业用水自行解决。

4. 管网形式

规划管网采用环状、枝状相结合的方式，中心区等重要地段采用环状管网，局部及边缘地区辅以枝状管网。管网应满足最不利点水压20m水头。主干管最小管径不小于250mm，管材选用铸铁管。

第三十三条　排水工程规划

1. 排水体制选择

镇区远期采用雨污分流制，近期为合流制，在镇区西北角的排水泵站处设置污水处理厂。

2. 排水量计算

生活污水：按平均日给水量的80%计算，则每日生活污水量为6 000t/d。

雨水量：按唐山市暴雨强度公式计算：

$$Q = F \cdot \varphi \cdot q, \quad q = 935(1 + 0.87\lg P)/t^{0.6}$$

3. 雨水管道敷设充分利用自然地形，尽量缩小管径，减少其埋置深度，以节约投资。采取分片排水方式，沿主次干道布置管网，就近直接排入沟渠。

考虑近期建设污水处理厂的可行性较小，镇区内近期污水处理主要以污水罐或污水处理池作为过渡措施。

第三十四条　电力工程规划

1. 供电负荷

镇区生活、生产综合用电指标取0.6kW/人计，规划人口2.8万人，用电负荷为$P = 0.6\text{kW/人} \times 28\ 000\ \text{人} = 16\ 800\text{kW}$。

2. 电力规划

现有变电站基本满足未来发展需要，远期用电紧张时，可在原地扩容。远期规划将镇区10kV线路敷设于人行道下，距建筑基础不小于1.5m。

镇区内用电负荷较大的用户，可设专用变压器，其他则由公用变压器供电。公用变压器由供电部门统一规划布置，在有条件的地方可设置室内变电站。

第三十五条　电信工程规划

改造现有邮政所为电信分局，增容交换机容量至2万门。主要道路电信线采取地下敷设方式，次要道路则可架空敷设。

第三十六条　供热工程规划

1. 热负荷计算

采暖指标采用：住宅70W/m²，公共建筑80W/m²，住宅面积按人均30m²、公共设施按人均8m²计算，供热普及率取70%。镇区采暖热负荷为58.8 + 17.9 = 76.7MW。

工业热负荷可根据工业性质、使用状况在工业区内统筹考虑，宜集中设置，统一管理、减少投资。

2. 热源规划

在镇区规划2处大型集中供暖锅炉房，供热管网采用枝状、环状相结合的直埋式敷设。换热站的容量及位置可根据各街区的实际情况布置。

第三十七条　燃气工程规划

1. 燃气工程

为节约能源，减少污染，提高城市化水平，规划镇区远期采用区域式集中供气系统，近期仍采用罐装液化石油气。

2. 燃气负荷

规划中居民用户的液化气定额取 15kg/（户·月），则镇区远期每月用气量约为 120t。

3. 燃气设施

规划远期在现有液化石油气瓶站基础上，建立液化气贮气站。

第三十八条 管线综合规划

本次规划共考虑 6 种管线，其中给水、污水、雨水管采用管道埋地敷设，电力线、电信线采用埋地电缆与架空布设相结合。规划将电信线、给水管布置在道路的西侧、北侧，电力线、雨水管布置在道路的东侧、南侧。

各种管线应减少在道路交叉口处交叉，当工程管线竖向位置发生矛盾时，按以下规定处理：

（1）压力管线让自流管线；

（2）可弯曲管线让不易弯曲管线；

（3）分支管线让主干管线；

（4）小管径管线让大管径管线。

第五章 规划实施措施

第三十九条

新军屯镇规划是对城镇内各功能区及重要设施的综合布置，是一定时期内城镇发展的目标，是城镇建设和管理的依据。本规划按规定程序上报审批后，便产生法律效力，作为法定文件任何单位和个人非经法定程序无权修改。因此，要将规划落到实处，必须采取一系列相应的措施。

第四十条 扩宽资金的来源渠道

1. 大力发展房地产业，积极推动新军屯镇的建设。根据镇区建设规划和近期建设规划选定开发地段，由政府直接或委托开发公司组织土地的统一开发。按照土地使用权出让的原则，吸引多方资金。

2. 基础设施的建设可采用国际通行的 POT 操作方式，谁投资、谁建设、谁受益，以调动各方面的积极性。在统一规划、统一管理、土地有偿使用、有偿出让、转让的原则下，鼓励国家、集体、个人、内资、外资、合资等不同所有制形式的投资，广开思路，经营城镇。

第四十一条 强化规划管理

1. 走群众参与路线，健全法制观念。规划一经有关部门批准，即具有法律效力。规划用地范围内的所有建设项目，必须按照规划要求进行建设，由城镇规划行政主管部门统一实施管理，任何单位和个人必须遵照执行。

2. 做好城镇规划的宣传工作，使居（村）民了解规划、关心建设、监督规划的实施，取得城镇管理者与建设者的共识，达到规划和建设的统一。

3. 正确处理近期和远期建设的关系，近期建设要为远期发展创造条件，留有余地，防止短期行为。

4. 全镇的重要基础设施建设应纳入新军屯镇国民经济计划，并加以落实。

5. 在总体规划指导下，依据建设需要，尽快编制修建性详细规划。

6. 城镇规划行政主管部门，应根据《中华人民共和国城市规划法》《村镇规划建设管理办法》和《河北省村镇规划技术规定》制定规划实施细则，以增强规划的实施力度，保证规划顺利实施。

第四十二条

镇政府根据《中华人民共和国城市规划法》《村镇规划建设管理办法》《村庄和集镇规划建设管理条例》和《河北省村镇规划技术规定》，以及地方相关规定，制定规划实施细则，保证规划顺利实施。

第四十三条

走群众参与规划村镇、建设村镇、管理村镇的路线。做好宣传，把按规划建设村镇变为村民的自觉行动。

第六章 附则

第四十四条

本规划由规划文本、规划说明书、规划图纸和基础资料汇编组成。规划文本和规划图纸有同等法律效力。

第四十五条

新军屯镇规划一经上级政府审批通过，便产生法律效力，原规划废止。新军屯人民政府可根据经济和社会的发展需要对规划进行局部调整，但必须报同级人民代表大会或常务委员会和原批准机关备案；对城镇性质、规模、发展方向和总体布局有重大变更的，须经同级人民代表大会或常务委员会审查同意后上报原批准机关再次审批。

附 图

附图 1：新军屯镇镇域规划区位分析图（略）

附图 2：新军屯镇镇域现状分析图（略）

附图 3：新军屯镇总体规划图（略）

附图 4：新军屯镇产业布局规划图（略）

附图 5：新军屯镇镇区现状分析图（略）

附图 6：新军屯镇镇区建设规划图（2002—2020 年）（略）

附图 7：新军屯镇镇区建设规划图（住宅小区）（略）

附录二 连云港市罗阳镇发展概念规划

罗阳镇地处海州湾畔，东濒黄海，南邻连云港市区，距市中心区22km。北距赣榆区15km，是县城的南大门；距白塔埠机场18km。西、北分别与墩尚镇、宋庄镇、城南镇接壤，境内芦河、牛腿河等交织成网，水资源十分丰富。

随着江苏省"加快振兴苏北"战略的实施，连云港被确立为"苏北第一增长极"的发展定位。在《连云港城市总体规划修编（2006—2030）》（纲要）中确立了"一心三极"的空间布局。作为"一心三极"的中心，罗阳，这个地处赣榆南门户，紧临连云港市区的小城镇，面临着新的自我定位和发展路径。

在新的发展背景下，规划通过对罗阳宏观机遇分析，结合自身的自然生态环境、经济发展、交通状况的现状解析，力求在连云港整体发展战略，找准自身的发展定位，探索出一条人无我有、人有我优、人优我变，极富差异化、突破性和可操作性的发展之路。

一、罗阳的总体定位

"绿色罗阳、生态水乡"

——以水为魂的"苏东水镇"；

——以绿为魄的"都市绿心"；

——以优雅为特色的"生态居所"；

——以闲适为精髓的"咫尺天堂"。

二、罗阳的主要功能

健康休闲——休闲之心

都市农业——田园之都

生态居住——乐居之所

轻型工业——财富之源

商业服务——活力之城

产品研发——创新之魂

三、在总体功能定位的基础上，规划确立了五大发展策略

1. 空间发展策略——做"大"罗阳

为了满足罗阳日益增长的空间拓展需求，促进城市功能的完善，规划建议镇区北扩，在新区主要设置行政办公、文化娱乐、体育休闲、生态居住等功能，通过高标准开发建设，成为罗阳未来城市形象的主要展示窗口。同时将镇域分成了城镇发展区、轻型工业区、产品研发区、休闲度假区、森林体验区、渔文化体验区、传统农业区、村民集中区等功能区域。

2. 产业发展策略——做"强"罗阳

罗阳距离连云港市区22km，距离赣榆区15km，空间区位非常适宜发展生态休闲产业。作为未来大连云港的中心花园和第二居所，罗阳应借助于其良好的空间区位条件、绝佳的自然生态本底和相对充裕的土地资源，建设成规模的休闲度假村、高尚住宅、高尔夫球场以及各种休闲娱乐、体育锻炼、健康养生项目，吸引连云港乃至江苏省的悠闲阶层、金领人士在此置业、休闲旅游，甚至成为其管理培训、商务会议、科技研发的场所，真正实现"招智引商"。同时规划还建议应大力发展临港工业下游产业中的有一定技术含量和市场发展潜力的劳动密集型产业以及花卉、苗圃种植和水产养殖。

3. 交通发展策略——做"畅"罗阳

规划建议将沿海公路向北延伸至 S242 省道，通过 S242 省道对接滨海新区，增强与滨海新区的交通联系，并将榆北公路向南延伸至 310 国道，增强罗阳与连云港市区的交通联系。从而大大增强了罗阳的外部可达性。同时规划了罗阳镇区外围环线，将原有青罗公路改线，联通至东环路，通过外围环线疏解过境交通。规划利用主骨架系统形成 300m×300m 的标准地块，并在地块内部均匀布置若干支路系统，形成安全、和谐的微观道路系统。

4. 生态保护策略——做"美"罗阳

规划要求对现有基本农田等生态基底进行重点保护，对湿地、森林等生态板块应充分保护和利用，保留沿主要河道、水系的生态廊道。同时为了增强规划控制的可操作性，依据地域生态敏感性划定保育区域，实施边界增长控制。将规划区划定为优先发展区、控制建设区、生态缓冲区和生态保护区等区域。

5. 特色发展策略——做"特"罗阳

城市特色是一个城市最精彩、最形象的概括，也是外界识别、认可城市的核心要点。规划挖掘了"绿、水、乡"作为彰显罗阳特色，代表罗阳气质的三大元素，通过三大元素的构建与融合，形成"绿色罗阳、生态水乡"整体城市意向。

在城市营销方面，规划建议罗阳应将"绿色罗阳、生态水乡"作为营销的主题，以"苏东水镇、港城绿心、第二居所"作为对外推广的主导方向，主打"水乡牌""生态牌"和"健康牌"，多渠道、形象化地对外宣传和推介罗阳，使外界对罗阳宜人的自然生态景观和舒适的休闲生活环境产生强烈的心理认同。

四、规划实施计划

最后规划确立了"三年成势、五年成形、十年成心"的分期实施计划。

三年成势：在 3 年内，以空间拓展和发展连云港配套产业为主，大力推进城市化，逐步形成完善的滨水空间和生态绿地系统，提升城镇的软环境，形成"绿色罗阳、生态水乡"的战略态势。

五年成形：在良好生态环境打造的同时，通过城市营销和整体的包装策划，大力发展休闲产业，通过"招智引商"，促进城市商贸服务、生态居住、科技研发等功能的快速发展，构筑"绿色罗阳、生态水乡"的战略格局。

十年成心：更进一步提升罗阳的整体形象，完善城镇功能，协调城乡统筹发展，成为连云港生态绿心和中心花园，"绿色罗阳、生态水乡"的品牌形象声名远播。

五、附图

(1)镇域蓝图系统(略)

(2)镇区城市设计总平面图(略)

（3）功能分区图（略）

（4）与周边道路衔接（略）

（5）用地布局模式（略）

（6）一心三极（略）

（7）生态保护分区（略）

（8）区位分析图（略）

（9）核心区总用地图（略）

（10）道路系统分析图（略）